网络社会风险论

——媒介、技术与治理

陈华明　著

中国社会科学出版社

图书在版编目（CIP）数据

网络社会风险论：媒介、技术与治理/陈华明著.—北京：中国
社会科学出版社，2019.9
ISBN 978 – 7 – 5203 – 5139 – 3

Ⅰ.①网… Ⅱ.①陈… Ⅲ.①互联网络—社会管理—
风险管理 Ⅳ.①C916②TP393.4

中国版本图书馆 CIP 数据核字（2019）第 201519 号

出　版　人　赵剑英
责任编辑　王　茵　马　明
责任校对　胡新芳
责任印制　王　超

出　　　版　中国社会科学出版社
社　　　址　北京鼓楼西大街甲 158 号
邮　　　编　100720
网　　　址　http://www.csspw.cn
发　行　部　010 – 84083685
门　市　部　010 – 84029450
经　　　销　新华书店及其他书店

印　　　刷　北京明恒达印务有限公司
装　　　订　廊坊市广阳区广增装订厂
版　　　次　2019 年 9 月第 1 版
印　　　次　2019 年 9 月第 1 次印刷

开　　　本　710×1000　1/16
印　　　张　18
字　　　数　268 千字
定　　　价　86.00 元

序　言

邱沛篁[*]

陈华明教授的新作《网络社会风险论：媒介、技术与治理》即将出版了。阅读书稿，我认为这是一部观照重大现实问题的理论创新之作。概括来说，这本书有以下三个特点：

一是选题新颖，意义重大。互联网造就的早已不是工具层面的意义，它推动了网络社会的兴起和形成。学界对网络社会的探讨方兴未艾，从曼纽尔·卡斯特的《网络社会的崛起》，到凯文·凯利的《失控》《科技想要什么》《必然》三部曲，再到近些年颇受关注的尤瓦尔·赫拉利的《未来简史》，无一不在向我们传递这一信号：互联网不再只是作为连接"地球村"的媒介工具，互联网本身已经形成了一种新的社会形态。它是网络技术与社会发展相结合的产物，是经由网民通过各种社会交往和互动形成的具有虚拟特性的社会空间和社会场域。然而，从现实角度看，当前的网络社会仍然是一种"自然形成的社会"和"非常稚嫩的社会"，显得很不成熟、很不稳定。因此，需要我们对网络社会建设给予高度重视。只有牢牢掌握网络社会的规律，才能更好地谋划，才有更多的作为。只有深入剖析网络社会发展的问题，才能使中国网络社会建设和治理更具针对性、可行性和有效性。陈华明教授敏锐地察觉到了网络社会的风险具象与特征，并以此切入剖析，抽丝剥茧地向我们呈现了隐藏在网络社会中的风险以及它

---

* 邱沛篁，四川大学文学与新闻学院教授、博士生导师，四川大学新闻学院原院长，中国新闻传播学学会奖"终身成就奖"获得者。

与现实生活之间的映照，体现了一位新闻传播学者敏锐的洞察力。

二是内容丰富，信息量大。该书对风险及网络社会风险的含义与变迁进行了科学的概述，详细剖析了网络社会的特征及结构性风险，探讨了网络社会风险生成的原因、形态及诸多表现。书中指出，网络媒体的低门槛、交互性、裂变性等特性使信息传播的风险剧增，并通过视像化和话语手段直接参与风险建构，在一定程度上，造成风险的社会放大和阶层失衡。与此同时，网络媒体风险预警、风险建构和风险沟通，为社会治理搭建了良性的沟通渠道与平台。本书以专章系统论述了新技术革命与社会风险的形成以及新技术革命中的风险具象，算法、云计算、大数据、虚拟现实、人工智能等新技术的发展和运用，在推进人类社会发展的同时，也悄然植入风险，造成社会"泛风险"状态，信息茧房、舆论撕裂、群体矛盾激化、隐私权与隐身权问题等一系列风险也随之而至。本书以很大篇幅，以极重要的地位详细论述了网络社会的风险治理，从制度建设、传播管理、技术伦理建设三个方面，有针对性地提出了切实可行的治理措施。所有这些，对于我们当前加强网络治理、维护社会安定、促进社会进步等，都具有非常重要的现实作用。

三是联系实际，实用性强。本书在论述网络社会风险的过程中，既注重学术理论上的深入探讨，参阅了大量中外有关著述，进行了很有意义的梳理、概括、归类与分析，并在此基础上提出了自己的观点和论述；同时又非常重视紧密结合社会实际，对社会、媒介、新技术与风险等问题进行了大量深入的调查研究，掌握和剖析了许多网络社会风险的实际案例，从而总结出网络社会风险治理的若干途径与切实可行的具体措施。例如，书中强调了网络社会法制化的重要性和必要性，列举出中国已经出台的包括网络营运监督、网络内容监管以及版权、经营、网络安全监管等方面的具体法规，极具指导意义和应用价值。书中还对传播层面的风险治理，包括传播主体、传播内容和传播渠道的风险治理以及技术层面的风险治理进行了详细、深入的分析，提出了许多具体可行的治理风险的途径和办法。这种既有理论分析又有实际操作，很接地气的论述，很有现实针对性、具体操作性，无疑对于我们加强网络风险治理，促进网络社会健康发展，是十分有益的。

陈华明教授作为一位年轻的新闻传播学者，始终显现出对新闻传播研究的旺盛活力。陈华明教授一直紧跟学术前沿，从自身学术背景和政策把握的高度洞见网络社会治理的各种问题，以其敏锐的学术洞察力，从网络社会的规律入手，关注网络社会的结构规律和网络社会变迁规律，从而提示网络社会的风险规律，并将风险规律与媒介和技术结合起来，系统研究了媒介在网络社会风险中的作用和功能，并揭示出新技术与风险的逻辑关系。虽然与本书有关的互联网发展的机遇和规律的研究等已相对深入，但这些认识网络社会功能和推动社会进步的基本依据等机遇背后那些被人忽视的网络社会风险规律，以及网络媒介、新技术以及网络风险安全治理之间的关系，却亟待梳理和总结。作为目前国内第一部从网络社会结构性特征入手，厘清技术物理特性与网络风险关系以及治理对策回应的专著，其现实意义和学术价值都是不言而喻的。

作为陈华明教授的博士研究生阶段的指导老师，我不仅于2003—2006年期间指导了他的博士研究生阶段学习，更亲见他在四川大学的学习、工作情况。他是一位十分勤奋、善于思考、注重理论与实际结合的品学兼优的后起之秀。他先后担任四川大学校刊编辑部主任、四川大学"985工程"和学科建设办公室副主任、四川大学"双一流"建设办公室副主任，在学校改革发展建设中贡献力量。特别是，他在长期从事学校学科建设规划和组织实施的过程中，也对新闻传播学学科建设有了更为深切的感悟和切实可行的具体行动。他同时兼任新闻与传播学硕士生导师和博士生导师，始终关注新闻传播教育与研究工作的发展，积极参与全国及省、市新闻传播教育与研究学术活动。正是在这些教学研究工作中，不断有新成果问世。衷心希望他继续不断努力，再接再厉，为发展中国新闻传播教育和研究事业，创作出更多新成果，做出更大贡献！

2019年5月16日

目　录

绪　　论

　　风险一词最早出现在中世纪，与航海保险有关，且用于说明可能影响某次航行的风险：当时的风险特指一个客观危险的可能性、神的行为、不可抗力、一场狂风骤雨或者不能归咎于错误行为的海洋风险。因此，风险这个概念排除了人的过失和责任因素。风险被意会为诸如暴风雨、洪水和传染病这些并非人为的自然事件。

　　"18世纪，在现代化初期，风险的数理统计的发展和保险工业的扩张意味着：只影响个人的后果称为'风险'，是系统性地造成的、可从统计学角度描述的，并且在那种意义上'可预见'类型的事件，这些事件因此也受到超越个人和政治识别、补偿和规避规范的支配。到了19世纪，风险的概念被扩展了。它不仅被限定在自然领域，而且'也存在于人类当中，在他们的行为中，在他们的自由中，在他们的相互关系中，在他们与所处社会彼此联系的这一事实当中'。现代主义者的风险概念还包括风险可能有好也有坏的思想。从这个视角看，'风险'是一个中性的概念，特指某些事情发生的可能性，与其相联系的损失和收益的规模有关。换句话说，风险曾分为'好'的风险和'坏'的风险。风险的这个含义直到19世纪初期仍然占据主导地位。20世纪末，'好风险'和'坏风险'之间的细微差别逐渐消失。现在'风险'一般只用于联系不受欢迎的结果，不指积极的结果。"① 风险的概念和含义几经变迁，目前学界一致认可的是乌尔里

---

① ［澳］狄波拉·勒普顿：《风险》，雷云飞译，南京大学出版社2016年版，第6—7页。

希·贝克和安东尼·吉登斯两位学者的观点。乌尔里希·贝克和安东尼·吉登斯是风险社会的两大倡导者。关于风险的本质，吉登斯表现出与贝克相似的立场，认为风险与客观存在的、实质上不同于早先时期的、现在与人类责任有关的危害或危险相联系。那么，风险的主要特征到底是什么呢？笔者认为，理解风险可以从以下三个方面入手。

第一，不确定性损失：与"安全"相悖。

"'不平等的'社会价值体系被'不安全的'社会价值体系所取代"①。"安全"比财富和利益更加受到人们关注，安全的对立面就是风险。不确定性是风险的一种属性，由不确定性带来的损失才是风险的本质属性。因此，风险的本质就是损失的不确定性。不确定性损失是针对主体而言，人们产生了对"不确定性损失"的恐惧，就有了风险感知的意识。

风险概念的提出有着深刻的时代背景。贝克认为，风险社会是工业社会现代化发展进入到"自反性"的一个阶段。他把现代化的发展阶段划分为工业社会的现代化和风险社会的现代化。前者又被称为第一次现代化或简单现代化，后者被称为第二次现代化或自反性现代化。在贝克看来，自反性现代化是关于西方现代化的成功导致了工业社会的潜在的抽离与再嵌入。它会导致"个人化"与"亚政治"，"性别、家庭和就业体系"的风险。可以说，这些风险在网络时代体现得更为明显，贝克较早地预见了网络空间的诸多风险。

"风险概念是联系和区分第一次现代化和第二次现代化的关节点。"②"自反性"现代化的到来说明人们已经意识到风险的存在，以环境污染为例，环境污染是在工业化的进程中导致的结果。环境污染引起了疾病，并且在局部的范围内显示出来，因为污染一直持续甚至有加重的趋势，人们已经感受到了健康"安全"所遭受的威胁。

人们的生活水平经历了由低到高的过程，工业社会生产力得到极

---

① ［德］乌尔里希·贝克：《风险社会——迈向一种新的现代性》，何博闻译，译林出版社 2004 年版，第 45 页。
② 宋友文：《自反性现代化及其政治转型——贝克风险社会理论的哲学解读》，《山东社会科学》2014 年第 3 期。

大的发展，积累的物质财富供给社会和个人生产发展。从另一个层面上来看，社会发展的历史也是技术发展的历史。"科学一直被认为是社会发展的决定因素和基本动力，但现在科学技术却日益成为当代社会最大的风险源。"① 结合当下的社会环境，不难理解。

以转基因食品为例，国内外对转基因食品的争论一直没有停息。"一部分人认为转基因作物的开发和使用是减少饥饿的关键，而另一些人则认为这种技术进一步加大了食品安全的风险。"② 风险意识的高低与"不可知效应"紧密相关。所谓"不可知效应"，就是民众相信围绕着转基因还有大量的未知因素，科学家们并不能对这些未知因素做出充分回答。③

对损失性结果的避免是人们最终的目标，但是由于风险本身所具有的不确定性，使得人们对风险的态度会更加谨慎，网络空间由于本身固有的特征，加剧了风险的不确定性。

第二，风险源：永恒性伴随。

有的学者认为"风险源是指给主体带来不利后果的各种客观因素"④。但是笔者认为风险源不仅仅是客观的因素，同样也应该包含着主观因素。

风险社会理论大致可以分为两派：以贝克、吉登斯为代表的制度主义和以拉什为代表的文化主义。二者的分歧在于：到底是作为客观存在的风险本身增加了？还是我们感知到的风险增加了？这一争论也值得我们思考，例如网络对社会事件的及时性报道，使得违法事件迅速在世界范围内传递，这到底是违法事件在社会上增加了，还是因为便捷的网络给我们形成了社会违法事件频发的错觉？

两派的分歧也正好暗合于风险社会理论所指向的主体——社会

---

① 马锋、张军锐：《当高新技术风险遭遇媒介：不确定性的终结与恐慌的生产》，《陕西师范大学学报》（哲学社会科学版）2015 年第 3 期。

② 魏伟、钱迎倩、马克平、裴克全、桑卫国：《转基因食品安全性评价的研究进展》，《自然资源学报》2001 年第 2 期。

③ 贾鹤鹏、范敬群、闫隽：《风险传播中知识、信任与价值的互动——以转基因争议为例》，《当代传播》2015 年第 3 期。

④ 赵华、陈淑伟：《社会风险的结构及治理途径》，《东岳论丛》2010 年第 12 期。

风险——的两个维度："制度和文化"①。贝克是制度主义者，他认为当代风险是一种制度性风险，是一种自反性风险，根植于社会自身，有着永恒伴随性的特点，它与现代性社会制度的变异息息相关。拉什则提出"风险文化"，认为风险是自反性现代化的后果。实际上无论是本身存在的风险还是感知到的风险，都是物的两个方面。现代社会由于人们受教育水平的提高，信息传递的及时迅速以及人们对社会发展、个体生活的关注度增强，对风险的感知程度也在相应地增强。

笔者认为学者所争论的社会风险的两个维度（制度、文化）都是风险产生的源头。风险源和风险并不是等同的。风险源只有在和主体产生相互作用的情况下，才会转化为风险。因为风险这一概念的提出就是从"人"这一主体出发的，对风险的感知和风险的防范都是以人为目的，风险的扩大也离不开人的参与。客观实在的风险源和感知的风险是不能分开的，可以说，有了风险源的存在才能产生风险，人类才有了风险意识。对风险的感知来源于人的"自反性"。随着人类知识水平的提升，对客观事物的认识也在不断提升，对风险的感知能力也会提高。

例如借助于天气预报，人类已经可以预知一个月后甚至一年后某一天的天气，从而对天气所引发的自然灾害的风险做出防范，以降低损失。再者，地震作为一种自然现象，往往造成社会人员和财产的重大损失。中国是地震频发的国家，历史上，由于人们科学认识的不足，人们认为地震是上天发怒，惩罚人类的象征。但是随着科学技术的进步，人们能够通过科学检测的手段，对地震施行预警，从而减少地震所带来的伤害。日本是全球第一个建立地震预警系统的国家，在"3·11"日本9.0级特大地震发生时发挥了作用。② 法新社报道说："数百万东京的日本人在周五大地震到来前大约一分钟得知了发生大

① 张海波：《社会风险研究的范式》，《南京大学学报》（哲学·人文科学·社会科学版）2007年第2期。

② 陈会忠、侯燕燕、何加勇、王东彬：《日本地震预警系统日趋完善》，《国际地震动态》2011年第4期。

地震的消息。"① 即便没有人类的存在，地震造成的危害也是客观存在的。但借助于科学技术，人们有了对地震的风险防范，这一风险源转化为风险的可能性就大大降低了。

第三，风险主体：利益关联。

风险概念的产生源于人的"自反性"，风险之所以成为风险是因为人受到了损害。在风险社会研究领域中，风险的主体是承受风险带来的损失性后果的人，既包含个体，也包含群体。

贝克认为每一个利益团体都试图通过风险的界定来保护自己，并通过这种方式去规避可能影响到它们利益的风险。贝克的观点揭示出了风险本身所具有的内在逻辑，风险是和主体紧密联系在一起的，没有主体的利益关联，风险就失去了存在的合理性。由此，我们可以推断，利益关联会影响人们风险感知的强弱，因为利益关联，新的风险也有可能产生。

风险分配的历史表明，像财富一样，风险是附着在阶级模式上的，只不过是以颠倒的方式：财富在上层聚集，而风险在下层聚集。② 研究已经表明，与高权力的社会集团成员相比较，低权力的社会集团成员更趋向对风险的关注。③ 上层阶级本身具有的抵御风险的能力较强，受外界影响相对较小，和外界的关联较弱，所以对风险的关注会低于下层阶级。如果贫富差距拉大，那么社会风险也将加剧。

此外，网络空间扩展了人的信息接收和风险感知的能力，以社交媒体为例，传统社会信息传递渠道匮乏，大众对不熟悉的圈层的生活方式并不会过多在意。而网络空间发达的社交媒体打破了这种圈层之间的间隙，任何人都可以在微博、Facebook、微信中晒自己优质的生活方式、晒奢侈品、晒优质教育资源等，这无形中加重了阅读者的焦

---

① 左志英、刘伟、张东锋、吴珊、冯翔：《日本震策：震不乱的秩序》，2018 年 3 月 11 日，https://news. qq. com/a/20110317/000938_ 3. htm。

② ［德］乌尔里希·贝克：《风险社会——迈向一种新的现代性》，何博闻译，译林出版社 2004 年版，第 36 页。

③ ［澳］狄波拉·勒普顿：《风险》，雷云飞译，南京大学出版社 2016 年版，第 24 页。

虑。2017 年 10 月，一篇《女生买了一件 35000 的香奈儿上衣结果掉色了，网友评论亮瞎了!》的文章在朋友圈中热传。女生买了一件 35000 元的香奈儿上衣洗后掉色，打电话问客服时，客服说不好意思，我们的产品从来不考虑洗涤。此事经由社交媒体的广泛传播以后，引发大家的讨论，即我们认为的奢侈品是有钱人的一次性用品，惊呼"贫穷限制了我们的想象力"。现实社会财富与资源分配的失衡在网络空间聚焦与放大，引起广大受众的质疑与讨论，这与每个人利益攸关，成为潜在与酝酿的风险。"利益关联"成为风险主体的核心要素和行为动因。网络环境中，利益关联是基于现实的利益关联，并常常随着情感连接的影响使风险主体泛化。风险信息传递过程中每一位发表评论、参与转发的用户都是风险传播主体，其中包括专业新闻媒体和有关政府部门，跨越国别、地域限制。

　　综观上述风险含义的变迁和风险的三个特征，我们发现，风险与人类社会的发展如影随形，把握不当，其对安全的损害无法估量。特别是近年来随着网络技术的发展和我国的社会转型，网络技术与社会发展相互结合，并经由网民通过各种社会交往和互动形成了具有虚拟特性的社会空间和社会场域，形成了一种新的社会形态。然而，从现实角度看，只要稍加留意，我们就会发现，当前的网络社会仍然是一种"自然形成的社会"和"非常稚嫩的社会"，显得很不成熟、很不稳定。这种不成熟与不稳定，主要体现在两个方面，一方面，风险是不确定的，而媒体对风险的建构是民众感知风险的重要途径，尤其是网络媒介的低门槛和易接近性使得民众拥有了前所未有的对风险建构的主动性和参与度，在此背景下，一味放任多元主体对风险建构的自由参与，一定程度上会加大风险治理的难度，会造成各种虚假、错误风险信息的流传。尤其是网络具有的圈层结构，极易造成意见的分层和极化，难以融通不同的风险意见，影响风险沟通的正常进行，使得网络平台沦为虚置的风险沟通场域，造成无效沟通或者形式沟通。另一方面，人类使用技术制造出自身无法掌控的各种不确定性，如若不对风险进行仔细梳理和研究，不对风险生成、传播和感知各个环节进行科学分析，那么则难以对网络时代的种种风险现象提出科学的应对策略。当然，本书的立意，并非否认社会发展中媒介与技术的正向功能，而是在充分肯定媒介与技术的积极作用下，来探讨其伴随而来的风险。

正是基于以上两个方面原因的考虑，我们对网络社会风险的研究，选择从媒介与技术的角度入手，来厘清网络社会的结构特征，遵循网络的技术理性，分析网络空间的各种风险生成、传播、感知，并以技术的物理特征为治理依据，深入探析网络媒体在风险传播中的功能、角色和方式，积极探索网络时代的风险治理，以避免落入粗放式治理的窠臼。

进行这样的研究，无疑具有相当的挑战性。因为仅就目前而言，从风险的角度来对网络社会进行研究，并以网络社会结构特征为切入点，厘清技术物理特性与网络风险关系的相关研究，并做出相应的治理对策回应，本书算是做了一次大胆的尝试。

最后，对本书的章节内容情况做一个简单的介绍。

第一章主要从网络社会结构角度分析了网络社会的发展与风险的关系、风险的诱发原因和表现。作为一种社会结构的网络空间，具备自身独特的网络视角与网络化逻辑，个体、组织、政府、国家等各种社会组成要素都通过这张网建立联系、确定关系，实现权力勾连和资源分配，并发挥不同的功能，滋生和控制各类风险。网络社会的虚拟化、一体化、多元差异、开放平等的属性使其极易诱发结构性风险。这种结构性风险源于网络本身复杂多样的构成体系及构成要素，由技术、人、制度三者相互作用产生，是其本身存在和发展所具有两面性的体现。只有实现在人、技术、制度三者之间协调运作才能实现互联网良性发展。

第二章从媒介视角入手，深入探析了媒介对风险的建构及其影响。风险是一种基于实在的社会建构，媒介在社会建构中发挥着相当重要的作用。本章从风险建构的角色、类型、方式入手，分析媒介通过视像化和话语方式直接或间接参与风险建构，从而发挥其风险预警、风险建构、风险沟通的功能，并从中进行反思。

第三章从媒介赋权视角探讨风险滋生与治理。媒介的发展，使权力结构发生改变，人人都获得了传播权，信息流动极大地影响了过去社会的阶层状态，阶层流动加剧。媒介赋权带来的阶层流动和网络社会中的平等多元化虽然赋予了弱势群体发声的权利，推动了社会进步，但也造成了社会群体意识和公共价值观的异质化和情绪极化。不同社会阶层因为媒介赋权在同一个公共领域和社会场域进行话语交流，他们的立场和利益在网络领域发生碰撞冲突，并传递至阶层力量失衡的现实社会，就会产生引发社会风险的可能性。因此，如何把好网络场域的安全阀、如何在网络社会阶层间取得平衡、如何在保持网络空间对阶层流动的正面作用的同时削弱其对阶层固化的强化作用，是网络社会风险治理的重中之重。

第四章从网络技术的物理特征入手，分析新技术与社会风险的逻辑关联。从技术本身的物理特征分析该项技术所具备的传播偏向，以此梳理技术和风险之间的逻辑关联。大数据、云计算、虚拟现实、算法、人工智能等新技术正是因为自身技术因子的开放特性从而在一定程度上造成了风险的社会放大，造成整个社会的"泛风险"感知状态。

第五章从逻辑上承接第四章的研究，主要展现了新技术引发的风险具象。例如数据样本污染、数据模型偏差带来的数据风险，算法推送导致的信息茧房风险，圈层极化风险，理性退却风险，虚拟现实存在的感官截除风险，人工智能不可回避的伦理风险等。

第六章主要从法制、媒介、技术三方面对以上章节梳理的风险类型进行了治理方法和策略的探讨。网络社会中客观实在性风险和建构性风险相互催化、互为助力，这一境况是网络空间治理任务重、难度高、手段复杂、效果不明的根源所在。风险治理需要在法制层面从根源上规避网络信息传播的风险，并积极利用技术特性，调动多元主体参与治理过程，提升治理主体媒介素养和技术素能，规范传播者行为，实时进行内容把关，做到线上线下统筹，在发挥信息的正功能最大化的主旨下进行综合化治理及管控。

第一章　网络社会发展与风险理论

互联网早已成为我们日常生活中出现频率极高的词汇。根据美国联邦网络委员会 1995 年所做的定义，互联网"是一个全球性的信息系统。系统中的每一台计算机设备都有一个全球唯一的地址，该地址是通过网际协议（IP 协议）定义的。系统中计算机设备之间的通信遵循 TCP/IP 协议标准或与其兼容的协议标准来传送信息。在这种信息基础设施上，利用公众网或专网形式，向社会公众提供信息资源和各种服务"①。在短短几十年时间里，网络技术完成了前几次技术革命需要百年历程才能实现的改变。随着信息网络技术的发展，尤其是因特网的普及，社会生产方式、生活方式、思维方式正在发生着令人惊叹的变化，人们主动或被动地卷入这场变动当中，以新的行为方式适应当下社会的技术范式。网络社会的出现，导致的理论或实践层面的影响是全方位的、多层次的并且是悠远绵长的。

第一节　网络社会与网络空间

20 世纪 90 年代以来，"网络社会"这一概念不仅成为学界研究的热点，甚至一段时间内成为媒体和公众描述当代社会的关键词，人们普遍认为，"网络社会"即是以互联网为核心通联基础，以信息技术为沟通支撑的社会交往和互动形式，这标志着人类社会的存在方式和形态开始经历变化，伴随技术的发展开始进入一个崭新的社会阶段。

---

① 美国联邦网络委员会 1995 年 10 月 24 日通过的一份提案中对互联网的定义。

但是关于这一概念本身，在已有研究中明显存在不同的意义指涉，"即作为一种新社会结构形态的'网络社会'（network society）和基于互联网架构的电脑网络空间的'网络社会'（cyber society）"①，其研究对象和范围都存在差别，本书认为，厘清"网络社会"的概念，将已有相关研究的能指、所指进行梳理，并对不同研究思路中各自所指上的混乱进行澄清，可以更好地理解网络社会本身，并使相关研究进一步深化。

一　作为社会结构形态的网络社会（network society）

在国内的相关研究中，将研究视角集中于作为社会结构形态的研究成果还比较有限，某些研究成果只是简单借用了"网络社会"这一概念，对其概念中所涵盖的社会结构这一层意义分析还有待深入，因此在研究过程中难免出现"望文生义"的现象，简单套用一些网络技术的形态特征，没有真正理解"网络社会"之"网络"的独特用意。

（一）"网络"视角与"网络化逻辑"

曼纽尔·卡斯特在《网络社会的崛起》一书中写道："作为一种历史趋势，信息时代支配性功能与过程日益以网络组织起来。网络建构了我们社会的新社会形态，而网络化逻辑的扩散实质地改变了生产、经验、权力与文化过程中的操作和结果。虽然社会组织的网络形式已经存在于其他时空中，新信息技术范式却为其渗透扩张遍及整个社会结构提供了物质基础……网络化逻辑会导致较高层级的社会决定作用甚至经由网络表现出来的特殊社会利益：流动的权力优于权力的流动。在网络中现身或缺席，以及每个网络相对于其他网络的动态关系，都是我们社会中支配与变迁的关键根源。"②

卡斯特称这种社会为"网络社会"（the network society），在此意

---

① 郑中玉、何明升：《"网络社会"的概念辨析》，《社会学研究》2004 年第 1 期。
② ［美］曼纽尔·卡斯特：《网络社会的崛起》，夏铸九等译，社会科学文献出版社 2001 年版，第 17 页。

义上的"网络社会"（network society）之"网络"（network）并非专指互联网（Internet）或电脑网络（computer network）技术，而是指"一组相互连接的节点（nodes）"，而"什么是具体的节点，根据我们所谈的具体网络种类而定"。① "网络化逻辑"（networking logic）正是信息化社会（informational society）的存在基础和关键逻辑。当然卡斯特认为"网络社会并没有穷尽信息化社会的所有意义，因为其中除了结构的类似性外，还必须关注历史文化的特殊性"②。

因此，在这个层面上，"网络"不单单是一种新技术，更重要的是它引领着人们思维方式和生活方式的变迁，同时作为一种方法论去看待社会的变化。"作为一种理论方向，网络分析仍深具潜质。因为它抓住了社会结构的重要本质——社会单位间关系的模式，无论这些单位是人、集体还是位置。"③ 从这个角度出发，当下的社会结构就是一张网，个体、组织、政府、国家等各种社会组成要素都通过网络这张网建立联系、确定关系，实现权力勾连和资源分配，并发挥不同的功能。社会的正常运行有赖于各种网络关系路径的构建，社会的历史演进在某种程度上也就是社会网络的变迁。而社会网络的结构性变迁也可视为人类利用不断发展的信息通信技术和网络技术对人类时空进行解构的过程，电子信息技术开创了社会网络跨时空的运行机制，固定的时空关系，以及在时空中存在的既有秩序被重组。虽然这样的秩序重组和关系变革在前信息时代也存在，但是前信息时代的任何一次社会结构调整的幅度和力度都没有信息时代来得强烈。从面对面的口头传播到文字的印刷传播，再到以广播、电视为代表的传统电子媒介，人类的社会网络不断发生形态和结构的变化，但只有在曼纽尔·卡斯特所言的"网络社会"中，这张"网"才能覆盖全球，"网络化逻辑"才能以"即时"的状态运行，成为整个社会主导性的思维。

---

① ［美］曼纽尔·卡斯特：《网络社会的崛起》，夏铸九等译，社会科学文献出版社2001年版，第570页。

② 同上书，第25页。

③ ［美］乔纳森·H. 特纳：《社会学理论的结构》，邹译奇等译，华夏出版社2001年版，第200页。

从这个意义讲，曼纽尔·卡斯特所言的"网络社会"更多地指向人类社会联结的一种关系结构，而这种关系联结在网络技术的助推下发展到一个新的层面，所以要实现社会网络的深入渗透与全方面覆盖，信息技术便是帮助其实现的物质基础。

（二）新的信息技术是网络社会逻辑形成的物质基础

曼纽尔·卡斯特认为："新的信息技术范式是网络社会的物质基础，其特性表现为：这些技术本身就是处理信息的技术，信息就是其原料；效果的普遍性；网络化逻辑；以弹性为基础，具有重构组织和制度的能力；技术系统的高度整合。"①

正是由于新信息技术的技术特性催动了网络化逻辑（networking logic），这一逻辑规定了网络的根本特性就是"开放"，这意味着它比现有任何一种组织形态更能有效实现整体协作下的差异包容。其实"网络"这样的社会形态在信息技术出现之前，人类社会中就存在，但是没有哪一个时期的"网络"可以如信息社会中的"网络"那样布满全球，遍及每一个人，新的信息技术在时空规模上突破了之前"网络"在社会结构中的运用程度和范围，离开新的信息技术，网络化逻辑很难执行。并且新的信息技术自身有很强的进化性，目前而言，它包含两个阶段的技术体现，第一是信息化技术，这是网络化技术的基础和前提；第二是网络化技术，通过信息化建设实现社会运行的网络化，它是信息化的高阶表现。

在曼纽尔·卡斯特的论述中，信息化指的是某一组织或机构内生产力和竞争力的组织、运作方式，它能否有效促进以知识为代表的信息生产；而网络化指的是各生产主体之间的互动关系和存在方式，是否能使经济增长的范围和营收实现全球范围的突破。所以，信息化、网络化、全球化在卡斯特的论述中是相互交融的，互相作用的。虽然早在16世纪，资本就已实现了全球扩张，但这明显与新信息技术催生的全球化不同，"全球化能够变成一个单位而以即时或是在选定的

① ［美］曼纽尔·卡斯特：《网络社会的崛起》，夏铸九等译，社会科学文献出版社2001年版，第83—86页。

时间里运作"①。虽然在前信息时代"网络"也是重要的资源协调和配置渠道，但是也只有在新信息技术的作用下，包括各种具体的工具性经济网络在内的社会网络才能够将网络规模推至整个社会和全球，以即时状态运作，并大大减少了"网络"维持的成本。而此时，随着网络规模呈指数增长，在网络中现身或缺席的好处和弊端也呈指数增长。

二　基于互联网技术架构的网络社会（cyber society）

卡斯特所谈的"网络社会"（network society），指的是建立于信息技术之上的社会形态，不仅仅表现技术特征，更重要的在于对技术的社会影响有所回应。但目前国内学界的研究倾向于将"网络社会"理解为通过各种网络技术和信息技术实现人类社会虚拟投射的一个空间。

如今，这个空间以交往理性超越工具理性成为国人最主流的互动场所，生产出大量的社会关系，本节就目前国内学者关于"网络社会"是现实社会通过互联网技术的网络化生存这一观点进行梳理，并试图分析其中的问题。

"网络社会"（cyber society），在国内大部分学者的研究中是指在互联网架构的网络空间中产生的社会形式。戚攻认为"网络社会"是与现实社会具有延伸和重构关系的"另类空间"，依托于信息通信技术和网络技术的发展。从本质上看，"网络社会是将社会结构、社会资源通过数字化的方式进行整合、再生产，其整合的关系网络具有虚拟特征，但最终网络社会是现实存在的一种客观现象"②。

"一方面网络社会以虚拟的方式依存于现实社会，网络社会中的经验需要得到现实社会的校正，另一方面，网络社会又不完全是现实社会的翻版，它是对现实社会的一种延伸，并在数字空间进行关系再

---

① ［美］曼纽尔·卡斯特：《网络社会的崛起》，夏铸九等译，社会科学文献出版社2001年版，第119—120页。

② 戚攻：《网络社会的本质：一种数字化社会关系结构》，《重庆大学学报》（社会科学版）2003年第1期。

造。另一种界定，则从网络社会所引发的个体之间、群体之间、个体与群体之间的交往互动关系来研究'网络社会'为何被称为一种社会形式或'社会存在方式'。"①

"网络社会"是"通过网络（主要是互联网）联系在一起的各种关系聚合的社会系统"。② 其群体关系是双方基于同样的兴趣和观点而形成的"机械团结"。童星的研究认为网络是"纯精神领域"，其关系营造不会导致一种实质的群体关系，不过据卡斯特引证威尔曼（well man）的经验研究表明，虚拟社群在持续互动形成的关系网络中存在"互惠"和"支持"，并可以发展成为"实质的"群体关系。③而在网络社会所引发的群体关系的研究方面，有学者关注其同质化特征，因为群体聚合的基础乃是共同的兴趣和价值，另一部分学者也注意到在网络社会中同样存在着"分层"与性别参与上的差异甚至交流中的性别歧视和性骚扰等。④ 因此，对于网络空间（cyberspace）中的互动关系的性质需要进一步的经验研究来确证。⑤

网络社会的生活方式已经实现了"原子"到"比特"（Byte）的飞跃。比特（以1和0作为处理信息的数字）已经成了个体、群体和社会存在、生活和生产的基本动力和组成元素。而物理空间和离线社会中的原子（物质）则退居其次。数字化（digitization）已经从本质上改变了信息和媒体的形塑与结构。更深刻的变化在于虚拟现实（Virtual Reality），它将数字化革命瞬间从纯技术领域过渡到了本体论，随着数字化技术的发展，通过虚拟现实技术重现世界成为一种全新的可能，甚至还能呈现出一种超越真实的真实，如在现实中听到的演唱通过数字化编码可以从技术上剔除噪音干扰，保留最"纯粹"的乐音部分。虚拟现实的这一特征表明，"比特"符号的能指超越了

---

① 童星、罗军：《网络社会：一种新的、现实的社会存在方式》，《江苏社会科学》2001 年第 5 期。

② 郑中玉、何明升：《"网络社会"的概念辨析》，《社会学研究》2004 年第 1 期。

③ 参见《网络社会的崛起》，转引自郑中玉、何明升《网络社会概念辨析》，《社会》2001 年第 2 期。

④ 同上。

⑤ 郑中玉、何明升：《网络社会概念辨析》，《社会》2001 年第 2 期。

其现实的所指，是对现实的进一步完善，虚拟现实不仅可以完善实存，而且可以显现出不可能实存的东西。这一虚拟空间不再单纯地依附于真实空间，而是独立成为一个存在，它被赋予更多人性的色彩，是对现实世界的超越。①

迈克尔·本尼迪克特（Michael Benedikt）提出，网络空间是"一个由计算机支持、联结和生成的多维全球网络或'虚拟'实在"；迈克尔·海姆（Michael Heim）则认为，网络空间是"数字信息与人类知觉的结合部，文明的'基质'，网络空间是连接人与信息的桥梁，处在网络空间中的人可以有无所不在的沉浸式体验，并难以分清楚虚拟与真实"②。网络空间暗示着一种由机器和算法生成的维度，信息遵循一定的规律和法则被生产、转运和传递，它是由信息作为基本组成单位的社会，依赖于现实社会完成符号转义，又通过虚拟符号的生产作用于现实社会。电影《头号玩家》就演绎了这样的世界：2045 年，处于混乱和崩溃边缘的现实世界令人失望，人们将救赎的希望寄托于虚拟游戏宇宙"绿洲"，只要带上 VR 设备，就可以进入这个与现实形成强烈反差的虚拟世界。在这个世界中，有繁华的都市，形象各异、光彩照人的玩家，你可以成为任何你想象出的角色，穿上体感服，甚至能感受到击打、拥抱等感受。就算你在现实中是一个挣扎在社会边缘的失败者，在"绿洲"里也依然可以成为超级英雄，再遥远的梦想都变得触手可及，人们沉迷于此，以逃避现实生活中的苦难。③

网络空间这一概念诞生自科幻，也因其与生俱来的科幻性而对网络技术的发展带来灵感。网络的核心价值在于信息传递和资源共享，网络扩大了独立计算机的适用范围，是计算机的延伸，个人用户也可以通过网络到达一个更广阔的空间。因此，齐鸿志等人从计算机科学的角度出发，认为"网络空间"是本地计算机在网络中拓展的存储

---

① 董金平、高玉玲：《网络，乌托邦或异化——对网络社会的解读》，《湖北社会科学》2004 年第 5 期。

② Heim, M., *The Metaphysics of Virtual Reality*, Oxford：Oxford University Press, 1993.

③ Michael Benedikt, M., *Cyberspace：First Steps*, Cambridge, MA：MIT Press, 1991.

空间，即本地计算机在网络中拥有延续的存储空间。网络空间的原理是网络中的服务器通过某种技术，使连入网络的其他计算机可以通过网络访问服务器上的存储空间，从而使这些计算机的存储空间在网络中延伸。而关注网络空间社会性的学者则将网络空间定义为一种社会交往的空间。网络空间的意义和价值是由其所能提供和进行的交往所决定的。相对于网络空间本体，这种定义更关注网络空间所代表的社会学意义，特别是交往意义，例如个体与自我的交往关系、个体与社群的交往关系、个体与整个文明的交往关系等。安东尼·吉登斯就从人类交往的互动性角度提出，"网络空间指的是由组成互联网的全球计算机网络形成的互动空间"①，国内的研究者也从"互动与交往"的角度提出，网络空间可被视为一种空间范围内个体之间相互交互与相互影响的复杂系统。②

第二节　不同视域下的风险研究

关于风险的研究中渗透着多种学科背景，多种研究视角，其中最常见的是技术和科学方式表现的现实主义视角，这源于认知心理学的学科背景。另一个视角是社会建构主义视角，主要由从事风险传播、风险感知的社会学、传播学、文化研究的学者提出。本节将梳理学界对风险研究的不同视角，并讨论他们所基于的认识论，以及这些学者所代表的风险研究的不同流派。

一　认知科学视域下的风险

认知科学认为风险虽是不确定的，但风险发生的概率和演化路径却是能通过工程学、统计学、精算主义、心理学、流行病学和经济学等学科方法计算出来的。在认知科学视域下研究风险，主要是

---

① ［英］安东尼·吉登斯：《社会学》，赵旭东等译，北京大学出版社 2003 年版，第597 页。
② 周毅、曹丽江：《网络空间多元主体协同治理的仿真实验研究》，《电子政务》2016年第 7 期。

对不良事件发生的可能性和后果进行推算。因此，涉及关于风险的讨论，认知科学领域的学者常常关注如何有效识别或者计算风险，以及一个风险后果的严重程度，并试图找寻预防、应对和处置风险的恰当方法。

在认知科学视角下，风险是客观的，可计算的，是先天存在，并且在原则上能通过科学衡量和计算进行鉴别，并采取相关措施进行控制。在他们的大量研究文献中表明，认知科学对风险的研究力图解决的是风险因子识别、风险演化路径绘制、风险关联计算和风险后果预估，并在这一系列过程中促成风险管理主体与公众的沟通。因为认知科学能够以客观、精准的数据计算风险，能将公众认知中的不确定因素排除，从而为公众绘制一幅风险可控的图景。正如布朗（Brown）所指出的那样："为受影响的公众和处于管理地位的机构之间日益攀升的冲突之痛楚提供一个出路。"[1]

除了计算风险发生的概率及演化路径，并给予预防、处置建议之外，认知科学还把人们对风险的回应方式通过心理学模型呈现出来。在认知心理学建构的模型中，危害或风险通常被视为独立的参数，而人们对它的回应是有依赖性的，然而，当风险被纳入认知心理学模型计算时，往往忽略了模型设计者本身对风险理解的主观性，相反，模型中作为独立参数的风险被视为一个恒量，以此考察人们不同的风险回应。从这个角度而言，在认知科学的研究视角下，遮蔽了风险理解的主观性这个关键问题，换句话说，认知科学不去考虑风险是如何被建构出来的，因为风险的不确定特质，决定了风险在不同主体理解下的多面性和复杂性。这样的复杂和多面恰恰是计算所不能阐释的。

在认知科学对普通人的风险应对研究中，普通人群体经常被描述为缺乏"恰当的""正确的"方法应对风险的人群，他们对风险的感知常常是靠直觉而不是靠系统的风险知识来判断，因此，认知科学的

---

① ［澳］狄波拉·勒普顿：《风险》，雷云飞译，南京大学出版社 2016 年版，第15 页。

学者将风险分为"客观的"和"主观的"。"客观的"风险是普遍存在的，并在一定程度上是存在于任何情况的，但个人和群体对"客观的"风险的回应，则形成所谓"主观的"风险。认知科学对风险回应的研究主要集中体现在以下几个角度：

第一是心理测量视角。此视角主要研究在风险回应过程中，普通人产生的不同回应能力与各自认知因素之间的关联程度。认知科学的学者认为在风险回应过程中，普通人对风险的回应态度受到自身对风险的认知因素的相对影响，并且会出现高估或低估风险的情况，以及普通人并不相信风险可以被客观地计算出来。基于这样一种认知基础，认知心理学者提出了将普通人对风险的回应做出细致的分类，比如对危害的认知分为严重、较为严重、没有感觉、还好、挺好几个等级，然后测量普通人在危害认知不同等级中的回应行为，梳理出具有典型代表性的行为活动，按出现频率排序。在研究中，学者发现，如果有关风险的信息是存在于记忆中或易于被回忆起来的，那么人们就倾向于得出该类风险容易发生的结论。如果进一步通过环境评估，此类风险容易发生到自己身上，人们就会提升对这类风险危害程度的评级，导致风险被高估。另外，虽然风险发生的概率较低，但如果给人们留下深刻印象，也常常会被高估。与之相对应的是，那种普通和不严重的风险却常被人低估甚至忽视，而那些熟悉的风险，却更容易被人们接受。同时，研究者也留意到一个现象，受到媒体关注的风险和没有受到媒体关注的风险，在人们的风险感知中存在不同回应，前者更容易引起人们的风险感知，哪怕受到媒体关注的风险在实际发生概率上是很低的，人们也会对此形成较为明显的风险感知。还有，与在一个较长时期内发生的一系列事件相比，在一个群集中发生的灾难被认为是更严重的，与那些危机持续时间较长的事件相比，突发事件的风险严重程度又被视为是更高级别的。

Marris 和 Langford 在 1996 年一项风险研究的抽样调查中发现，"英国人对日光浴、食用色素、基因工程、核能、抢劫、家庭意外、臭氧消耗、驾车、微波炉、艾滋病、战争、恐怖主义和酗酒的风险严重程度的判断符合之前认知心理学的相关测量结果"①。人们按照风险程度将潜在危害分为延迟爆发但后果是灾难性的和结果虽不可怕但却是不可避免的。结果那些被人们习以为常的风险，其风险等级被大大低估，而那些不是特别容易发生，但一旦发生将产生灾难性后果的风险，诸如战争、基因工程、臭氧损耗、核能则被评定为高风险。心理测量风险分析建立在理性行为理论和完全理性化的调查人员的个人理性上，这样的视角将个人看作是信息处理单位，收集到的有关风险的信息是不全面的，并且理性行为理论视个体应对风险的方法是有偏见和局限的，人们常常将风险规避视为理性行为，而冒险则是非理性行为。

因此，"认知科学的方法是把个人构建为计算和情感自由的行为者，认为他们都具有功利主义哲学中行为者的反应和喜好"②。当风险概念被应用到心理测量和心理学研究时，关于风险概念本身就有了明显的认识论上的不确定性，正如布拉德伯里所指出的那样，在"考量对风险的个人回应中，在一个现实主义范式里，这个研究提供了一个主观主义的阐释"③。

另外，认知科学常常将风险感知和评估相关的意义和行为降低到个体层面。它一般不考虑人们赋予事物意义的社会文化背景及社交互动行为，仅仅将感知视为人类如何通过他们的意识和大脑功能看待和理解世界。人们常常被置身于用来构建他们的信念和行为的文化政治框架之外，人们的行为是功利主义导向下理性行为的计算。因此，关于风险以及和风险有关的社会因素被大大降低甚至简化。虽然，后来有一些认知科学的学者开始用心理测量的方法研究社会和文化因素在人们风险感知中的影响，比如：处在社会不同权力地位的人对风险的感知度是不一样的，地位低的人明显比地位高的人更敏感地感受到风险；女性比男性更容易感受到风险，非白种人与白种人相比，对某类

---

① ［澳］狄波拉·勒普顿：《风险》，雷云飞译，南京大学出版社 2016 年版，第 17 页。

② 同上书，第 18 页。

③ 同上。

风险的感知度更高。但是，认知科学对社会文化因素的考察明显与社会文化视域下风险研究不同，认知科学仅仅将社会与文化背景简单化为个体层面的回应机制，而没有将宏大、复杂的社会与文化影响，以及这些影响又如何形构公众的风险感知并造成彼此间风险感知的差异进行深入而系统的研究。

二　社会文化视域下的风险

社会文化视域下的风险研究专注于被认知科学忽略的方面，即风险认知所涉的社会文化背景，文化人类学、哲学、社会学、社会历史、文化地理等学科知识被借用到该视域的研究中。

社会文化视域下研究者对风险的研究主要分为三个流派，第一是以人类学家玛格丽特·道格拉斯为代表的"文化/符号"派，这一流派的学者主要关注风险概念被用于建立和保持自我与他人概念界限的方法，尤其关注人类的身体是如何被符号化后进入风险论述场域。第二大流派就是以"风险社会"观点闻名于世的乌尔里希·贝克和安东尼·吉登斯及其追随者。他们主要着眼于后现代社会所具有的社会特征与风险概念的联系，比如后现代的自反性特征与风险的联系，以及对后现代社会的批判，对传统价值消解的批判等。第三个流派被称为"治理派"，这一流派的学者将福柯关于治理和道德约束的自我养成作为探讨风险建构的背景，分析风险如何建构特殊的行为模式，并用这些模式鼓励个人进行自发的自我规训。总体而言，遵循社会文化视角的学者有着一些明显的共识：他们认为，风险已经成为一个中心文化或政治概念，个人、群体、机构通过风险被组织、被监控和被管理。

我们先来了解一下文化人类学家玛格丽特·道格拉斯（Mary Douglas）从"文化/符号"视角对风险的研究。玛格丽特·道格拉斯致力于对身体、自我以及污染和危险管理的研究，在研究过程中，她将危险、污染和差异性的符号学体系建立起来。她试图回答为什么在当代社会有些危险被确定为风险，有些则没有。在她的大量有关风险的论著中，道格拉斯指出在风险认知研究中占主导地位的，用个体主义和认知经验阐释风险的认知科学学者的局限，她认为普通人之间风险判断的差异并不是在于普通人不能用概率论方法进行思考这一事实，而是普通人对风险判断时引入了个体生活的社会文化背景。社会文化背景对个体认知的形塑和影响是极其复杂而深远的，某些被专家视为风险的事物，却被普通人视而不见。道格拉斯认为分析普通人这一风险回应态度绝不能将其简单化为普通人的非理性或者风险误读，更要认识到特殊的文化、社会因素对其的影响。她进一步表明，人们用来进行风险判断的模型不应当如心理视角所认为的那样只被当作"个人决策者的认知工具"①。相反，它们应当被视为建立在共同文化背景基础上的一种社会期待。道格拉斯把文化视为帮助人们推断风险及其后果的"记忆术"。文化不仅帮助人们理解风险，而且造就了风险是一个社会而非个体的概念，同时人们在社会互动中还通过共同的文化谱系形塑风险，将风险理解纳入相同的文化当中。

文化是共同体形成的关键因素，一个共同体，意味着群体成员能够使用相同的符号，表达接近的意义，意义传递不至于出现扭曲或错乱。在共同体内成员使用共享的、积累的经验去判断哪些损失是可预见的，哪些损失是不可避免的。共同体创建了其成员的行为规制及价值标准，并依据这些衡量不同后果的严重性。所以，道格拉斯认为，文化是社会风险解读的背景性因素，正是因为社群间的文化归属不同，才造成对同一风险理解的差异化，并且她还强调社会成员间的风险知识也只能通过社会文化进程来协调。玛格丽特·道格拉斯强调风险判断是政治的、道德的和审美的，它可以通过理解文化框架而被建构，这为风险研究提供了与个人主义形成对比的研究视角。

从社会文化视域研究风险的还有以"风险社会"闻名于世的乌尔里希·贝克和安东尼·吉登斯等人。他们探讨了风险本质与后现代社会特质的一些关联，贝克认为当前西方社会中的个体正生活在一个由工业社会向"风险社会"的转型中，在此转型过程中，财富的产生

---

① ［澳］狄波拉·勒普顿：《风险》，雷云飞译，南京大学出版社 2016 年版，第 23 页。

伴随着风险的泛化，社会的核心问题不是解决物质生产的问题，而是如何应对风险，个体随时处在应对风险的状态中。

在贝克的论著中，风险就是损害或者危险的同义词，并且他认为现代化的风险就是"对植物、动物和人类的不可逆转的威胁"①，虽然他表现出对现代化进程中风险泛化的愤怒，但他也承认调解风险认知和感知的社会文化进程的作用，他表现出温和的社会建构主义立场。在《风险社会》中，他提出"一个风险本身"和"对风险的公共感知"之间有着不确定性，要么是风险被激化，要么是我们对风险的看法被激化，而这其中充满着不确定性。贝克还比较了两种解释风险的方法："关于风险的自然科学客观主义"和"关于风险的文化相对主义"，他认为这两种方法各有利弊，自然客观主义在风险演化过程中通过模型演算，能够为风险预警提供依据，对风险管理提供有说服力的数据，但是自然客观主义忽视了公众个体风险感知过程中文化的形塑作用，并且要将科学计算的风险结果告知公众时，也必须以公众的文化程度作为风险沟通是否能被理解的前提。在贝克看来，"文化相对主义"的方法正确地强调了风险回应的背景，并指出在一定历史时期令某个群体担心的东西可能不会影响到另一个群体。因此，他在风险研究中，对某些重要的却被其他人忽略的风险做了重点研究，他认为个体和社会群体所表现出来的"文化性格"（cultural disposition）是可以解释风险感知差异的原因的。除此之外，贝克还主张，如今的后现代社会是真正的"风险社会"，风险不像早期工业社会那样可以回避，如今的风险规模是前所未见的，换句话说是全球规模的，风险变得越来越难以量化、防范和规避，当前的风险通常是开放性的事件，而不是可预测的事件。

因此，和早前的风险相比，当代社会的风险更多显示出一些不确定性，这种不确定并非如早期风险一样被归咎为外在的、超自然的原因，比如早期风险中的瘟疫、饥荒、自然灾害、幻术等。当代风险的

① ［德］乌尔里希·贝克：《风险社会——迈向一种新的现代性》，何博闻译，译林出版社 2003 年版，第 5 页。

不确定性更多来自于自身，之前的风险逻辑正在被当代社会的后现代特质所悬置或颠覆。后现代社会的风险鉴于它们的非地域化本质与其潜在的长期影响，比如切尔诺贝利核泄漏事故造成的影响目前很难准确地用数字去衡量，现代主义者的风险计算过程在"风险社会"中失败了。在"风险社会"中，由于社会、技术、知识、文化的复杂性，风险评估要直面一个高度矛盾的社会心理来进行。

在早期工业社会中，风险与损害是可被明显感知的，它们能够被嗅到、触摸到或者被看到，而当下很多风险都无法感觉到，它们被"定位在物理与化学公式的范围内"以艰深晦涩的专业术语隔离普通民众的风险理解和感知，这些风险知识存在于科学中，而不是日常经验中。专家间关于风险又常常产生相互矛盾的解释和论证，这就导致风险阐释本身观点、程序和结果都极富争议性，从而让风险的概念返回到前现代社会所倡导的"不可估量的不安全性"，这样的结果自然是"削弱了风险推断与定义的社会逻辑"。① 然后，理解和应对风险的方法与前现代时期的主张是不一样的，"自然"的概念在前现代社会中如果有危及个人的行为，那么是一种超自然的情况，是人力不可及的，而当代风险则被视为人类有责任控制的，并在原则上能够规避或改变的。这就是当代社会风险的自反性，它是人类行为的结果，主要是现代化、工业化、城市化、全球化进程中产生的。虽然风险的不确定性一直都有，但当代社会风险中的不确定性许多源自人类知识的增长，比如前现代社会时期肆虐人类的瘟疫，现在很少被视为超自然的结果，恰恰相反，它被视为人类不恰当管理自然从而导致自然报复的结果。超级细菌的产生是人类滥用抗生素的结果，洪水、塌方是因为人类过度开采造成的，一切风险的根源都可以和人类行为搭上联系，所以风险具备了重要的"自反性"特征。

福柯关于风险的视角所提供的一个重要的见解就是在这个方法中围绕着诸如风险现象的商谈、策略、实践及机构，以及建构风险的方

---

① ［德］乌尔里希·贝克：《风险社会——迈向一种新的现代性》，何博闻译，译林出版社 2003 年版，第 15 页。

式。正因为人们开始商谈、实践和机构介入，风险才被人类了解，而这些运作体系建构了关于风险的"真理"。在治理派学者眼中，风险本身的本质不是重要问题，风险被视为"推断的理性"，是一种实施管制权的治理策略。和贝克与吉登斯一样，福柯强调在后现代时期专家知识在风险建构中的作用，他认为专家知识对于反思技巧和主体化实践有着某种重要贡献，因为在治理体系中，专家系统被视为训练有素的标准，他们对于治理体系的巨大贡献就在于，为社会、为公众提供相关刻度和标准，并训练公众去符合这些标准，未达标者就会受到极大的社会压力或道德打击。后现代社会中的个体通过一系列经过专家体系论证的标准而被形塑为符合权利标准的群体，各种技术力量被运用到治理过程中，大众监视、监测、观察和测量的技术是治理术的核心，有助于个体对自我的规训，并通过这些标准去衡量社会群体其他成员。从这个视角来看，风险可以被视为一种治理术，通过对某种意义上的风险进行定义、论述而达到对某一社会群体的治理。关于风险的各种信息通过专家系统的整理和搜集，正在成为社会治理的主要范畴和对象，风险问题化，风险可计算化，使得某一群体被冠以"高风险"族群，从而合理地被纳入治理范畴。从福柯的视角看，风险"是一个道德技术，推断一个风险就是去操控时间、约束未来"①。

第三节　网络社会的特征及结构性风险

一　网络社会的特征揭示

2018 年 4 月，中国国际电子商务中心在"2018 中国国际电子商务大会暨首届数字贸易博览会"上首次对外发布《世界电子商务报告》，全球网民人数达 41.57 亿人，互联网普及率达 54.4%，亚洲网民数占全球网民数的比重最高，达 48.7%。第一次，互联网将人们沟通交流所花费的时间缩小到以"秒""分钟"计算。七大洲、四大

---

① ［澳］狄波拉·勒普顿：《风险》，雷云飞译，南京大学出版社 2016 年版，第 71 页。

洋的居民通过互联网实现了跨越现实地理位置的相聚，并得以相互沟通、开展贸易等。马歇尔·麦克卢汉所描绘的"地球村"不再是抽象的文字，而是人们可以触摸体验的事实。

目前，网络呈现出前所未有的丰富景观。网络购物、网络金融、网络视频、网络文学、电子政务、网络医院、网络学校、网络新闻、网络聊天……人们日常生活的方方面面都已"入网"，网络空间成为社会的一部分，服务于日常生活，与现实的联系日益紧密，相互作用、互相影响与制约。"网络社会"的诸多特征也已初步呈现。其主要表现在以下几个方面。

（一）虚拟化的生存特性

虚拟化即通过技术手段对自然和人类社会进行映射和仿像，以符号化的方式呈现各种自然、社会关系，并通过计算机信息处理机制进行转换，将现实世界抽象化为比特世界的过程。不同于传统农业社会和工业社会，在网络社会里，人们的实践活动从物理空间转移到以网络为平台的虚拟空间，人们的实践活动也由过去体现物质生产关系的方式转向制造比特与符号的信息生产关系。信息生产关系产生新的时空，时间在比特字节传送过程中被压缩，空间在信息通过国际互联网传递时消失。在网络社会中，弥漫的是没有任何具体物质性质的信息，它们以文字、图像、影像等符号作为自己存在的形式和场景。人们在网络社会中通过虚拟符号赋予自我身份、建立群体关系、构建网络社会规则，营造社会场景。任何在现实世界存在的物质，都能够以符号化的方式映射到网络社会，商店、市场、学校、医院、警局、社区，一个个虚拟场景支撑起网络社会的基础架构，人们在这些虚拟场景中发生、创造各种社会关系，并赋予这种虚拟关系以实在的社会意义。比如虚拟社交，行为虽是虚拟的，但作为交往主体的个体感受却是真实的。虚拟化即为符号化，符号化是人创造意义生存的一项基本活动，这也是人类作为人的文化生命存在的意义所在，是人类自身不断发展，人化世界不断进步的结果。人类在网络社会中的一切实践活动以符号为载体，但符号本身并非空洞无物的形式，在网络化逻辑组织下，符号本身编制、串联其独特的网络社会文明，创制出崭新的网络文化和生存活动，如电子商务、虚拟社交、虚拟人生等，社会交往、知识传递、信息获取、身份识别、文化传承等现实生活存在的一切行为都被演化为虚拟空间崭新的文明形式。

（二）一体化特性

农业经济的特性决定了在农业社会的实践活动是相对封闭的，自给自足的生产体系在社会中形成一个个生产闭环，阻碍了社会的一体化进程。工业革命开始，人类在全球范围的一体化进程开始出现，但资本的掠夺本性和文明的殖民，使世界在一体化进程中出现不同程度的物质和文明的分化，西方中心论和技术的不平等使一体化进程有限。网络社会，是真正意义上人类实现的第一次一体化。

全球共此一网，跨时空的信息流动使国界、边界等具有物理空间意义上的名词不再具有任何意义。各种文化生产、传播、流动、消费等活动的范围被拓展至全球层面，国家、机构、家庭、个人被紧紧联系在一起。地球成为一个村落，发生在"地球村"每个角落的事情在传播范围上都是无边界的，人类的每一种实践活动都会被网络技术以即时的传播速度传遍全球，人类的实践活动突破一个个生产闭环，走向史无前例的开放。人类不仅从实践范围上突破了封闭，还在实践方式上一步步更加开放。如今的政治、经济、军事、文化、外交通过数字化网络紧紧联系在一起，日益显示出相互制约性和整体性。在实践环节上，生产与消费的分离是前网络社会的重要特点，但在网络社会中，信息生产与消费的一体化，生产者又是消费者的现象日益普遍。各种符号消费盛行，景观展示取代存在成为生产与消费最重要的环节，这些都在一一改变原有经济的迂回状态，社会实践的一体化增加了实践活动各因素之间的相关性，进一步提升了社会实践的普遍性。

（三）多元差异性特征

网络社会的一体化特征并非抹杀个性化的同一化或同质化，相反，网络社会的一体化是建立在充分尊重主体多元差异基础上的一体化，是看重个体特质的一体化。由西方中心论所推崇的单一主体性霸权在网络社会中逐渐被消解，网络社会的本质是节点连接，每一个节点在网络中的位置都是平等的，它们之间由信息形成各种关系回路，个体、组织、机构不再以规模或数量获得权力，在扁平结构的网络社会中，各个权力主体地位相当，多样的网络持续流动使全球化的整合过程不是更加统一，而是更加多元化、去中心化和分散化。全球化中的单边主义和单一规范逐渐被网络社会的多元差异所取代。多元主体的交往实践进一步整合丰富了全球化的以"类"聚合，并以"类"的充沛和丰富满足差异化的需求。这样的需求在改造共同的物质客体中彼此关联，民族、国家作为全球化时代的实体基础在一定程度上会受到网络社会中典型的"价值聚合"体的冲击。

（四）智能创新性

"网络社会"是建立在信息技术、网络技术、通信技术的基础上实现的一种虚拟空间社会化现象。技术的快速发展秉承人性化趋势，使目前技术本身的智能化特质不断被开发。人工智能时代的来临，使人类从大量重复性、单一性的工作中解放出来，从而集中精力进行大量创造性的工作，知识的研发、传播、创新是智能时代人类主要的工作内容。从机械手臂到会写作的智能机器人，再到可以实现整个家庭智能操作的各种家电中枢，智能技术日益渗透进我们的生活。有学者担忧，人类在智能时代将会被机器所取代，沦为机器的宠物，这样的忧虑虽有过度之嫌，但也显示了人类作为主体性社会存在的担忧。媒介环境学派的代表人物保罗·莱文森对技术演进的趋势做过预判，他认为，网络技术定会朝着智能化、人性化的方向发展，实现人的终极延伸——中枢神经系统的延伸。因此，网络社会随着技术的发展势必会成长为一个兼具"思考"能力的社会，网络技术将成为整个社会的操作系统。

（五）开放的公共性

网络空间匿名性、去中心性的特点为公共空间的形成奠定了有利条件。在网络空间中，匿名性和身体的不在场促进了私人领域和公共领域发生渐进的"融合"，两种空间的界限逐渐模糊。双向性和去中心化的特点，打破了第一媒介时代散播式的传播方式，网民可以自由、平等地发表言论，实现了网民的主体构建。相对于传统的报纸、广播、电视等媒介，网络受到公共权力操控的程度更低，公众意见能够更直观地在网络空间中表达，因此网络也成为了具有批判性的公众舆论的阵地。网络空间，成为一种社会政治生活中公共空间的存在。

"公共"这一概念首先被汉娜·阿伦特提出，它表示"两个内在紧密联系但并不完全一致的现象"①。公共有两层含义，第一层含义是"显现"，即要保证任何在公共空间出现的东西都可以被听到和看到，保证最大程度的公开。在网络空间，网民通过电子计算机和网络实现了精神在场，虽然身体并不依赖于网络公共领域而存在，但依然能看到和听到网络空间中的言论表达，从而具有"显现"的特点。"公共"的第二层含义是世界本身，阿伦特认为，人们之所以选择进入公共领域，就是在于公共领域的公开性和持久性，公共领域作为一个共同的世界，将我们聚合到一起。

哈贝马斯继承了阿伦特的公共领域的观点，他认为，凡是对公众开放的场合都可以称为"公共的"。1964 年，哈贝马斯给公共领域做了一个明确的定义："所谓公共领域（Public Sphere），我们首先意指我们的社会生活的一个领域，在这个领域中，像公共意见这样的事物能够形成，公共领域原则上向所有公民开放。公共领域的一部分由各种对话构成，在这些对话中，作为私人的人们来到一起，形成了公众。他们既不是作为商业或专业人士来处理私人行为，也不是作为合法团体接受国家官僚机构的法律规章的规约。当他们在非强制的情况下处理普遍利益问题时，公民作为一个群体来行动；因此，这种行动具有这样的保障，即他们可以自由地集合和组合，可以自由地表达和公开他们的意见。"② 在哈贝马斯的眼里，公共领域具有公开讨论、自由平等、理性批判、社会交往的特点。互联网有着分布式体系以及包切换的信息传递方式，这为互联网设立了基本的开放框架，横向的结构保障了无数节点之间的平等通信，而非纵向的层级控制，TCP/IP

---

① Hannah Arendt, M., *The Human Condition*, Chicago: The University of Chicago Press, 1958.

② ［德］尤根·哈贝马斯：《公共领域的结构转型》，曹卫东译，学林出版社 1999 年版，第 32—33 页。

协议和超文本标识语言又为它的开放性提供了软件保障。互联网的开放性不仅仅是技术层面上的，它还有更深的意涵。不仅意味着整个社会结构是开放的，信息获取是开放的，还意味着任何个人、组织、政府和国家都不能完全控制互联网社会。这实质上意味着个体权利和能力的扩张及其对传统的金字塔模式的社会政治经济结构和体制的消解。网络的出现在很大程度上削弱了国家对信息的控制，为个体对国家和社会的基于实力平等的挑战提供了可能，为民众在网络空间的公开讨论奠定了基础。传统社会权力分配体系中的边缘群体在网络空间就被赋予了完全平等的发言权，赋权的结果是分权和中央权威的消解。

（六）　自由平等特性

尼葛洛庞帝在《数字化生存》的结语中总结了"数字化生存的四大特征"，包括"分散权力、全球化、追求和谐与赋予权力"。[①] 互联网的横向结构为每一个节点平等沟通提供了基础，二进制的内容展示逻辑保证了内容层面的一切平等，去中心化的互联网精神完美地契合了公共领域的平等精神。胡百精认为，互联网有着鲜明的现代性特征，对话已经成为这个时代的现实选择和展开方式。作为对话的渠道和平台，互联网将整个世界构建为时空虚化的对话场域。"网络的开放性为达成信息交流自由、平等、共享的理念提供了前所未有的条件，而信息交流自由、平等、共享的理念，则成为以信息和知识为基础的信息社会文化的核心和灵魂。"作为对话的渠道和平台，互联网将整个世界构建为时空虚化的对话场域。无论是在微博进行"网络议政"，还是在微信公众平台发表文章，抑或是在垂直领域的论坛进行专业的讨论，网民的观点得以在网络上的任何一个角落平等发表，讨论无处不在，意见得以交换，不论网民的真实身份如何，交流与对话都是 IP 和 IP 间的对话，没有阶层与阶层的差异。

美国著名的理论批判家、传播学者马克·波斯特认为，互联网

---

① ［美］尼古拉·尼葛洛庞帝：《数字化生存》，胡泳、范海燕译，电子工业出版社2017 年版，第 229 页。

"引入了对身份进行游戏的种种新可能"，互联网使交流去性别化，网络交流消解了主体，使它从时间和空间上脱离了原位。波斯特认为，互联网交流是一种新型的书写模式，这种模式将"新的限定关系"引入作者和文本的关系中，通过互联网，一个主体可以有多种不同的身份去和他人交往，电脑书写让主体不再是"同一性"的了。①语言的使用基本上与电子书写者的实体身份相脱离，脱离了阶级、地域、性别、种族、社会地位等实体特征。互联网打破了虚拟身份的表达与现实世界的联系，为平等的沟通打造了一个自由的空间。波斯特认为，网络传播是一种去中心化的传播，由于网络消解了传统的政府权力，使权力结构发生重组，权力中心迅速下移，集团和专制逐渐让位于分权和民主，多元决策取代了一元决策，自由平等的精神在互联网的公共空间中践行着。

（七）理性批判精神

作为重要的"技术—经济"引擎、时代标签和社会语境，互联网推动对话主义——在对话中增进理解、认同、信任与合法性，促进利益互惠和价值协商，成为一种发展哲学和现实选择。②互联网也进一步推动了政治对话，促进了理性批判的进行。微博等社会化媒体实现了技术民主和话语权的再分配，公众在网络空间中交换对于议题的观点和意见，对现实进行理性的批判。

交互性是网络传播的一大特点，传统的传受双方的关系得到改变，二者的界限日趋模糊，互联网的每个用户都可以成为记者、编辑，在网络空间中，公众不再是事件和议题的旁观者，更是推动事件解决的参与者。

反观传统的大众媒体，不断成为社会权力集团争夺和占有的对象，使得大众传媒的自由主义精神日渐衰落。在传统的大众传媒的传播模式中，只有少数受到良好教育的、有着身份和地位的精英能成为传播者，他们对社会问题进行议程设置，并在精英的话语体系下进行

---

① ［美］马克·波斯特：《信息方式》，范静晔译，商务印书馆2000年版，第157页。

② 胡百精：《互联网与重建现代性》，《现代传播》2012年第2期。

议程的讨论，启蒙、感知和教化受众，受众只能作为信息接收的一方存在。由于"把关人"的存在，受众的声音很难通过"规则"的审核而被传播，更多的意见被"过滤"掉，即使能够反馈，反馈的路径很复杂，流程和周期也很漫长，也即，受众不具有充分的言论和反驳的机会，公众的主体性受到禁锢。在传统的大众传媒时代，传受双方的地位悬殊，自上而下的传播体系无法保障公众的话语权。

雪莉·安丝汀（Sherry Arnstein）提出了平民参与阶梯（A Ladder of Citizen Participation）理论。她用"阶梯"比喻"参与"的八个层级，阶梯越高，参与的程度越高。这八个层级由下至上分别为操纵（Manipulation）、治疗（Therapy）、知会（Informing）、咨商（Consultation）、怀柔（Placation）、合伙（Partnership）、授权（Delegated power）、平民控制（Control），其中操纵、治疗属于完全无参与（Nonparticipation），知会、咨商、怀柔属于象征性参与（Tokenism），而合伙、授权、平民控制属于实权式参与（Citizen Power）。在互联网时代，人们不再通过单一的大众传播获取信息，纵横交错的传播网络赋予了人们更多议程选择的权力。自媒体让民众拥有了真正意义上的媒体，它充分尊重人们个体化信息的自由开放性，人们借助自媒体可以与传统媒体开展真正意义上的传统对话，实现了雪莉所说的"实权式参与"①。

二 网络社会的结构性风险及其表现

网络带来了极大便利的同时，也带来一系列弊端，危害我们的日常生活。有组织有预谋的网络诈骗及勒索常态化，网络暴力、信息泄露事件层出不穷。

2017 年 5 月，勒索病毒 Wannacry 在全球爆发，包括中国在内的 150 多个国家的 30 多万台电脑被锁死，经济损失高达 80 亿美元，而这仅仅是一次网络勒索的损失金额。国内，猎网平台发布了《2017 年网络诈骗趋势研究报告》。"猎网平台 2017 年共收到全国用户提交的

---

① Habitat International, *University of Sheffield*, UK, Volume 20, Issue 3, September 1996, pp. 431 – 444.

有效网络诈骗举报 24260 例，举报总金额超过 3.5 亿元，人均损失达 14413.4 元。与 2016 年相比，网络诈骗举报数量增长了 17.6%，人均损失增长了 52.2%，网络诈骗对人们财产安全的危害日益加重。"①

2013 年，英国《每日电讯报》报道，英国一名 14 岁女生因不堪网络暴力而在家中上吊自杀，网络暴力致死案件在世界各国时有发生，并见诸报道。国内，2008 年"网络暴力第一案"宣判，受害人获得赔偿，网络暴力开始真正进入大众视野。2017 年 6 月，美国共和党全国委员会承包商营销公司 Deep Root Analytics 托管在 AWS S3 上超过 1.98 亿美国公民 1.1TB 的资料数据库泄露，约占投票人口的 61%，还包括大量来自共和党超级政治行动委员会的绝密资料。第 42 次《中国互联网络发展状况统计报告》显示，54% 的网民在 2018 年半年的时间内曾遇到过网络安全问题，个人信息泄露、账号密码被盗、网上诈骗等成为主要的问题。这些仅仅是冰山一角，信息泄露已经成为网络治理的重点。

网络舆情事件频发，利用网络操纵舆论、改变社会进程等事件在中东各地不断上演，"阿拉伯之春"为我们敲响了警钟。"2015 年 4 月 23 日，美国国防部发布了一项网络战争新战略，首次明确讨论了美国在何种情况下，可以使用网络武器来对付攻击者，并且还列出了美国自认为威胁最大的国家：中国、俄罗斯、伊朗和朝鲜等。《纽约时报》报道称，五角大楼网络新战略的核心是'网络攻击的层级体系'。"②

2018 年 9 月 18 日，美国国防部公布《2018 国防部网络战略》，提出要建立更具杀伤力的联合部队。网络空间不再是大家来去自由的共有地，与现实的边界逐渐模糊，其"主权性"在不断提升。

网络空间聚集的不仅是人，也是风险的生发、聚集、扩散之地。网络影响日益加深，围绕人工智能的争论也不绝于耳，正视网络风

---

① 万红：《2017 年网络诈骗趋势研究报告》，2018 年 11 月 3 日，http://www.tj.xin-huanet.com/fzpd/2018-01/31/c_1122344861.htm。

② 王传军：《美国发布网络战争新战略》，2018 年 11 月 5 日，http://world.people.com.cn/n/2015/0425/c157278-26902173.html。

险，加强网络安全管理是实现网络发展的必经之路。网络的复杂性决定了网络风险的复杂性，网络空间与现实社会交织也决定了网络风险与现实之间互相影响的关系。

（一）网络空间结构性风险

网络空间的结构性风险源于网络本身复杂多样的构成体系及构成要素，由技术、人、制度三者相互作用产生。网络空间结构性风险是网络本身所具有的风险，是其本身存在和发展所具有两面性的体现。生产发展的需要促使人改良技术，提高生产力进而推动社会的发展。网络空间正是社会发展的产物，是人顺应发展需要，创造的一项伟大的发明。只有实现人、技术、制度三者的协调运作才能实现互联网的良性发展。

汉语中，"结构"指组成整体的部分或者要素之间的组合或者排列方式。按照贝克的看法，所谓风险的结构性是指"各种风险源无论是显性的还是隐性的，无论是高风险的还是低风险的，其产生和运转都体现着结构性特征"，也就是说，风险并非外在于社会，而是社会结构中固有的，来源于制度化的社会组织过程。[①] 至于何种结构，结构又是如何产生风险的，贝克并没有进一步阐释。

国内外不少学者就结构性风险进行论述，但大多集中在生物、化学、经济等领域，认为事物本身某一部分其自身的不稳定性引起某种风险的产生。新闻传播领域对结构性风险的研究还处于相对滞后的阶段。所谓社会结构性风险，"是指各种社会矛盾和社会问题相互叠加、交叉感染而导致社会风险网状布局、相互牵扯，从而难以落实风险责任主体的责任追究，难以破解风险的状态"[②]。对结构性风险的理解我们可以从以下几个方面进行把握。

首先是结构性风险的永恒伴随性。任何事物都拥有自己的结构特性，从事物内部和外部考量。一方面，事物本身的结构存在不稳定性

[①]　赵万里：《结构性风险与知识社会的建构》，《探求》2002 年第 1 期。

[②]　杨海：《中国社会结构性风险防范与治理机制研究》，《四川大学学报》（哲学社会科学版）2018 年第 2 期。

导致结构性风险的存在。另一方面，外部环境变化作用于事物，内外结构失衡，结构性风险依然存在。那么，理解结构性风险的另一点就是结构性风险是各部分相互制约下的产物。结构性风险是在内部、外部以及内外部因素共同作用下产生的。事物处于发展变化中结构性风险是永恒伴随的。

其次，结构性风险的发展传播是内外因素共同作用的结果，其影响出现的方式是其本身和其所处的环境共同承担。单个物体的陨灭其作用是极其微小的，我们所处的环境是一个相互关联的整体，亚马孙雨林一只蝴蝶扇动翅膀，可能会造成太平洋另一端的一场飓风。互联网已经成为当今社会运作和发展的一个核心连接点，网络空间结构性风险其影响范围是全局性的。网络空间结构的复杂性直接决定了其风险复杂多变的特点。网络空间在技术、人与社会三者上构筑了"第五空间"，网络空间风险多发也是因为涵盖集合了三者。网络介入，信息传播引发了传统社会秩序和权力结构被改变，由此引发了一系列风险。

1986 年，德国学者乌尔里希·贝克出版《风险社会》一书，提出了"风险社会理论"这一概念。风险社会理论认为，风险根植于现代社会的制度之中，当代社会风险是一种制度性风险，它是现代性制度变异过程中的产物。贝克认为风险社会的主要特征在于风险的不确定性以及偶然性。并且社会风险来自于工业社会科技和知识的"副作用"，现代社会风险与前现代相比具有两个特征：不可控制性与全球化。前现代的社会风险是区域性的，并且可以通过概率计算得出其结果，从而能够加以控制和处理；现代社会的风险本质上属于认知社会学的范畴，是对未来社会后果的未知状态，因而无法预测和加以掌控。吉登斯将现代社会的风险看作是未来某个时刻与我们发生社会关系的事物被评价的危险程度，并将风险分为两种：外部风险和被制造出来的风险。根据吉登斯的表述："外部风险就是来自外部的、因为传统或者自然的不变性和固定性所带来的风险"，所谓被制造出来的风险，指的是"由于我们不断发展的知识对这个世界的影响所产生的风险，是指我们没有多少历史经验的情况下所产生的风险"。①

自美国"9·11"事件之后，社会风险理论成为西方最热门的理论之一。伴随着生产力的提高和信息知识技能的增加，社会关注的焦点由自然风险转向社会风险。按照吉登斯的观点，现代社会更多需要防范的是"制造出来的风险"，互联网则是"制造的风险"最便利的工具和最有效的武器。

（二）结构性风险的技术触发

互联网萌发于我们对生活方式建构的蓝图，源于技术的支撑。目前，互联网技术逐渐成为网络社会发展的关键，但是技术无法解决我们当前所面临的矛盾，并且随着人类对发展的更高要求，技术发展没有限制的风险如影随形。

网络空间技术的基础是信息存储和运输。网络能帮助人们更快获得信息、提供展示个性的舞台，但也滋生了网络暴力、诈骗等行为。网络是虚拟空间，网络身份也只是一串代码，在技术的作用下，网络的另一头是谁我们并不清楚。1993年，美国画家斯坦纳的一幅漫画，描述了这样一幅情景：两只狗在网络中漫游，大狗得意地教诲小狗说："在网络上没人知道你是一只狗。"这幅漫画经典地体现了网络匿名性的特点。②

虽然网络空间的虚拟特性丰富了人们的交往与沟通形式，但也容易使社会主体的身份扭曲、角色混乱、行为越轨。例如，虚拟结婚生子、模拟杀人游戏、虚拟色情体验、虚拟犯罪等就是虚拟技术所产生的伦理异化后果，它使人们的性别、年龄、阶层等身份属性信息难以完全辨认，角色归属混乱，良性的伦理关系遭遇解构。由此而带来的问题是，"在虚拟身份与角色掩饰下，人们更容易在网络空间做出违背伦理规范的行为，甚至从虚拟空间延伸到现实生活，挑战社会伦理底线"③。

---

① ［英］安东尼·吉登斯：《失控的世界》，周红云译，江西人民出版社2001年版，第22页。

② 茅亚萍：《浅析网络的匿名传播》，《当代传播》2003年第6期。

③ 赵丽涛：《网络空间治理的伦理秩序建构》，《中国特色社会主义研究》2018年第3期。

技术的提升使网络准入门槛降低的同时，网络空间的阶层分化也不断加快。网络空间的阶层分化直接表现为对网络资源的占有和利用能力的高低。网络数据被巨型互联网企业占有，网民只能在社交平台中充当使用者和原始数据的提供者。网络中的用户在现实社会中有一定的物质基础，较早进入网络、掌握互联网使用规则并活跃在微博等社交媒体。而大部分在生存线水平徘徊的工人、农民的声音并没有走入主流或者大众认可的范围，所以快手的出现为他们提供了一个发声的平台。

网络的阶层分化从"快手"直播的兴起可以一窥，快手直播中的用户并非是第一次使用社交媒体，但是他们第一次引起了大家的关注。以往，这部分人在网络中处于"失声"的状态，而现在为了在网络中获得关注，快手的博主被很多人视为"网络奇观"，"快手"也成为人们眼中"低俗"人群的聚集地。有学者就快手 APP 进行调查得到的结果是，"快手用户主要是三线城市和城镇乡村居民，产出的内容多为恶搞、鬼畜等视频"。① 快手中类似于生吃异物、自虐等视频内容层出不穷，作为国内排名前十的手机 APP 应用，快手以这样的方式走入大众视线，背后折射的是：互联网构筑的多彩景观，我们遗忘了乡村中不光鲜的现实。

传统社会信息的传递受到阶级、工具的限制，很难在同一时间使大部分人接受信息并自由发表观点。网络的出现直接打破了时空限制和阶层限制，人们在网络中都能拥有自己的一席之地，甚至是动物也能产生巨大的影响力。社交上的宠物网红，往往聚集几十万的粉丝，引发网友的转载和评论，这在传统社会几乎是不可能出现的景象。

无人机、无人超市、无人酒店……随着人工智能和大数据的发展，人们在享受技术发展带来便捷性的同时，对技术的反思也在加强。机器人逐渐替代人类的工作，在伦理建设滞后的背景下，人们的因素边界不断被数据侵蚀，隐私泄露、网络犯罪成为不可回避的

---

① 王佳媛：《"低俗"定位：粉丝经济新思路——以快手视频为例》，《中国报业》2017 年第 12 期。

问题。

2016 年底，亚马逊宣布推出 Amazon Go 的概念店，提出用户通过扫描进店，自动结款，免去顾客排队、支付的操作，为"无人零售"这个概念打下了基础。到 2017 年，我国相继诞生了一批无人便利店、无人超市。缤果盒子、F5 未来商店、take go 无人店、24 爱购、便利蜂等纷纷涌现。同年 7 月的淘宝造物节期间，阿里巴巴推出体验项目——"淘咖啡"。淘咖啡是一个占地达 200 平方米线下实体店，可容纳用户 50 人以上。在用户首次进店时，需要打开手机淘宝扫码获得电子入场码（签署数据使用、隐私保护声明、支付宝代扣协议等条款），通过认证闸机后进入购物区。而当用户离店时，需要经过一道结算门，它由两道门组成，当第一道门感应到用户的离店需求时，便会自动开启；几秒钟后，第二道门开启，此时结算门已经完成了扣款。扣款完成的同时，旁边会有机器提醒本次支付宝扣款金额等。同年 10 月，京东首家 X 无人超市在其总部大楼开业。进入 2018 年 1 月，京东 X 无人超市在烟台、大连、天津等地先后开业。京东集团 X 事业部无人超市总经理宋鹏表示，"春节将有更多国内城市的无人超市开业，2018 年京东计划开店上百家。此外，京东首家海外 X 无人超市也将在近期开张迎客"①。2018 年 11 月，阿里无人酒店取名未来酒店，位于杭州西溪园。这家酒店全程没有任何人操作，没有大堂、没有经理，甚至连打扫卫生的阿姨都没有，所有事情统统交给了人工智能。

除此之外，在金融、设计等领域，人工智能也逐渐崭露头角。2017 年 10 月 18 日，全球首只机器人选股 ETF 诞生，虽然 10 月 18 日才开始交易，但这只代码为 AIEQ 的人工智能选股 ETF 却已经发掘出了一些大热的股票。该基金在 IBM 的 Watson 平台上运行自营的量化模型。数据显示，自 10 月 18 日启动以来，该 ETF 已经提供了 0.83% 的回报率，而同期标普 500 指数上涨 0.48%，纳斯达克综合指数涨幅为 -0.42%。2017 年 11 月，阿里公开了自己的人工智能设

---

① 席悦：《无人超市受热捧　仍有痛点待解》，《中国物流与采购》2018 年第 4 期。

计师"鲁班"，专门用于海报设计。2016 年"双 11"，鲁班就已经制作了 1.7 亿张商品展示广告，提高了一倍的商品点击率。AI 设计师"鲁班"由学习网络、行动器、评估网络三部分组成，通过人工智能算法和大量数据训练，学会设计并且输出设计好的海报内容。

AlphaGo 以绝对优势战胜人类最优秀的棋手，而 AlphaGo zero 以 100 比 0 的成绩战胜了 AlphaGo，最令人畏惧的是 AlphaGo zero 没看过任何人类棋谱。训练开始的时候，它只会随机走子；3 天训练之后，已经能以 100 比 0 战胜李世石版的阿法狗；40 天训练结束时，能以 87 比 13 战胜柯洁版阿法狗。所有这些，都是从零开始摸索出来的。计算机已经可以超脱人类的经验独自存在，那么人的作用将在何处？

网络空间的产生基于现实，随着其发展，网络空间建构了一种与现实社会平行或类似的世界，并且其独立性不断增强。当人工智能已经可以从事写作、设计、炒股等多个工种，担忧机器挤占人类生存空间的声音甚嚣尘上，甚至引发人工智能将导致人类灭绝的讨论时，人与技术之间的确存在某种风险。

日本传播学者中野牧在《现代人的信息行为》一书中首次提出"容器人"理论。在这本书中，中野牧认为，大众传播环境将人与人之间的联系置换为人与虚拟传播环境的联系，导致了个体犹如一个个封闭容器，内心孤独。只不过人们现在更多沉溺于网络中。美国的一项调查显示，"每位智能手机用户平均每天 34 次查看手机，连 Facebook 创始人扎克伯格的妻子也坦陈是个'低头族'，每隔五秒就会不由自主地查看手机"①。速途研究院发表的《2013 年微信用户行为分析报告》表明："从微信的普及量来看，有 92.97% 的用户使用过微信；从微信的使用频率来看，63.4% 的用户至少每天使用一次，很多用户使用微信的频次超过了手机 QQ；从用户微信使用的时长来看，37% 的用户每次使用的时长在 15 分钟以上。"②

---

① 李绍元：《莫做微信时代的"低头族"、"容器人"》，《传媒观察》2014 年第 2 期。
② 同上。

（三）网络社会风险的技术分配

在极端的贫困和极端的风险之间存在系统的"吸引"。在风险分配的中转场里，"不发达的偏远角落"里的车站最受欢迎。[①] 技术的风险不只是互联网技术引发的信息泄露、黑客等风险，还有着超越技术本身的风险，即技术垄断和分化带来的风险。国与国之间的技术追逐本质上遵循着风险分配逻辑，"偏远国家和地区"将承担更多的风险。

发达国家的工业转移在全球范围内已经形成。近代社会，西方工业国家的风险（资源紧缺）的消除是通过剥削和掠夺他国实现的。现代社会，西方国家在经历了低效率的发展后，目前在向以高新技术为核心的第三产业发展，并且已经开始在技术层面上展开争夺。未来风险和技术的关联性更大，技术风险不再是技术本身的负面影响，而是在全球环境下，技术的横向比较，一个国家或者民族在技术上落后，那么就意味着承担更多风险。技术鸿沟也成为风险界限。

对互联网技术领域制高点的争夺已是各国发展的重要战略，人工智能将再次成为各国抢占科技制高点的领域。未来，谁拥有了技术，谁就拥有了风险的掌控权和规避风险的能力。处于"技术第三世界"的国家通过另一种形式被"奴役""剥削"，并且这种风险的转移带有表面的正当性。技术风险转移是全面性的，这也是与传统社会最大的不同，互联网接入一切。网络技术的滞后，意味着全方位式暴露，"技术殖民"成为可能。

马尔库塞在《单向度的人》中指出，事物的客观秩序本身是统治的结果；但同样真实的是，统治也正在产生更高的合理性，即一边维护等级结构，一边又更有效地剥削自然资源和智力资源，并在更大范围内分配剥削所得。[②] 世界贸易组织、联合国教科文组织是全球范围内政治、经济、文化的有效组织者、话语权和资源的控制者，当今世

---

① ［德］乌尔里希·贝克：《风险社会——迈向一种新的现代性》，何博闻译，译林出版社2004年版，第45页。

② ［美］赫伯特·马尔库塞：《单向度的人》，刘继译，上海译文出版社2006年版，第129页。

界秩序的运行就是一个统治的结果，世界上的人民已经遵循着这一秩序，弱者只能遵循强者制定的规则。

中国在第二次工业革命中已远远落后于西方，面对西方列强的侵略，因为缺乏技术、实力作为支撑，中国的风险防范能力极弱。改革开放以来，中国抓住了新机遇，与西方世界的差距在慢慢变小，尤其是在技术领域。中国着力建设的北斗导航卫星，就是为了避免成为技术风险的承受者。美国打响第二次海湾战争，只通过关闭敌方的卫星导航系统就使对方的防控系统陷入了瘫痪，以最小的代价取得胜利。所以技术的风险最重要的不再是技术本身，而是国与国之间围绕技术进行的一系列博弈，落后的一方则会承受更多的风险。

（四）网络社会结构性风险的典型表现

信息泄露和网络病毒是以技术为核心的网络空间结构性风险最明显的特征，黑客攻击网络系统或数据公司管理不利造成信息泄露，给犯罪分子提供了获利新途径。发布网络病毒对用户进行勒索，已经是网络空间中常见的犯罪行为。无论是个人还是国家在安全、经济方面的损失都是难以估量的。

1. 信息泄露

手机利于携带，且功能丰富，已经成为人们主要的通信工具。随着智能手机的发展，移动化网络时代到来，手机成为人们信息泄露的源头之一。

搭载恶意软件，成为不法分子窃取用户信息的主要方式。据《2012 年第一季度全球 Android 手机安全报告》的调查显示，"全球的Android 系统安全威胁中，中国大陆地区以 26.7% 的比例高居首位，其中以隐私信息窃取为目的的恶意软件高达 24.3%，位居所有恶意行为种类的首位"[①]。

《2016 年中国 Android 手机隐私安全报告》将用户的权限划分为四大类：读取位置信息、访问联系人、读取短信记录、读取手机号

---

① 杨珉、王晓阳、张涛、张建军：《国内 Android 应用商城中程序隐私泄露分析》，《清华大学学报》（自然科学版）2012 年第 10 期。

码、读取通话记录、读取彩信记录属于核心隐私权限；打开摄像头、使用话筒录音、拨打电话、发送短信属于重要隐私权限；获取设备信息、打开 Wi-Fi 开关、打开蓝牙开关、打开数据开关为普通隐私权限；Root 为高危隐私权限。报告显示，游戏、非游戏、健康医疗、教育、直播类 APP 都存在越界获取用户隐私信息的行为。高达94.6% 的受访用户认为 Android 手机是存在隐私安全隐患的设备。①根据报告建议，"严控 APP 获取隐私权限、常用安全软件和隐私保险箱、提高隐私安全意识、从正规渠道下载软件成为防止信息泄露的有效途径"②。

2017 年 4 月，国家计算机网络应急技术处理协调中心发布《2016年我国互联网网络安全态势综述》，显示高级持续性威胁常态化，我国面临的攻击威胁尤为严重。"2016 年，多起针对我国重要信息系统实施的 APT 攻击事件被曝光，包括'白象行动5'、'蔓灵花攻击行动'等，主要以我国教育、能源、军事和科研领域为主要攻击目标。同时网站数据和个人信息泄露屡见不鲜，2016 年公安机关共侦破侵犯个人信息案件 1800 余起，查获各类公民个人信息 300 亿余条。"③

2. 网络病毒

网络病毒又称"计算机病毒""电脑病毒"。在《中华人民共和国计算机信息系统安全保护条例》中被明确定义，病毒"指编制或者在计算机程序中插入的破坏计算机功能或者破坏数据，影响计算机使用并且能够自我复制的一组计算机指令或者程序代码"。

"网络病毒是一种人为编制的、隐藏在可执行程序或数据文件中的具有自我复制和传播能力的破坏性、干扰性电脑程序。它具有传染性、潜伏性、繁殖性、针对性、可激发性、扩散面广、种类翻新迅

---

① 数据来源：《2016 年中国 Android 手机隐私安全报告》，2017 年 9 月 25 日，http://www.sohu.com/a/194553890_208076。

② 同上。

③ 王小群、丁丽、严寒冰、李佳：《2016 年我国互联网网络安全态势综述》，《互联网天地》2017 年第 4 期。

速、传播速度快、破坏性强、清除难度大等特点。这种程序一旦进入计算机系统，就能通过修改其他程序而把自身或其变种复制进去，从而破坏计算机的正常运行，甚至使计算机瘫痪，对网络安全和网络运行秩序等构成了严重的威胁和危害。"①

　　计算机的先驱者冯·诺伊曼（John Von Neumann）在他的一篇论文《复杂自动装置的理论及组织的进行》里描绘出病毒程序的雏形，彼时商用计算机还未问世。1977 年美国著名的 AT&T 贝尔实验室中，三名年轻的程序员在工作之余，写了一款小程序来逗乐，这个叫作"磁芯大战"（core war）的游戏是一款能够吃掉别人程序的程序，这个小游戏将计算机病毒的危害直观地展现出来，病毒就是对正常程序的"毁灭"和"吃掉"。第一个真正的计算机病毒可以追溯到 1982 年 7 月，"苹果电脑 Apple II 上出现了第一个能复制到 5.25 英寸软盘上的病毒。这个病毒就是 Elk Cloner，作者是一位匹兹堡 15 岁的高中生，Rich Skrenta，病毒能够监控活动的软盘，一旦发现就会把自己复制到上面"②。1999 年震惊世界的 CIH 病毒以及梅丽莎病毒等，曾经摧毁世界上上百万台计算机。2000 年爱虫病毒是进入 21 世纪后第一个影响恶劣的病毒，侵袭了英、美等国政府的计算机。

　　经过几十年的发展，网络病毒的感染性、传播性和危害性已经不可估量。伦敦最大保险组织劳合社 2017 年 7 月发布一份报告称，一项重大的全球网络攻击可能引发 530 亿美元的经济损失。造成的经济损失与 2012 年的美国超级飓风 Sandy 等重大自然灾害相当。③

　　近年来，在全球范围内造成重大损失的网络病毒是 2017 年爆发的勒索病毒。2017 年 5 月 12 日，爆发了 WANNACRY 勒索病毒安全事件。"此病毒利用微软操作系统 MS17-010 漏洞在全球范围进行大

---

① 段兴利、汪中海：《网络社会问题研究现状综述》，《云南民族大学学报》（哲学社会科学版）2008 年第 11 期。

② 程兴中：《浅析计算机病毒发展史》，《辽宁行政学院学报》2008 年第 6 期。

③ 劳合社：《全球网络攻击或造成 530 亿美元的经济损失》（2017），2018 年 10 月 17 日，小狐狸（http://www.sohu.com/a/157795294_114885）。

规模传播，至少有 99 个国家超过 20 万台电脑主机遭受到攻击。"① 我国作为一个新兴的网络大国，也是全球互联网用户最多的国家，在此番病毒攻击中也深受其害。勒索病毒是又一次全球范围的恶意攻击行为，之前的"冲击波""震荡波""飞客蠕虫"等病毒对全球网络安全造成严重侵害，但勒索病毒的影响力和破坏力远远超过了上述病毒。据国内某网络安全厂商对检察机关互联网应用网络监测，"部分检察机关互联网受到严重影响，虽然检察专线网与病毒肆虐的互联网是物理隔离的，但可以肯定的是检察专线网上的部分计算机终端也无法做到幸免"②。12 月，美国媒体报道此次病毒制造的凶手是朝鲜，而朝鲜方面一直未承认美国的指控，而此次勒索病毒是凶手利用了泄露的 NAS 黑客工具实施行动的。网络病毒是当前网络空间治理的重点和难点，其关键在于加强网络安全人才建设、提升网络安全技术手段，立法保障网络安全，对犯罪分子采取严打的高压态势。2017 年 6 月 1 日，《中华人民共和国网络安全法》（下称《网络安全法》）正式实施。这是国家行使网络空间管辖权的基本大法。网络安全治理有法可依、有法必依是网络管理的必经之路。

第四节　网络社会的自反性风险

风险的社会放大与风险激发的自我批判是风险社会中的重点概念，贝克把风险定义为"对由现代化本身引起和招致的危害与不安全性的系统的应对方法。风险，与旧的危险概念不同，是关于现代化的险恶力量以及对现代化产生的全球范围的疑惑的结果。它们具有政治上的自反性"③。对风险以及风险引发后果的焦虑，促使人们对当前

---

① 程三军、王宇、李思其：《2017. Wannacry 勒索病毒分析及对检察信息化工作的启示》，载中国计算机学会计算机安全专业委员会《中国计算机学会第 32 次全国计算机安全学术交流会论文集》，2017 年。

② 同上。

③ ［澳］狄波拉·勒普顿：《风险》，雷云飞译，南京大学出版社 2016 年版，第 54 页。

实践提出质疑，从而使得风险与自反性联系在一起。

一 自反性现代化

在风险社会中，社会在三个方面具有自反性，这源于风险最新的全球化本质。第一，社会本身在边界上已经突破实体概念，成为全球概念，具备了引发全球争议的可能。第二，对风险全球化本质的认识，导致风险管理与风险治理之间出现了跨地域、跨国别、跨民族的合作方式。第三，地缘政治意识逐渐淡化，全球性联盟产生。风险成为全球各国人民共同面对的风险，风险扩散的范围使地球上任何一个国家都难以独善其身，因此，风险社会成为真正意义上的"世界性的风险社会"，其中涉及风险论述和治理的公共领域被全球化了，这就使得风险社会和传统社会有了很多不同甚至大相径庭的表现。

事实上，风险，是现代社会的重要特征之一，也是现代区别于传统的重要特征之一。虽然人们会在实际生活中感受到现代与传统的紧密交织，但是关于"过去"，在传统社会中更加受到尊重，因为它包含着世世代代的经验与传承，更包含着在同一时空关系下社会准则的一致标准。传统，是一种将对行动的反思监测与社区的时空组织融为一体的模式，它是驾驭时空的手段，它可以把任何一种特殊的行为和经验嵌入过去、当下和未来，而关于过去、当下和未来这一组时空就是由社会实践反复串联起来的。伴随着人类社会由传统社会向现代社会的转变，人们创制了各种具有阐释意义的手段，书写这一方式开始将时空关系割裂，纸张的易携带特点，使传播开始突破空间局限，延展了时空范围，产生出一种关于过去、当下和未来的新的思维模式，根据这样的模式，对知识的反思性转换从特定的传统中分离出来。虽然在前现代社会中，这样的反思还局限在对知识经验性的重新阐释和定义上，并且因为识字本身带来的知识特权，使得阐释主体更加注重日常生活的周期化要和传统联系在一起。

在现代社会中，这样的反思致使思想和行动总是处于连续不断的彼此反映过程中。如果不是"以前如此"正好与"本当如此"在原则上吻合，则日常生活的周而复始就不会与传统有什么内在联系，仅仅因为一种实践上的传统就认可它，显然是不够的。对现代生活的反思，存在于社会实践总是不断受到关于实践本身新的认知的检验和修正，从而在结构上不断改变着自身。在所有文化中，由于社会实践的不断持续，会产生各种各样关于实践本身新的发现，这些发现又作用于社会实践当中，让传统不断受到冲击。经验，在现代性的反思过程中成为再次确证或解构的东西。

因此，贝克认为，自反性现代化的概念中，"自反"一词不仅仅意味着"反思"，还意味着"自我对抗"（self-confrontation）。[①] 走向自反性是现代性的内含风险，它们是现代性过程中的组成部分。所以，自反性不是对现代性的否定，而是现代性特征的运用。自反性现代化包括两个阶段：一是从工业社会向风险社会过渡的阶段，这一阶段风险虽然被视为工业化进程的一部分，但并不是社会或公众持续关注的重点议题。第二阶段是随着现代化进程的加快和现代性的深入，人类对现代性中涉及的危险不断有了新的认知，继而对产生这些风险的社会结构产生怀疑，工业社会逐渐认识到自身就是风险社会，因此，自反性现代化就是对这种现代性风险的批判与反思。

自反性现代化导致的结果就是一个时代以前所未有的技术革命改变自身的同时带来了自我毁灭的可能性，工业社会的自我毁灭并非马克思所言的阶级斗争或革命，而是现代化在实现过程中伴随的不确定性，即风险本身。对风险的判断涉及对人类发展道路含蓄的道德批判，那种经由启蒙运动建立的对科学、对真理的确定已经逐步瓦解了，这样的不确定性又催使人类去寻找新的能够获得确定性的事物。普通人对科学开始怀疑，因为他们已经意识到科学无法解决它制造的问题，比如转基因，比如克隆技术，再比如人工智能。这种无法解决的、无法确证的问题就成为一种风险，而且有关风险的科学论证是不完整和充满矛盾的，专家系统的权威逐渐被质疑。

贝克认为普通人对风险回应的非理性态度恰恰是在后现代性中科

---

① ［德］乌尔里希·贝克、［英］安东尼·吉登斯、［英］斯科特·拉什：《自反性现代化》，赵文书译，商务印书馆2001年版，第9页。

学理性失败的情况下普通人的理性反应，而且风险的全球化在一定程度上强化了不平等地位，却又在一定程度上实现了民主化。贝克认为，处于不同社会地位和社会阶层的人面对风险分配时其可支配的资源是不同的，这就决定了富裕人口比贫困人口拥有更多的风险应对措施，他们可以购买到安全感，这就是风险分配的不平等。但另一方面，当面临环境污染、辐射、食物、空气和水污染这样的风险时，不管是富裕阶层还是贫困阶层都无法逃避，即使是占有社会绝对优势资源的群体也无法克服，这就是风险的民主性。风险社会的一个重要特征就是这些最在意风险，并对风险有过深入研究的群体，却有着对风险感知最强烈的不确定性。因为他们越深入了解风险，就越会发现无法获取科学知识，当下的知识已经没有足够的能力去阐释出现的新情况新问题，因此，风险社会就是以矛盾为特点，即优势群体虽然拥有获取知识的渠道，但还是不够充足，所以，他们变得焦虑不安，但又无法通过切实的措施缓解这种焦虑。

二　网络社会的个体化：群体认同的风险

个体化概念也是风险社会与自反性现代化的一个核心观点，个体化并不是指疏离或孤独，相反，它意味着在没有固定的、强制的、胁迫的或传统的标准下，以及在不断发生变化的生活方式中，个体必须得自己决定行动的状态，即改变或摆脱那种由性别或社会阶级所规定的社会角色，那种社会传统架构在个人身份认同形成过程中的影响降低了。网络社会架构比起以往任何一个历史时期都更看重个体，更加注重释放个人的力量，但同时，也将个体推到了应对风险的最前线，所有的风险结果与之对应的也是个人选择的失误或失败，而非更广阔的社会历史进程的影响。

网络社会中，个体认同的体现往往并非基于传统的价值体系，比如家庭、背景、身世、血缘等，恰恰相反，这些固化的传统标准在网络社会变得微不足道，因为个体化极大释放的个人能量使其对不劳而获者充满鄙夷。在前现代社会，一个人的命运按照其出身、地位被预先建构，可是现在对生命历程的理解则开放和灵活得多，显然，这种灵活与开放的结果归功于个人的努力与奋斗，而非难以预测的命运。贝克将这种变化称之为自反性传记，或者看作自我生成而非社会生成的传记。应对风险的传统形式——家庭、婚姻和男女角色正在一一失效，个体化必须依靠他们自己，因此，其对传统的具有认同感的形式充满了疑虑。伴侣难以依靠，家庭难以依靠，群体难以依靠，社会更是难以依靠，那又如何能促成共识，形成社会认同？群体对个体的吸引力逐渐降低，社会失去了对个体凝聚的向心力，人们在拼命维持一种社会关系的时候也是在同不断扩张的个体化产生剧烈冲突，因为一方面都在努力追求她或他的提升和自我实现，另一方面又要与他人保持关系的维系，社会角色不再被固定在传统的社会架构中，社会认同的标准性角色嵌套失灵。

网络社会放大了个体化的确证，一切传统标准都可以在以节点为基础单位的网络空间中被解构，甚至颠覆。曼纽尔·卡斯特曾经谈论起网络社会中的认同，他说网络社会消除了传统以地域和民族为基础的认同，转而在网络空间中建立起以个人信任半径为基础的认同关系。这种认同完全受个体支配，以个人价值为准绳，独立于支配性的制度与体制，是一种充分享有自主性的认同。

在工业化时期，由社会主导阶层推行的符合自己阶层的规则标准成为全社会的认同标准，并通过暴力、文化等各种硬性或柔性手段保证其在社会中的执行，这样的认同感建构过程是有利于社会形成和稳定的。但在网络社会中，一切传统领域的意义产生的合法性认同逐渐瓦解，个体主义成为社会中最普遍最有代表性的认同形式。那种由网络社会开创的跨地域的财富运行机制及金融国际化带来的不安全感在网络化社会中蔓延，在这种不安全感面前，传统的认同机制应对无力，个人无法通过家庭、组织、社会获得更多的安全感，也就更加助长了个人主义的流行。同时，网络社会的信息革命，使现代民族国家对新的财富、权力和信息的把控力度越来越弱，国家对时空的掌控也逐渐式微，其所推崇的主导认同形式也不断受到日益崛起的个体多元认同的挑战，民族国家愈加难以成为认同聚集的基础，"民族国家"这个现代的历史产物，其权力却正在衰落当中。

　　卡斯特认为，传统社会对角色的分工营造的就是一种群体归属感，让个体清晰自己在群体中的位置和意义，一个人在集体中是被动的，他的行为表现要遵照所在集体的规则意识，体现了一种集体意志对个人的规约作用，并通过适当的差异化包容方案增加社会的张力和维持社会的稳定。但网络社会不同，那种集体规约从一开始就被网络社会的技术本性所消解，网络社会一个个节点的地位相当，所以网络社会比以往任何一个时期都更看重个体主义的实现。在此基础上，卡斯特认为，网络社会的认同是意义与经验的来源，是人们主动建构的，而非在社会角色安排下被动实现的。"认同所组织起来的是意义，而角色组织起来的是功能。"① 卡斯特认为"意义"就是社会行动者对自身行动的合法性建构，是为其行动找寻合理依据的过程。网络社会中的意义是"围绕一种跨越时间与空间而自我维系的原初认同建构起来的，而正是这种原初认同构造了他者的认同"。② 即卡斯特提出的建构性认同是个体将文化特质作为诸多意义来源的优先因素，并以此找寻自身社会行动的依据。据此，卡斯特认为认同不是固定的，而是流动的，认同不是单一的而是多元的，依据认同来源、形式的不同，他将认同分为合法性认同、拒斥性认同和规划性认同。

　　第一，合法性认同：指由社会主导阶层通过各种控制手段将自己阶层的行为规范树立为整个社会行动准则的过程，由社会支配性制度保证其实现，以拓展及合理化对社会行动者的支配。

　　第二，拒斥性认同：在社会中那些被贬抑或污损的行动者所建立的对抗性意义群体，以不同于甚至反抗社会主导阶层的行为方式积极证明自己意义的合理性，拒斥性认同促成了社区或公社的形成。

　　第三，规划性认同：指社会行动者从构建自身意义出发，积极寻求文化材料的支撑，以谋求自身社会地位的提升和改变，从而寻求社会结构的全面改造的认同。

----

　　① ［美］曼纽尔·卡斯特：《认同的力量》，曹荣湘译，社会科学文献出版社 2006 年版，第 6 页。

　　② 同上书，第 6—11 页。

根据曼纽尔·卡斯特所认为的，跨时空扁平的社会结构，会重组很多传统社会固有的秩序，传统社会单一的中心制权力架构体系不断受到多元权力弥散的冲击，网络社会必然会带来合法性认同的危机，即个体蜷缩于集体当中所获得的安全感正在逐渐消失，自我意识的膨胀和个人世界观的形成，同步消解着民族国家的认同凝聚力，这些因素合力会导致主导性认同危机和合法性认同的解体。网络社会在一定程度上对合法性认同有着消解的作用，助推了抗拒性认同的产生。于是，在网络社会中出现了各种对抗主导认同体制的共同体，如同性恋共同体、女性共同体和环境主义共同体等。

卡斯特认为抗拒性认同如果发展到一定程度，势必会为自身寻求新的出路，那就是产生规划性认同。规划性认同的出现是抗拒性认同从被支配、被贬抑的地位上升为主导地位的认同，这或许能诞生一种新的社会形态，产生新的社会资源分配模式。"而新的规划性认同并不是源于过去工业时代的公民社会的认同，而是源于当前的抗拒性认同的进一步发展。"① 规划性认同是否会重建一个崭新的公民社会？卡斯特对此并不盲目乐观，"因为新的规划性认同源自于拒斥性认同的进一步发展，并在拒斥性认同基础上，更进一步反抗合法性认同的规则，并且由于产生于拒斥性认同，彼此之间沟通较少，阻隔较多，从理论上讲就更难以形成像传统社会那样统一划一的群体标准，往往只是产生另一种小规模的共同体。且抗拒性认同不一定就会朝着建构规划性认同演变，也许停留在防御性的共同体就停滞了，或者演变成为某种利益团体"②。但在某些条件下，抗拒性认同发展到足够成熟的阶段确实会产生规划性认同，这种规划性认同是对既往社会认同的整体颠覆和重构，也是对传统价值观最为彻底的抛弃，表现在当下，即是对全球资本、权力、信息流动模式的极力否定。"全球化、资本主义的重构、组织化的网络、现实虚拟的文化，以及为技术而技术的

---

① ［美］曼纽尔·卡斯特：《认同的力量》，曹荣湘译，社会科学文献出版社 2006 年版，第 413—414 页。

② 同上书，第 416 页。

优先性、信息时代社会结构的主要特征等等，都是工业时代建构起来的国家和公民社会面临危机的根源。它们同样也是共同体所抗拒的各种力量，围绕这些抗拒行动，新的认同规划也就有可能浮现出来。"①

三　自反性风险的后果：信任异化

吉登斯与贝克在分析风险时都强调了一个观点，那就是后工业主义或后现代性的特点就是传统习惯与风俗的变化，从而导致对日常生活中的行为与意义产生彻底的影响。吉登斯特别强调现代机构是现代社会的核心，这些机构影响日常生活和个性，但反过来又被个人活动所塑造。对于吉登斯而言，现代性的关键特征是机构化和个人化的自反性，和时空关系的重组与脱域机制，即把社会关系从具体的时空背景中脱离，将它们运用到更宽广的范围中。脱域机制中比较有代表性的就是专家知识系统，普通人对专家知识系统的信任，是脱离自身实践和经验的，而专家知识系统的效度体现就在于脱离使用这些模式的实践者和用户。在前现代时期，空间和地点大多是重合的，且被地域化的活动所主宰。而网络社会却抹去了地域的阻隔，让世界成为一个"村"，极大促进了相互远离的"不在场"的人之间的联系。前现代时期，经验与传统也受困于地域的限制，并因此高度地关联与分散，网络社会则不同，它将人类经验和知识高度汇聚在一起，过去依赖于专家系统的脱域机制，在网络社会以更加丰富、更加多元的非主体性体验完成信息传递和信任聚合。

与前现代时期相比，风险具备了两面性特征，它也有可能是人类追求进步的结果，并且伴随脱域机制和全球化，风险潜在地具有更加广泛的灾难性影响，比如全球变暖、金融危机、网络安全等。这并不是单纯从风险辐射的范围和后果去区分与前现代时期风险的不同，而是说生活在当下的人们可能比前现代时期的人更能感知到风险，有着更多的风险焦虑。虽然在很早时期，人类就有着对影响世界和毁灭人

---

① ［美］曼纽尔·卡斯特：《认同的力量》，曹荣湘译，社会科学文献出版社 2006 年版，第 416 页。

类的可怕灾难的担忧，但是在今天，人们已经把实现这种担忧的主体，转移到自身，而非过往认为的超能力或宿命。因此，关于风险的本质，吉登斯与贝克都认为，风险是客观存在的，是与人类责任有关的危害或危险相联系的，但是，风险自身经历了早期与晚期两个不同的概念。在第一个阶段，风险被看成"一个基本的微积分学"，是能通过精密的风险计算，分析风险产生的原因、本质并促进确定性和秩序的方法，"将未来置于控制之下"是在这一阶段人类对专家系统的信赖。

　　基于这样一种认知，风险的不同组成部分是既定的，并且因此能够被计算，那么社会和国家通过一系列精密的演算体系建构庞大的风险预控手段，将人类阻挡在风险之外，这一阶段，福利国家是典型代表。第二阶段，是风险不可被精密计算的阶段，人类社会在发展过程中，逐渐意识到风险的不确定性，这种不确定性并非同远古时期将风险归于超能力或宿命的那种认知上的不确定，而是通过人类不断发展的科学技术逐渐认识到的，科学技术无法解决由它们自身产生的风险。比如人工智能，目前专家知识系统都无法精确估量人工智能普遍运用之后会带来怎样的风险，只能从伦理、从技术等维度入手，却对人工智能即将产生的更为深层次的社会影响无能为力。更多的不确定性来自专家系统彼此间的冲突与分歧，作为脱域机制最有代表性的专家知识系统在现代社会发挥了巨大的阐释作用，并将脱离于个体经验之外的风险与矛盾以极其专业的文字进行阐述，以降低公众对非主体经验风险的焦虑。然而，目前，网络社会中的风险认知往往在专家系统内部都难以形成共识，而对风险的阐释就更难以形成口径一致的结果了，这就造成公众对风险感知的不确定性扩大，久而久之，那种建立在前现代时期对专家系统的信任就发生了异化。

　　自反性在信任异化过程中也发挥了重要的作用，吉登斯把现代自反性描述为不同于一直是人类活动之组成部分的反思性监控。对于个人和机构，现代自反性指对专家知识和社会活动的偶然性本质，以及他们更改和变化的倾向性的认知。这一自反性既是启蒙运动的产物，又使启蒙运动倡导的科学与技术精神在人类进步过程中的作用日益复杂。现代性的境况，时空的分离，脱域机制发挥越来越大的作用，都不存在于个人中，而存在于"抽象能力"中的信任。现代人并不简单依赖于地方知识、民族传统、宗教信仰或习惯来处理他们的日常，相反，他们主要信赖那些在空间上"不在场"的同类给他们提供建议。公众只需要那些符合自身立场的风险阐释，究其原因，在于公众与风险阐释者原本稳固的契约关系变得飘忽不定。快速发展的网络社会一方面在时效性上终结了专家系统对于风险的阐释权，另一方面又因为碎片化、个体化无法担当起新的风险阐释者的重任。在传播的空间偏向上，网络社会培植了更加多元的立场和价值，共识变得难以达成。网络社会随处可见谣言认同、犬儒主义、民粹主义和情绪倾泻，这都是网络社会信任问题导致的表象。在陌生人信任模式中，信任谁，决定了公众优先选择和接受谁的信息作为加深和强化自己信念的来源。

　　一般来说，公众通过个体理性判断或群体情感道德建立信任，当我们置身于超越我们理性经验判断的交往情境时，情感和道德往往上升为信任谁的关键问题。即尤斯拉纳（E. M. Uslaner）所说的"道德共同体的包容程度"，情感在"道德共同体"的形成过程中发挥着隐秘而重要的作用，也就是为何在网络社会公众更愿意在情感上选择相近的群体去接纳他们的风险定义与阐释。网络社会里，风险的客观性退居其次，对风险的认知和理解建立在人们更为情绪或本能的信任立场上。"风险事实"是可以被技术设计和推送的，"很多在线内容的价值并不在于是否真实，而是在于对情绪的唤起或情感的预制影响力"。通过协同过滤的技术和算法，每一个人都有自己的信任半径。但不管这种半径能延伸多远，其基础都是信任本身。用齐美尔（G. Simmel）的话说，"信任是社会中最重要的综合力量之一"①。对信任的研究涉及多学科多层次多维度，在涂尔干的"有机团结"中，信任是社会分工和专业精细化的推动力，个人得依赖他人并与他人建立互相信赖的关系，才能推动社会运行。在卢曼（Niklas Luhmann）

①　转引自全燕《"后真相时代"社交网络的信任异化现象研究》，《南京社会科学》2017 年第 7 期。

的"不可控制的复杂性"① 中，信任是降低社会、系统、组织运行复杂性的保障，基于信任，个人可以扩大行动和视域的范畴。而在贝克（Ulrich Beck）"风险社会"视域里，信任又是对抗风险的有力储备，能增强人类抵御风险的底气。因此，在正常的信任关系中，信任总是追寻着固有的半径展开，对熟人、亲人的特殊信任、个体化信任到对外人的一般化信任、社会化信任，是"道德共同体"包容范围不断扩大的过程。

但在网络社会中，信任建立的基础却发生了变化，情感或本能的情绪触动成为唤起信任的重要条件。这种本能情绪或排他性信念搭建的信任系统形成对经典信任体系的叛离，它来自于道德，又脱离道德。更多基于一种有共同敌人的"想象共同体"式无原则信任，或因唤起利益受损的记忆及未来受损的预期，形成短暂的情绪结盟。情绪主导下将信任双方共同具有的对立面牵引起来，形成独特的"对立认同"，在风险阐释对立面达到同仇敌忾的效果。在网络社会，抵御风险的基础——信任，由一种单纯的社会契约关系演变为制造对立、撕裂共识的资本，产生了异化。

信任异化表现在网络社会对相关议题的风险定义与阐释中，风险阐释者对风险的定义往往引起大量情绪性解读。网络社会"信任共同体"一般建立在网民以价值立场和兴趣爱好为基础的信任半径上，由价值观拉近的社交距离在引发共同情绪方面更有喷薄效应，能够加速"对立认同"的形成。仔细分析网络社会表征与信任异化的关系就会发现，网络社会依赖传播技术的即时性加深了信任异化的程度，最终导致信任双方之间的不信任。"风险"传播的速度远远超过了公众对于"风险"认知的速度，当某一"风险"的细节都还处于追问状态时，另一"风险"叙事又接踵而至，彼此冲撞的框架和对立的立场，使得个体判断无所适从，更加依赖于圈子中的群体意见，甚至有时表现为群体盲从。所以，网络社会对风险的理解有时候表现为歇斯底里

---

① 转引自全燕《"后真相时代"社交网络的信任异化现象研究》，《南京社会科学》2017 年第 7 期。

的情绪宣泄，或愤世嫉俗，或义愤填膺，或乖讹暧昧，或玩世不恭，发展到现在，则表现为风险论述不再以事实为依据，受制于各种诡谲多端变化无常的情绪驱动。近年来多起风险事件印证了这一点，事实层面的跟进、调查不但没有平息舆论反而激起舆论更大层面的反弹，激发全社会的强迫性不信任。托夫勒（Alvin Toffler）认为，"信息和权力并进，并且随着人们进入信息政治的时代，两者关系会越来越深"①。社会化媒体表现出强大的群组聚合力量，这种力量促进了网络人际信任的发展。网络人际信任是基于网络空间扁平化的交往体系的，这种体系倾向于将个人化信任纳入其中，而拒斥组织化的制度性共识。伴随着信息即权力的推进，网络信任生态中系统的权威性被解构，尤其是社区化交往方式，使信任的普遍化社会过程降低，从而回归部落主义，造成系统信任向人际信任流返的现状，大大提升了共识形成的门槛，从而造成风险社会的信任异化。

---

① 辽宁社会科学院新技术革命课题组编译：《托夫勒著作选》，辽宁科学技术出版社1984 年版，第 9 页。

第二章　网络社会风险的媒体建构

网络社会中，媒体已成为涵盖范围最广的平台。网络媒体的低门槛，传播的交互性、裂变性等特征使信息传播的风险剧增，并通过视像化等话语手段直接参与风险建构，在一定程度上造成风险的社会放大和阶层失衡。但同时，网络媒体的交互性又让其在风险治理中扮演了积极的角色，通过风险预警、风险建构和风险沟通，从而为社会治理搭建良性的沟通渠道和平台。网络媒体传递信息，也传递风险、建构风险并平息风险。

第一节　开放式的社会建构

一　社会建构论

"社会建构论是在后现代主义、解构主义、女性主义以及新科学社会学等各种流派的共同影响下形成的一种新思潮。"[1] 这是继认知心理学后，第二次认知革命催生的理论成果。社会建构论是众多学者看待社会问题所用近似的思想方法的集合。"美国社会学家赖特·米尔斯（Charles Wright Mills）对个人烦恼和公众问题的划分确实体现了社会学的想象力，这也可看作是建构主义研究的最早尝试。因为建构主义研究的一个基本议题就是个人烦恼如何转换（亦即建构）成为公共问题。"[2]

---

[1]　林聚任：《社会建构论的兴起与社会理论重建》，《天津社会科学》2015 年第 5 期。
[2]　闫志刚：《社会建构论：社会问题理论研究的一种新视角》，《社会》2006 年第 1 期。

　　社会建构论将认识和看待社会问题的角度进行了转换，"问题"不只是客观存在，也来源于社会及其文化的"建构"。这意味着"问题"研究从侧重其本身的状况、影响的研究重点转向过程，探究建构其产生的机制，而建构的重要主体是人。"人总是积极主动地建构社会现实的行动者，其行动方式则要看他们是以怎样的方式理解其行为的，以怎样的方式赋予其行为以意义的。"①

　　美国学者西库列尔（A. Cicourel）对美国少年犯罪管理的研究反映了人们脑海中的既定观念是如何指导现实行为并建构社会问题的。"警察对待出自破碎家庭的少年过失者要比对待来自稳定家庭的少年严厉得多。结果，许多来自破碎家庭的过失者更容易被警察逮捕，并以被捏造的罪名当作罪犯加以对待。这种实际做法反过来又以犯罪统计学的形式提供了具体的、有案可查的、可佐证常识理论的证据。因此，警察们的常识性理论自然也就成为生产和再生产他们自身行为的正当有力的证据。"②

　　社会管理及执法者主观上并不想遇到问题，但客观上不存在这样的现实。社会建构论为我们提供了看待及思考问题的新路径：警察是执法者的同时也是犯罪者，其身份职权成为其犯罪伪装。所以在 20 世纪 60 年代，社会建构论逐渐兴起时，"越轨"研究产生社会标签理论，"不仅是行为人对规则的破坏，也是社会对行为人如此标定或定义的结果"。③

　　马尔科姆·斯佩克特（Malcolm Spector）和约翰·基特修斯（John I. Kitsuse）1977 年出版了《建构社会问题》一书。他们提出，所谓"社会问题"，可以看作个人或群体做出宣称（claims-making）的活动，即人们认为某种社会状况是不公正的、不道德的或有害的，因此应予以关注。按其观点，社会问题产生于社会互动的过程，社会问题

---

　　① ［澳］马尔科姆·沃特斯：《现代社会学理论》，杨善华等译，华夏出版社 2000 年版，第 8 页。

　　② 苏国勋：《社会学与社会建构论》，《国外社会科学》2002 年第 1 期。

　　③ 闫志刚：《社会建构论：社会问题理论研究的一种新视角》，《社会》2006 年第 1 期。

应当被看作社会中的事实，但它不具有自然事实性，而是人们通过宣称过程建构性地生成的。① 换句话说，"社会问题，应当从问题被定义的活动及其社会过程中进行说明"②。所以，社会问题是社会主体通过其自身认识从事积极的"建构"活动。同时，社会文化及语言对社会实在进行"建构"，即主体受到周围环境的影响。"建构"从未有之到有之，是一种新的理论视角。但社会建构论并非无懈可击，其理论中主客观边界模糊，偏向主体能动性"建构"作用一定程度上使社会建构论存在学理上的模糊和唯心色彩。对社会建构论，不少学者持有怀疑和批评态度。

"建构主义肯定和强调了认识在思维中的建构性，这是具有积极意义的，但当用认识的建构性来取代对外部世界的反映时，便不可避免地要陷入唯心主义的窠臼。"③ "作为一种理论框架，社会建构论是不可接受的。之所以不可接受，其主要理由在于它否认自然在知识生产中的基本作用。因为它也没有给真理和客观性观念本身留下位置。它也没给科学的内在逻辑留下位置。这种内在逻辑体现在科学发展内容，特别是科学的概念发展之中。而这些内部的发展几乎不受社会建构论者当作科学的决定因素的社会因素的影响。"④

笔者认为，社会建构论之所以受到学者的质疑，在于其理论适用范围存在局限性。科学研究是发现客观规律，虽然其研究学者和进程会受到政策制度的影响，但是自然规律并不能由科学家"建构"出来。但与社会学领域有关的诸多问题，建构论视角为学者提供了分析和解决问题的新视角。

首先是对心理学研究产生了重要影响，社会建构论将研究视角由聚焦于主体内在的主观心理活动扩展为主体间可观察的外在行为活

---

① 林聚任：《社会建构论的兴起与社会理论重建》，《天津社会科学》2015 年第 5 期。
② 闫志刚：《社会建构论：社会问题理论研究的一种新视角》，《社会》2006 年第 1 期。
③ 邢怀滨、陈凡：《社会建构论的思想演变及其本质意含》，《科学技术与辩证法》2002 年第 5 期。
④ 曹天予、白彤东《社会建构论意味着什么？——一个批判性的评论》，《自然辩证法通讯》1994 年第 4 期。

动。除此之外，"自 20 世纪初期以来，建构主义思想在向社会学延伸之中已在不同的研究取向中体现出来，在知识社会学、科学社会学、符号互动论、现象学社会学和常人方法学中都表现出了明显的建构主义倾向，在布迪厄、吉登斯、图海纳、卢曼以及后现代主义和女性主义理论那里，也不同程度地包含了建构主义的思想"①。早在 20 世纪 70 年代末，"建构论的观点已经在社会学关于新闻、科学、越轨行为和社会问题研究的多个领域中被大量采用"②。而社会建构理论与新闻传播研究的关联性使之成为新闻传播研究领域的常用理论视角。

社会建构论与新闻传播研究的内在关联性是两者对语言及意义的关注。"社会建构论者认为，建构是社会建构，而建构的过程是通过语言完成的，因此社会建构论给予了语言以充分的注意。"③ 记者通过文字书写建构其对事件的认识及看法，经过大众媒介传播，这种受到编辑方针、政策导向的个体建构的认识演化为集体认识甚至记忆。新闻传播领域中不乏基于建构论视角的媒介形象建构、集体记忆建构等研究，对媒体文本语言、语义进行分析是其最为关键和核心的环节，并产生了诸多研究成果：吴颖《基于建构视角的批判性媒介模型研究》，李劲强《建构主义范式下框架分析的创新——基于传播权分化的研究背景》，范玉明《基于建构视角的媒介形象研究》，孙玮《"我们是谁"：大众媒介对于新社会运动的集体认同感建构——厦门 PX 项目事件大众媒介报道的个案研究》，王贵斌、张建中《媒介、社会真实与新闻文化的建构》等。

此外，社会建构论关注人的主观能动性和认识活动的建构性，与受众传播活动中信息选择、接收、传递过程中建构信息环境的主动性不谋而合。传播效果研究的发展经历了"子弹论""有限效果论""强效果论"三个阶段，也是受众在信息传播过程中主动性得到肯定

---

① 李晓风：《社会建构论视角下的社会问题研究及其对社会工作的启示》，《中南民族大学学报》（人文社会科学版）2006 年第 5 期。

② 林聚任：《社会建构论的兴起与社会理论重建》，《天津社会科学》2015 年第 5 期。

③ 叶浩生：《第二次认知革命与社会建构论的产生》，《心理科学进展》2003 年第 1 期。

和证实的阶段。受众接触、接收和理解的信息受到其本身既定框架的影响，换个角度看，也是受众建构了自身的信息环境。基于建构论视角的研究，如曹劲松《拟态环境的主体建构》，殷俊、汤莉萍《播客与新拟态环境构建分析》等研究成果已经证实社会建构论与当下新闻传播领域研究的契合。

最后，社会文化及语言也在建构着主体。媒介环境重塑社会形态及主体活动，阅读、认知的碎片化、后真相情绪化传播、信息茧房等都在重塑人们的认知及传播活动。正因社会建构论与新闻传播研究有着诸多契合点，所以该视角能够在新闻传播研究领域中不断发展，产出众多优秀研究成果。此既是社会建构论在新闻传播领域获得持续关注和认可的原因，也是笔者选择社会建构论作为视角的理由。

二　网络社会风险：基于实在的社会建构

齐美尔说，当人们之间的交往达到足够的频率和密度，以至于人们相互影响并组成群体或社会单位时，社会便产生和存在了。[①] 网络社会完全符合这一定义，也即"网络社会"必然表现为"人—人"的关系。网络社会，人与人的关系混合着经济、政治、文化、技术等诸多因素，而"人"是个体、群体甚至是国家的具象。

贝克是制度主义者，认为风险根植于现代社会的制度之中，当代社会风险是一种制度性风险，它是现代性制度变异过程中的产物。拉什则提出"风险文化"，认为风险是自反性现代化的后果。"风险社会理论大致可以分为两派：以贝克、吉登斯为代表的制度主义和以拉什为代表的文化主义。二者的分歧在于：到底是作为一种客观实在的风险增加了？还是我们感知到的风险增加了？这种分歧也正好暗合于风险社会理论所指向的主体——社会风险——的两个维度：制度和文化。"[②]

---

① ［德］格奥尔格·齐美尔：《社会学：关于社会化形式的研究》，林荣远译，华夏出版社 2002 年版，第 55 页。

② 张海波：《社会风险研究的范式》，《南京大学学报》（哲学·人文科学·社会科学版）2007 年第 2 期。

现实是，没有任何一方的观点能够解释当前复杂的网络风险，但从网络的社会化进程来看，笔者认为，网络社会风险兼具客观实在性风险和社会建构性风险，这是风险发展的不同阶段而非事物的两面。网络社会的风险天然性存在，是客观实在的。而网络不仅是客观实在性风险传递、扩大、消解的新场域，同时也建构着风险。网络社会是对现实的技术化映现，网络中任何风险最终都可以指向客观实在。客观实在与风险建构共同作用，网络风险影响实现两种社会形态的跨越和交叉。

（一）国家机器：制度性风险

"在马克思主义国家学说中，国家机器通常指的是：政府机关、军队、警察、法庭和监狱等等。"① 恩格斯提出，国家不是从来就有的，国家是社会发展到一定阶段上的产物，国家是被社会分工及其后果催生出来的，国家机器是统治阶级对被统治阶级实行统治的手段，无论是统治阶级还是被统治阶级都存在内部的矛盾，而国家机器对矛盾调节是通过建立的组织和运行程序来进行的。

一方面，国家通过法律进行强制规范，另一方面，国家机器本身带有阶级镇压色彩，同时制定内容和过程受到主观人为、认识水平等因素影响，制度漏洞、缺陷、陈旧等都是风险隐患。

当前，世界国家的主要社会形态包括资本主义制度和社会主义制度。卡尔·马克思在《资本论》中对资本主义制度的剥削性、资本主义制度必将走向灭亡进行了详细深刻的论述，并与弗里德里希·恩格斯在《共产党宣言》中展现了对共产主义的期许及信心。1949 年，新中国成立，成为社会主义国家阵营中的一分子。在原苏联社会主义老大哥的引导下，社会主义国家以极大的热情投入到国家建设中。匈牙利事件、柏林起义、东欧剧变使社会主义事业遭受了重创，众多国家改旗易帜，重新投入到资本主义阵营中。侯凤菁的研究揭示了当时匈牙利国内深刻的社会矛盾："急于消灭个体经济、实行工业化，投资过

---

① 陈炳辉：《阿尔都塞的"意识形态国家机器"理论述评》，《厦门大学学报》（哲学社会科学版）1994 年第 4 期。

度，人民生活水平下降，领导人独断专行搞个人迷信，破坏民主与法制。"① 东欧剧变虽然有"反革命分子"的推动，但根本上还是忽略具体国情强加"斯大林主义"，导致社会矛盾积聚引起的。挫折不能成为否定社会主义乃至共产主义的优越性的原因，但给我们以警示：即便是已经建立起了社会主义制度，不加强制度建设、不结合国情制定发展策略、不改善民生提高生活水平也会引发风险，导致统治危机。

虽然西方国家一直鼓吹其制度的优越性，但实际上没有任何一国的制度能够放之四海皆准。资本主义制度有其优越性，但也无法避免市场经济环境下周期性金融危机的发生，如从 1929 年到 1933 年大萧条时期以及 2008 年美国次贷危机。政策和法律的制定受到游说集团影响，更多是维护资本家或特权阶级的利益。以美国为例，2013 年，前任总统奥巴马签署"控枪法案"但一直未获通过。仅 2015 年，美国"共发生 52625 起枪支暴力案件，13346 人死于枪击"②。强大的利益集团成为阻碍控枪的关键因素。

改革开放 40 年，中国已成为世界上第二大经济体，也是目前最大的社会主义国家。全面建成小康社会后，人民物质和精神生活水平又将再上一个台阶，发展建设犹如逆水行舟不进则退，务必认识到制度建设永远是避免思想懈怠风险的首要。"胡锦涛同志在'七一'重要讲话中首次提出'四个危险'，'精神懈怠的危险'被置于首位。所谓'精神懈怠'，简言之，就是一个人、一个党，失去了信仰、目标和斗志。"③

中国取得了一系列成就，但腐败等问题依然突出，其中就有制度建设的问题，制度设计缺陷、制度执行漏洞、制度软约束都会造成制度性腐败。"所谓制度性腐败，主要是指现有的由人创造的正式制度而非自然演化而来的非正式制度不仅不能对人们相互间的行为起到限

---

① 侯凤菁：《1956 年匈牙利事件与东欧剧变》，《俄罗斯中亚东欧研究》2006 年第 5 期。

② 陈惟杉：《美国控枪为什么这么难?》，《中国经济周刊》2016 年第 3 期。

③ 梁妍慧：《突出强调"精神懈怠的危险"，深意何在》，2018 年 11 月 2 日，http://theory. people. com. cn/GB/15176184. html。

制、规范的作用，反而在设计、变迁和约束的过程中滋生和助长了个人或集体的腐败动机从而加强了个人或集体滥用公共权力牟取私利的腐败行为。制度性腐败是我国当前腐败猖獗、久治无效，陷入'越是改革越是腐败'的恶性循环的症结所在。"①

"2016 年 9 月 13 日，十二届全国人大常委会临时召开第二十三次会议，通报了对辽宁拉票贿选案件严肃查处的决定，45 名拉票贿选的全国人大代表被撤销资格。"② 该案件影响极其恶劣，触犯了党纪、国法。经过调查，发现"贿选的发生原因是选举程序出了问题"③，选举期间监督乏力、选举方式不公开透明都是此次贿选案产生的重要原因。此外，南充、衡阳等地都发生过较大规模"贿选案"，引发社会强烈关注，造成极大损失。完善选举制度和人民代表大会制度，堵住漏洞、完善缺陷、强势约束才能遏制制度性风险。实际上，多方力量促使着选举制度和人民代表大会制度的完善，"公民自主自发的政治参与、媒体和公众舆论（包括互联网的声音）高度参与、以法律界人士为主导作用的社会力量以法律诉讼的方式都在推动着人民代表大会制度的改革和完善"④。

（二）意识形态：文化性风险

与马克思认为政府机关、军队、警察、法庭和监狱等都是带有镇压属性的国家机器不同，路易·皮埃尔·阿尔都塞认为意识形态国家机器更隐蔽。"意识形态国家机器，就是以宣传、教育的意识形态方式，统一人们的思想方式，将人们的思想认识统一到统治阶级的意识形态下面，保证现存生产关系、现存的社会制度能够稳固地存在下去。"⑤

---

①　雷玉琼、曾萌：《制度性腐败成因及其破解——基于制度设计、制度变迁与制度约束》，《中国行政管理》2012 年第 2 期。

②　王诗尧：《辽宁拉票贿选案 955 人受查处，其中中管干部 34 人》，2018 年 11 月 28 日，http://www.chinanews.com/gn/2017/01－05/8115202.shtml。

③　鲜开林、王焱：《不断完善人大代表选举制度——以辽宁贿选案为例》，《人大研究》2016 年第 12 期。

④　蔡定剑：《论人民代表大会制度的改革和完善》，《政法论坛》2004 年第 6 期。

⑤　陈炳辉：《阿尔都塞的"意识形态国家机器"理论述评》，《厦门大学学报》（哲学社会科学版）1994 年第 4 期。

"文化为意识形态提供了社会教化的载体，文化性是意识形态的天然属性。但文化与意识形态不能等同，两者紧密联系，有区别但又包含同一性。"① 文化差异暗含着文化冲突、意识形态冲突的风险，意识也能借助文化传播实现渗透。所以文化风险集合了个体、国家、地域间的意识形态冲突和文化冲突。

亨廷顿的《文明的冲突》及《文明的冲突与世界秩序的重建》将文化与意识形态对立推向前台，虽然其观点在世界上产生了一定的影响，但是也有不少学者不认可亨廷顿的观点。我国学者汤一介就曾言："我认为亨廷顿的'文明的冲突'理论无论如何是片面的，而且是为美国战略服务。他敏锐地观察到某些由于'文明'引起冲突的现象，例如中东地区的巴以冲突、科索沃地区的冲突，甚至伊拉克战争等等，都包含着某些文化（宗教的和价值观的）的原因，但是分析起来，最基本的发生冲突和发生战争的原因不是由文化引起的，而是由'政治和经济'引起的。"②

笔者赞同汤一介的观点，放弃对抗性思维即不聚焦于文化的冲突与对抗。世界各地区的发展都是在具有多种文化背景下的求和发展，对抗与冲突是求和发展遭遇了挫折，所以文化性风险的最大隐患是政治性介入，将文化差异引向对抗及冲突。而当今文化的强弱直接与经济发展水平高低相关。学习和模仿强者是面临生存和发展问题考量的自发行为，全球化进程中文化的交流与碰撞逐渐增多，文化融合也在逐步进行。而文化除了自上而下建立，也可以自下而上产生影响。后现代主义成为人们追求个性、反抗传统权威的代表性思潮。

"后现代主义（postmodernism）是 20 世纪末西方最具影响力的泛文化思潮。它以否定、超越西方近现代主流文化的理论基础、思维方式和价值取向为基本特征。"③ 网络文化具有去中心、反权威的文化

①　沈江平：《文化的意识形态性与意识形态的文化性》，《教学与研究》2018 年第 3 期。
②　汤一介：《"文明的冲突"与"文明的共存"》，《北京大学学报》（哲学社会科学版）2004 年第 6 期。
③　石义彬、王勇：《后现代主义产生的媒介背景——电视》，《国际新闻界》2006 年第 5 期。

精神，这一文化特性暗合了后现代主义的主张，因此解构、祛魅、反讽就成了网络文化的重要特征。"纵观时下流行的网络文化，如网络恶搞，《大话西游》等无厘头电影无一不是以完全搞笑搞怪的形式对一本正经的主题进行几乎荒唐的解构，然后通过网络来传播和扩散，最终成为一种大众的娱乐方式。"①

风险概念的出现与后现代主义兴起有着重要的关系，通过网络传播，后现代主义对主流思想的解构通过网络扩散，对主流意识形态造成冲击。这是世界各国都面临的文化风险，尤其是对"个性"的强调，暗含文化冲突的概率增加。笔者认为，当下意识形态的风险主要来自于外部介入。中东地区的和平演变，很大程度上是西方势力利用互联网进行意识形态渗透的结果。

"当前，西方发达国家加强了对网络的意识形态控制，全面展开了对网络信息、网络舆论和网络思潮的牵制。它们充分利用技术的尖端优势以及全球化的竞争机制获得了巨大收益，使网络资源不断向自身集中，并且以物质的强势奠基了文化攻势。"②"美国凭借在互联网发展中的先发技术优势，恣意操纵意识形态议题，混淆他国舆论，煽动民众对抗政府，致使他国政局产生动荡。奥尔布赖特（美国前国务卿）宣称'有了互联网，对付中国就有办法'，互联网已经成为美国发动和平演变的重要工具，网络日益成为意识形态斗争的前沿阵地。"③所以文化性风险背后是各国强权势力的介入，由于文化较弱的强制性色彩，更容易成为一种隐藏和潜伏性风险，作用于潜移默化之中。所以，秉持文化多样性观点的同时，需倍加关注文化背后政治性介入和引导。

（三）发展水平：竞争性风险

随着社会的发展，社会生产力在不断提高，经济在不断发展。差距是激发发展的原动力，但过大的差距则是不可调和的矛盾。无论是

---

① 邵思源：《后现代主义视野中的网络文化》，《黑龙江社会科学》2007年第6期。
② 杨文华：《我国主流意识形态网络风险防范机制的建构》，《吉首大学学报》（社会科学版）2011年第1期。
③ 许一飞、崔剑峰：《网络和平演变：意识形态安全的严峻考验及应对策略》，《理论探讨》2015年第3期。

个体还是国家，其发展都是竞争性发展，竞争性风险包括内外部发展差距过大、风险分配中竞争力较弱的一方承受更多的风险。

　　世界财富日益集中到少数国家以及少数人手中，会加剧各国内部及国际社会之间的矛盾。1897 年，意大利经济学者帕累托无意间关注到英国人的财富累积模式和营收模式，在他的调查样本中，通过分析发现，英国大量的财富集中在少数人手中，并且财富的流动呈现出沙聚模式，从广大人民群众流向少数社会顶端的阶层。而这一情况同时还出现在其他国家当中，并在更早的一些研究中有所呈现，且在数据上维持一定的稳定性。于是，帕累托从大量具体的事实中发现：社会上 20% 的人占有 80% 的社会财富。帕累托的"二八法则"针对的只是当时英国的社会状况。今天，财富分配不均的情况并未缓解，甚至有愈演愈烈的趋势。2016 年底，瑞信研究院（Credit Suisse Research Institute）发布了《2016 年全球财富报告》，该报告称，"全球 0.7% 的成年人掌控着全世界近一半的财富，而处于财富金字塔底部 73% 的人口，每人拥有的财富不到 1 万美元"（见图 2 - 1）。与此同时，"国家之间的财富分配差距仍明显"①（见图 2 - 2）。

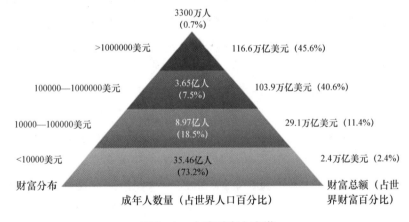

图 2 - 1　全球财富金字塔

　　①　张美：《全球贫富差距有多大？ 0.7% 的人掌控着全球近一半财富》，2017 年 12 月 5 日，https://wallstreetcn.com/articles/275107。

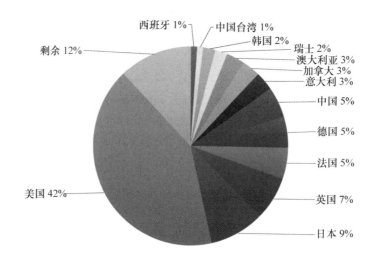

图 2 - 2　各国百万富翁人数占比（占世界总数的百分比）

在国别占比中，美国富人占比最高，其余英国、法国、日本、德国、加拿大等国都是西方发达国家。值得注意的是，中国的富人占比达到 5%，和相同占比的德国和法国相比，中国整体的发展水平仍是发展中国家，国内收入差距在进一步扩大。

根据中国国家统计局官方数据显示，农村城镇居民人均可支配收入（见图 2 - 3）差距较大，城镇居民恩格尔系数远小于农村居民（见图 2 - 4），说明城乡发展差距仍然较大，地区之间发展仍然不协调（见表 2 - 1）。

我国经济总量在 2010 年超越日本，成为世界上排名第二的国家。但从整体上来讲，城乡居民、地区之间的收入差距会成为阻碍我国社会进一步发展的风险。基尼系数是国际上通用，用以衡量一个国家或地区居民收入差距的指标，数字越小意味着收入差距越小。"我国居民收入的基尼系数 2003 年为 0. 479，2008 年达到最高点 0. 491，这之后逐年下降，2014 年的基尼系数是 0. 469。世界上超过 0. 5 的国家只有 10% 左右，主要发达国家的基尼系数一般都在 0. 24 到 0. 36 之间。"①

---

① 《中国贫富差距多大？城乡收入差 3 倍　高低行业差 4 倍》，2018 年 11 月 6 日，新华网（http：//www. xinhuanet. com//politics/2015 - 01/23/c_ 127411878. htm）。

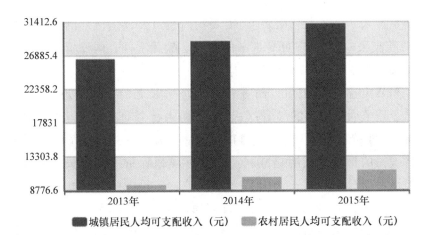

图 2 - 3 农村城镇居民人均可支配收入

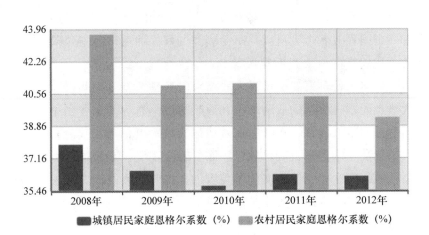

图 2 - 4 农村城镇居民恩格尔系数

表 2 - 1		地区人均可支配收入		单位：元
组别	2013	2014	2015	2016
东部地区	23658.4	25954.0	28223.3	30654.7
中部地区	15263.9	16867.7	18442.1	20006.2
西部地区	13919.0	15376.1	16868.1	18406.8
东北地区	17893.1	19604.4	21008.4	22351.5

数据来源：2017 中国统计年鉴。

为避免掉入"中等收入陷阱"，需要我们在做大"蛋糕"的同时也分好"蛋糕"，才能实现更高水平的发展。除此之外，国外贸易保护主义抬头，外在竞争性风险逐渐增加。

2008年金融危机后，西方各国经济增长乏力，面对恐怖主义、发展矛盾等内忧外患的局面，一些国家陷入社会动荡甚至发展停滞的状况。"世界经济处于深度调整期，欧、美、日等主要经济体对世界经济增长的带动作用明显减弱。"① 国际贸易保护主义抬头，也给我国经济发展增添阻力。"中国是贸易保护主义的头号受害国。2017年中国共遭遇21个国家（地区）发起贸易救济调查75起，涉案金额110亿美元。中国已连续23年成为全球遭遇反倾销调查最多的国家，连续12年成为全球遭遇反补贴调查最多的国家。"②

地区风险可以扩散为全球风险。贝克指出，在飞去来器效应下，没有一个国家或者个人可以只享受利益的好处而可以逃避风险。网络社会，我们都在一个"地球村"。

中东问题是自第二次世界大战结束以后延续至今时间最长的一个地区热点问题。中东的战略地位和战略资源一直为西方各国争夺，以美国为首的西方国家，相继在这一地区实行军事行动和政治行动。由于常年战乱，中东爆发难民危机、滋生恐怖主义。难民涌入欧洲，使欧洲各国内安全、经济、文化风险增加，由此导致欧洲右翼思想和政党的兴起，使其本国政策保护主义色彩、民族主义色彩增强，进而引发国与国之间摩擦与矛盾。

中国目前国内环境稳定，但内部发展矛盾、外部风险仍然不少。我国将经济建设作为核心工作，脱贫攻坚期间，中国解决了480多万农村建档立卡困难人员转移就业问题。实施供给侧结构性改革，相继出台"振兴东北老工业基地""西部大开发""中部崛起"等为目标的扶植政策。

---

① 郭同欣：《中国对世界经济增长的贡献不断提高》，2018年11月3日，http://theory.people.com.cn/n1/2017/0113/c40531-29020324.html。

② 夏旭田：《中国已连续23年成全球遭遇反倾销调查最多国家》，2018年11月25日，https://finance.ifeng.com/a/20180124/15944284_0.shtml。

差距是激发竞争的原动力，竞争是多样主体发展的态势。在全球化背景下，国内、国际发展差距过大、不当竞争都会给各国带来风险。而保持竞争性风险的可控，需要世界各国在国际组织的领导下，在国际合作框架协议下共同努力。

（四）信息传播新形态建构风险

网络重塑了人类社会关系与交流方式，打破了传统交流秩序。网络中，共时参与加强了网民之间的联结，也扩大了风险影响范围；把关人缺失，假信息泛滥导致用户认知与行为出现偏差；匿名性激发观点表达，也降低主体的行为成本；三者相互作用下产生的信息失真、群体极化、舆论事件等问题是网络与客观现实相互作用并建构风险的原因。网络共时是时间与空间的统一，时空壁垒的消失增加了参与主体、扩大了信息传递范围，伴随信息的风险也扩散至更广的范围。把关人缺失使用户生产信息中的虚假信息进入大众视线，在匿名状态中用户生产的信息更多体现为个人意志并且在匿名"保护"下，极端言论成为常态，网络民粹主义风险滋生。

"匿名特性的存在以及发挥作用，都是和网络的先天机制分不开的。从技术本质看，网络最先的设计就是一种分散结构。它是冷战的产物，美国国防部的最初设想是：设计一种地点上分散而又可以集中协调的指挥网络，在部分指挥点遭破坏后，其他各点仍可以正常工作。为了达到这种最初的战略目的，网络上的任一计算机在功能上都是一个相对独立的单位，各使用者也具有很大的隐蔽性和自由度。因此，从根本上说，网络是排斥中心的，它是一种分散、发散的传播，它先天就具有匿名的潜质。"[1] "1993 年，美国画家斯坦纳的一幅漫画，描述了这样一幅情景：两只狗在网络中漫游，大狗得意地教诲小狗说：'在网络上没人知道你是一只狗。'这幅漫画经典地体现了网络匿名性的特点。"[2]

匿名使网民更倾向于表达观点，网络主体更为积极、不受拘束地

---

① 茅亚萍：《浅析网络的匿名传播》，《当代传播》2003 年第 6 期。

② 同上。

参与网络活动，同时，也建构了新的风险，网民可能是网络暴力的受害者与施暴者。匿名环境下，基于情绪宣泄的网络谩骂、人肉搜索十分常见。

有研究表明，相比于实名，网络中未实名登录的网友产生的网络暴力和人肉搜索等行为是前者的几倍之多。2006年，热门网游《魔兽世界》一位玩家"锋刃透骨寒"在网上发帖自曝，其结婚六年的妻子，由于玩《魔兽世界》加入了"刀锋透骨寒"所在的公会，和公会会长"铜须"发生一夜情的出轨行为，引发网友对当事人的谩骂、人肉。尽管发帖人随后表示发文内容有诸多杜撰，央视也报道此事并谴责网民的不理性行为，但网民并不买账，当事人"铜须"最后离校回家。以此案例分析，肖燕雄、陈志光的研究表明："在非实名制网络论坛中，网民对于铜须事件无论是在关注度上，还是在发帖态度上，语言暴力的使用上远比实名制下的网民要非理性得多。"①近年来，我国加强了网络实名制的规范管理，但现实中，还有很长的路要走。

2011年3月，福岛核电站在地震中受损产生核泄漏。国内，谣言伴随着恐慌席卷了大半个中国。在一条短信"如果实在不放心，可服用一定的稳定性碘来预防"的蛊惑下，服用碘盐可以预防辐射的信息通过手机短信迅速传播开来。3月16日，浙江省的宁海、诸暨、萧山等地开始出现食盐抢购现象，很多超市货架上的食盐被抢购一空。伴随谣言的网络传播，周边省市如安徽、江苏、上海等地也纷纷出现类似情况，到了3月17日，这一抢购行为已经波及全国。食盐供应出现异常，在某些地区甚至因为抢购行为引发了小规模的社会冲突。通过政府积极辟谣，情况在3月18日得到好转，某些地区由于前期抢盐造成个人囤积过多，在3月19日之后又陆续出现退盐潮。"铜须事件"仅仅是围绕个人的舆情事件，期间网民各自观点针锋相对，即便是发帖人称其存在信息捏造的部分，网友也一直进行谩骂及侮辱行

---

①　肖燕雄、陈志光：《匿名、假名与实名之别——以铜须事件为例解析网络论坛中的网民行为》，《当代传播》2007年第4期。

为。而抢盐风波中"碘盐防辐射"的谣言经由人际传播扩展至全网，并导致多地出现抢盐风波，不良商家哄抬盐价，影响了多地正常的社会秩序。

两者皆起于用户生产信息，不实信息夸大、激发读者情绪，动辄几十万、上百万的点击量、转载量扩大了不实信息造成的风险。而参与风险建构的是每一个用户，同时网络执法困境使大多数参与谣言传播或谩骂的网友逃脱了惩罚，用户付出的代价极低，却能收获情绪发泄的快感、参与网络审判的成就感，在受罚成本如此小而个人满足如此高的对比下，用户基于个人情绪的信息传播行为已经常态化，这种现象被学者称之为"后真相"。

"早在 2004 年，美国传媒学者拉尔夫·凯斯敏锐地捕捉到政治环境的变化，出版《后真相时代》一书，阐释西方选举政治新动向：在后真相时代，相对于情感及个人信念，客观事实对形成民意只有相对小的影响。"[1] 江作苏、黄欣欣两位学者将后真相的具体含义归纳为两个方面，"一是前文所提到的情感大于事实，二是消解事实成为自媒体的常态"[2]。代玉梅则指出"自媒体的本质是信息共享的即时交互平台。自媒体的每一个用户都可以在平台上发布内容，自媒体无疑成为情绪书写绝佳场所"[3]。

"后真相在社交网络中民族主义、民粹主义、保守主义等西方思潮勃兴的背景中诞生，在英国退欧公投、美国总统大选等重大政治事件中走向极致。"[4] 个体的情绪化会导致极化风险，个体的极化导致网络暴力的出现，最终会以群体极化的形式和作用展现出来，并反映到现实社会中。个人的情绪和影响是有限的，但是通过社群的传播，个人的观点或情绪会取得连锁反应，经过群体成员共同书写后会演变

① 刘学军：《后真相时代社交媒体对美式民主的考验与挑战》，《新闻战线》2017 年第 3 期。

② 江作苏、黄欣欣：《第三种现实："后真相时代"的媒介伦理悖论》，《当代传播》2017 年第 4 期。

③ 代玉梅：《自媒体的传播学解读》，《新闻与传播研究》2011 年第 5 期。

④ 全燕：《"后真相时代"社交网络的信任异化现象研究》，《南京社会科学》2017 年第 7 期。

成群体意志进而扩散至更广范围。网民行动以社群为基础，信息的传递是用户通过社群实现影响力公开化的起点，社群成为网络风险建构的最初场域。

"网络社群，是指在多元分化的社会结构中，具有身份认同、利益一致、观点趋同的人们，以互联网技术为物质基础，以社会热点、公共话题、现实利益驱动而汇聚，在网络虚拟空间（如论坛、博客、微博、微信圈等）中形成的一种全新的松散共同体。它的核心本质是话语表达和利益抗争。"① 作为一种社会群体聚集形式，网络社群不同于传统社群，"它包含在整个互联网社会之中，可以是现实社群的延伸，甚至是现实社会正式组织的延伸，也可以是完全基于网络而形成，不需要现实社会中的人际交往作为基础"②。

社群既承担了用户感情寄托，也充当着行为指南针。在线下事件频发的今天，社群已经成为构建风险，酝酿线下事件的场域。网络社群的作用已经由单纯的话语抗争和情感诉求转化为现实行动，网络社群与线下的群体性事件产生了密不可分的关系，社群在动员、统筹、指导线下群体事件中起着不可或缺的作用。社群强情感连接的特点，更易酝酿"非理性"言语和行为。

江苏启东事件、"6·17"群体事件、"10·26"浙江湖州织里镇群众聚集事件、"1·24"鲁甸群体事件、邻水群体事件是近年来影响较大的群体性事件。类似事件在演变为线下的群体事件前，微博、QQ、微信、贴吧等社群充当了重要角色。围绕敏感的社会问题，社群信息传递是"真假信息"与"情绪"的共同作用和累积。首先是信息知晓，社群信息传递效率呈现几何倍数，影响人数、范围迅速扩大。知晓信息用户会确立初步立场及观点。其次是情绪累积，成员个人的情绪会受到感染，个人情绪会经过整合形成较为统一的意志，呈现为群体的意志。最后，通过社群沟通联系的作用，成员采取线下集

---

① 张华：《网络社群：网络舆情研究的核心概念和分析框架》，《新闻界》2014 年第 15 期。

② 李志雄：《网络社群的变迁趋势和负效应——以微博为例的多维视角分析》，《当代传播》2013 年第 3 期。

体行动。

2010 年底以来，阿拉伯国家和地区发生了以民主转型和经济社会平等为主旨的反政府社会运动，由此引发该地区持续动荡的局势。"Twitter、Facebook、Youtube 等在其中担负着重要的政治动员和组织的角色，在运动中发挥着巨大的作用，因而，也被人们称为'推特革命'或者说'脸书革命'。"① 伴随"茶馆式舆论"的兴起，社群在民众观点表达、情绪宣泄中的作用越来越明显。

所以，网络以其自身的属性，增加了信息传递过程中的风险，借助于社群将风险扩大甚至再地化，形成风险建构的新形态。

第二节　网络社会风险中的媒体角色

媒体是组织化的信息传播主体，互联网环境下媒体的含义已经泛化，除我们称之为传统媒体的报纸、杂志、广播、电视外，还有社交媒体等新型媒体。网络社会学词典将网络媒体解释为"一定的组织或个人，在以计算机为核心的各种多媒体交互式数字化信息传输网络上，建立的提供各种新闻与信息服务的相对独立的站点"。传统媒体纷纷入网，借助其在采访、写作等方面的优势与社交媒体抢占话语权，网络媒体也包含着传统媒体线上业务，所以网络新闻媒体总体可以分为两大类：专业新闻媒体、社交媒体。

专业新闻媒体仍是最主要和权威的信息渠道，微博、微信、论坛等新型社交媒体平台丰富了信息传播形态，是用户内容生产的主要平台。专业新闻媒体整体风格严谨、严肃，以国家大事和社会事件为报道对象。社交媒体形式活泼、表达轻松，主要是娱乐功能。专业新闻媒体的内容会引发新媒体平台用户讨论，同时社交媒体平台中的意见和观点也会影响媒体报道甚至成为报道内容的一部分。

网络社会中，媒体具有的预警、监督、娱乐、传递知识等功能并

---

① 赵春丽、朱程程：《新媒体在转型国家社会运动中的角色及启示——从"阿拉伯之春"看新媒体的政治角色》，《社会主义研究》2015 年第 2 期。

非专业新闻媒体独有，社交媒体也发挥着上述作用，只是社交媒体存在假信息泛滥、网络暴力、网络诈骗等问题，使之成为建构网络风险的主要场域，但社交平台用户生产多方信源、相互印证，在风险的消解过程中也发挥着作用。无论是专业的新闻媒体还是社交媒体，在风险预警、建构、消解过程中都发挥着各自的作用，两者互相作用是网络社会风险建构的常态景观。

一　网络媒体是风险的预警者

著名报人普利策说："倘若一个国家是一条航行在大海上的船，新闻记者就是船头的瞭望者，他要在一望无际的海面上观察一切，审视海上的不测风云和险滩暗礁，及时发出警报。"① 媒体报道有助于吸引民间和官方注意力多方力量介入，有助于防止事态扩大、降低社会及个人的损失。预警是对媒体发现和分析事物不寻常细节的能力与水平的考验，人们总是习惯性忽略细节，而细节背后往往蕴藏着风险。"德国人帕布斯·海恩曾在对多起航空事故的分析中发现，每一次事故前总有一些征兆表现出来，但是人们要么没有注意到，要么即使注意了也没有引起足够的重视，从而埋下隐患，导致事故的发生。据此，海恩总结出一条规律，即'在每起严重事故的背后，必然有29次轻微事故和300起未遂先兆以及1000起事故隐患'。即海恩法则。再好的技术、再完美的规章制度在实际操作中也无法取代人的素质和责任心。"② 所以媒体预警依赖于媒体及记者对责任感、使命感的认同与践行，以及媒体和记者的报道水平。

目前灾难报道、公共危机报道是媒体预警的主要内容。政府能够提前开展灾害救援及应急行动，减少次生灾害的发生，避免引发社会动荡。民众能够提前做出反应，开展自救，减少损失。首先是信息预警，保障民众的知晓权。春运期间，新闻媒体从返乡高峰时段、天

---

① 张瑾娴：《灾难新闻报道与媒体预警功能》，《新闻世界》2012 年第 10 期。
② 刘真：《从海恩法则看媒体预警的重要性——以三鹿奶粉事件为例》，《新闻世界》2010 年第 3 期。

气、社会保障等各方面进行报道，有助于乘客提前规划时间，行程避并人流高峰，耽误路程；流感发生时对患病症状、危害等报道，加强民众防范意识，控制传染范围和人群；海外局势报道，防止民众前往危险地带，减少人身伤害和经济损失。其次是专业新闻媒体能给予有效建议，相比于信息知晓，给予指导性建议能够避免发生混乱、扩大损失。这是受众信息消费升级，由知晓转向知识性、指导性更高要求的应有之义，也是风险预警的核心内容。

2012年7月，北京发生"7·21"特大暴雨山洪泥石流灾害，截至8月6日，遇难人数达到79人。7月26日，央视《24小时》节目中公布了遇难人数及死亡原因包括溺亡、触电、雷击等，其中洪水来临时遇难人数最多，其次是驾车溺亡和落水溺亡。[1] "事实上，入夏以来，中国多地降雨集中非常有可能导致特大暴雨以及地质灾害的发生。但在气象台播出的天气播报和灾害预警之外，新闻媒体并没有很好地广泛地提前进行未来可能灾害的新闻预警，也缺乏足够的在暴雨洪水灾害中防灾自救的知识普及，再加之社会大众缺乏相关知识了解，种种原因致使灾民在暴雨来临时措手不及，失去逃避灾害和自救的能力，包括很多在车内溺水的人不知如何逃离而身亡，最终酿成惨痛悲剧。"[2]

媒体对风险预警指导性建议的缺失，一方面源于媒体新闻报道专业性的缺乏，另一方面也源于记者报道事件领域专业知识不足。所以，在自然灾害报道中，媒体充当好传声筒需要相关领域专家的指导。

公共危机中媒体风险预警的作用主要是通过社交平台舆情预警实现。社交媒体是用户主要聚集地，通过建立预警系统，对网络用户发布的内容进行关键字、词的抓取分析，能够有效识别出当前网络舆论重点、预测舆论的走向，防止舆论危机和危机在地化。近年来，不少学者针对舆情预警体系进行了一系列研究。

① 央视：《2012.7.21暴雨遇难名单》，2018年12月1日，https://v.qq.com/x/cover/shlx0csxbvmfnuj/c0010B3BcEp.html。

② 张瑾娴：《灾难新闻报道与媒体预警功能》，《新闻世界》2012年第10期。

　　学者曾润喜"利用层次分析法构建了警源、警兆、警情三类因素和现象的网络舆情突发事件预警指标体系（见表2-2）。是通过计算其权重和分值达到确定舆情事件等级的方法"[1]。随着大数据技术应用范围的扩展，舆情预警和监测方面也值得进一步探究。"借助于大数据技术抓取不同媒体平台的数据，依据舆论因子、媒体运用因子、效果因子三个层面"[2]对舆情进行量化。"通过定性和定量两种方式对网络舆情进行分级，确定应对方式及响应机制"，同时完善法律等各方面制度建设也是舆情预警不可或缺的内容。

表2-2　　　　　　　　A 网络舆情突发事件预警指标体系

B_1 警源	B_2 警兆	B_3 警情
C_{11} 国内外政治事件	C_{21} 牢骚言论	C_{31} 集体上访
C_{12} 经济衰退	C_{22} 激进言论	C_{32} 集体罢工
C_{13} 通货膨胀和失业	C_{23} 小道消息	C_{33} 暴力群斗
C_{14} 贫富差距	C_{24} 网络团体	C_{34} 恶性侵犯事件
C_{15} 干部腐败和干群矛盾	C_{25} 黑客行为	C_{35} 政治集会
C_{16} 政策法规出台及后遗症	C_{26} 政治争论	C_{36} 游行示威
C_{17} 有违伦理文化道德事件	C_{27} 政治动员	C_{37} 民族冲突
C_{18} 治安刑事案件	C_{28} 网络实时播报	C_{38} 宗教冲突
C_{19} 突发公共事件	C_{29} 网上群体侵犯	C_{39} 动乱

　　而社交媒体在信息传播上的优势，对风险的预警可能早于专业新闻媒体，成为专业新闻媒体预警的信号。魏则西事件初始，是魏则西个人在知乎网上记录了其求医的经历，其中关于武警二院和百度搜索的内容引发广泛关注。引起专业新闻媒体关注和报道后，百度医疗信息竞价排名、莆田系医院内幕才被揭开。所以，基于用户基数庞大和

　　① 曾润喜：《网络舆情突发事件预警指标体系构建》，《情报理论与实践》2010 年第 1 期。
　　② 徐萍：《大数据在高校网络舆情应急处置中的应用探讨》，《图书馆工作与研究》2016 年第 5 期。

平民话语的特点，社交媒体风险预警的作用不可忽视。

而专业新闻媒体在风险预警中缺位的现象，也是风险预警工作难度及要求高的一大印证。"我国媒体预警功能缺失主要表现为：第一，'马后炮'，灾难事件发生后进行大量的反思和问责，但是事前媒体总是风平浪静，很少发现问题；第二，传播机制复杂，且不透明；第三，媒体责任感不够，很多媒体即使发现问题也不敢将问题曝出，恐怕承担责任；第四，媒体的预警意识低，没有时刻将危险遏制在事前的意识。"①

北京"7·21"事件前一天，电视台虽然对暴雨进行了通报，但没有对可能出现的灾害进行预警，民众也没有应对洪涝灾害的准备。其实北方地区七八月份降雨是常态，但是一次降雨就造成北京严重的损失，这是媒体人没有想到的，气象部门也没有进行预警。可以说媒体预警的缺失只是表面，毕竟媒体不是气象专家，将所有预警失职的职责归咎于媒体也着实不公。

由所报道领域专业知识欠缺所导致的预警缺位对受众的媒体信任有一定的损害，但媒体发现问题后不报道或不敢报道，甚至集体"失语"则会对媒体公信力造成极大的损失，更为严重的是媒体预警失职最终会导致危机扩大。2003年"非典"前期，我国媒体的集体"失语"至今仍是学界、业界反思媒体公共危机报道的经典案例。"非典"2002年11月份在中国广东顺德首发，随后疫情扩散至东南亚乃至全球，直到2003年6月疫情才被确认为一次全球性传染病疫潮。夏倩芳、叶晓华研究发现："2003年2月份，广东已经出现了305例病情，但广东媒体并未进行报道。2月份到3月份，广东主流媒体的报道一度掩盖了疫情严重的真相，虽缓解了民众的恐慌，却导致放松警觉，也是造成后来疫情向其他地区，尤其是北京大面积扩散的重要原因之一。"②

新闻媒体在预警自然灾害、突发事故等时，专业新闻媒体是预警

---

① 刘颖璐、王凯：《浅论媒体预警功能的缺失——以"7·21"特大自然灾害为例》，《新闻传播》2013年第2期。

② 夏倩芳、叶晓华：《从失语到喧哗：2003年2月—5月国内媒体"SARS危机"报道跟踪》，《新闻与传播研究》2003年第2期。

功能的主要承担者，新闻媒体预警能够警示公众。预警难度就在于
"事前性"危机产生前，能否进行风险警告。媒体是信息的传递者，
但在某些具体领域的专业度不强。所以风险预警一定是媒体与专业部
门进行联动式信息传递。

　　新闻媒体关注社交媒体内容，充分利用其信源广泛的特点，对关
注度高的事件进行专业报道。网络环境信息过剩，优质信息的生产需
要新闻媒体强化与专业部门合作，发挥社交媒体和新闻媒体各自优
势，加强互补，才能实现网络媒体风险预警的功能。

二　网络媒体是风险的建构者

　　媒介对社会生活的渗透和建构，是媒介化社会的主要特征之一。
"当代社会中的风险传播在高度媒介化的社会中完成，媒介化还从两
个方面推动了风险传播悖论的形成。其一，风险的媒介化使媒介形成
风险的定义机制；其二，风险的媒介化使媒介形成风险的内化机制。
传播媒介对风险事件的报道则'被媒体、文化和社会群体、制度和个
人进行加工并深刻形塑着风险的社会经验，并且在决定具体风险事件
的总体社会影响方面起着关键作用'。"①

　　参与风险传播，网络媒体既是风险传递者、预警者也是建构者，
强化受众风险认知也在建构风险内容。网络媒体作为风险建构者，一
方面是限于风险传播悖论，另一方面，媒体所具有的议程设置功能会
因为信息内容真实性、专业性、合理性等内容偏差，设置议程的同时
也会建构风险。专业新闻媒体与社交媒体存在一种竞争互惠、相互依
赖的关系。社交媒体对"把关人"的解构、话语权的争夺是对专业
新闻媒体的威胁，但社交媒体对专业新闻媒体的议程设置乃至两者的
议程互设都在一定程度上丰富了彼此的传播。风险建构也是两者共同
作用完成。

　　真实性是信息传递的首要原则，即使存在"把关"，假信息也有

---

①　杜建华：《风险传播悖论与平衡报道追求——基于媒介生态视角的考察》，《当代传
播》2012 年第 1 期。

可能被专业新闻媒体传播。如图 2 – 5 所示：

图 2 – 5　网上热议的上海女孩拍下的江西男友家的晚餐

　　2016 年春节期间，一上海女子在某论坛中发表了一篇名为《有点想分手了……》的帖子，自称陪江西籍男友回农村过年，因无法忍受男友家中一顿晚餐而分手并连夜返沪。该帖首发于 2 月 6 日 19 时 28 分，此事在网上引发热议，截至 2 月 11 日 15 时，原帖共有 214957 人浏览，7717 人评论。网友"KDS 宽带社"将此事发至新浪微博后，截至 2 月 11 日 15 时，微博已有 17 万评论、5 万转发和 7 万点赞。微博上，因多家新闻媒体转发，此事成为热议话题。"随之讨论的层次也升级了，从门不当户不对的爱情提升到了'奋起直追，改变家乡落后面貌'的高度。紧接着，讨论从网上扩展到传统媒体。《法制晚报》、《南方都市报》甚至《人民日报》都发表了专门的评论文章，从私域到公域，从爱情到乡愁，从个人选择到群体歧视，从经济发展到思维方式，从城乡差别到阶层差距。"①

　　针对此事网络分为两派，一方表示理解，一方对女方行为进行谴责，并通过网络人肉其家庭信息，由此网友发现多个疑点。2月24日，澎湃新闻发布报道《网络部门："上海女孩因一顿饭逃离江西"从头至尾都是假的》，此次事件是一次营销，发帖者临时注册账号发布帖子、回应网友，目的是宣传论坛，此事真相最终尘埃落定。

　　微博上用户针对此事展开激烈的争吵、传统媒体跟进发声归根结底是触及了"凤凰男""婚恋""城乡差异"等当下青年的痛点。社交媒体和新闻报道的双重介入，将个人、地区的发展风险、文化风险再一次置于台前进行讨论，强化差距认知的同时也会加深人们的发展差距体认这一现实风险。

　　假信息是新闻媒体和社交媒体都无法避免的，新闻媒体把关会过滤掉一部分假信息，事后发现是假新闻也会进行更正，弥补损失。但社交媒体完全是个人化的书写，没有监督和惩罚机制，假信息甚至成为吸引注意力的手段，建构了众多社会风险。

　　"90后已秃""剩女"等标签成为媒体建构的又一关键词（见图2-6至图2-8）。

学习时间长生活压力大 90后脱发已成普遍状态

连日以来的沙尘天气,让爱美的90后们很抓狂。勤洗头吧,
地掉,让人扎心。一度怀疑"每天脱发超过100根,离秃就不
不是开始脱发了吧?...
🈯 甘肃经济日报 4小时前

脱发人群日益年轻化 90后竟成主力军　🈯 浙江新闻
90后脱发成心病,甚至被称活成60后,网友:...　🈯 晓晓聊故事
90后脱发竟被建议看心理医生　🈯 头发说
90后的脱发危机:预防脱发多吃这5类食物....　🈯 生命时报手机版

图2-6　关键词"90后脱发"网页搜索结果

---

　　①　麦小麦：《"上海女逃离乡下男友家"的多重真假》，2018年12月2日，http：//news. cnr. cn/native/gd/20160216/t20160216_521384719. shtml。

图 2 - 7 梨视频报道 90 后脱发现象

图 2 - 8 《环球时报》官微报道
90 后脱发现象

2018 年 11 月，一则《最小 15 岁，80 后、90 后已成植发主力军》的视频在网络上热传，再一次引发"90 后脱发"话题热度。而90 后脱发问题一直是媒体近一两年内建构的一大风险，背后反映的是学业及生活压力的风险。百度搜索有关"90 后　脱发""90 后秃头"等关键词结果高达两百万条。

微博搜索"90 后脱发"等关键词，包括专业新闻媒体和自媒体在内，"90 后加入脱发主力军、90 后占脱发人群一半"等标题的内容都拥有较高的阅读量和观看量。

主流媒体也都加入了 90 后脱发主力军的报道，2018 年 5 月 12 日，北京电视台都市晚高峰栏目以《中国脱发报告：90 后未老先秃成重灾区》为题进行报道。事实情况如何呢？2018 年 11 月 23 日，冰点周刊微信公众号刊文《脱发焦虑？没有数据证明"90 后已经秃了"》[①]，文

---

① 刘昶荣：《脱发焦虑？没有数据证明"90 后已经秃了"》，2018 年 12 月 2 日，https：//mp. weixin. qq. com/s/5x4U8rwZP2DhGQv-VuXm0g。

章引用了北京大学第一医院皮肤科主任医师杨淑霞的话："我国目前没有进行关于脱发的全国范围内的流行病学调查，由于我国历史数据的缺失，没有办法进行对比，所以'脱发年轻化'的说法很难成立。只能说，大家的生活水平越来越好了，对外表的关注度越来越高，更多的人关注到了脱发，所以有很多年轻人，甚至是孩子前来就诊。"

随着 90 后逐渐成为社会和家庭的中坚力量，压力逐渐增大导致脱发是无可避免的，熬夜等不良生活习惯也会加剧脱发。网络媒体报道建构了人们尤其是 90 后对"脱发"的焦虑，对商家而言意味着商机和市场。"2018 年 9 月，阿里巴巴公布的《拯救脱发趣味白皮书》显示，在阿里零售平台购买植发、护发产品的消费者中，90 后以 36.1% 的占比，即将赶超 38.5% 占比的 80 后，成为拥有脱发烦恼的主力军。"[1] 另一电商平台唯品会，2018 年双十一首日半程数据显示"三成 90 后用户购买了防脱发产品"[2]。

"剩女"也是近年来在网络媒体合力渲染下，女性中的又一特殊群体。剩女"对象就不仅是一般的女性，而是女性中的特殊群体"[3]。"她们绝大部分拥有高学历、高收入、高智商，长相也无可挑剔，但却在适婚年龄没有遇到合适的对象，导致在婚姻上得不到理想归宿，而变成大龄女青年。"[4] 和剩女相对还有"剩男"的说法。随着我国人们受教育程度、独立性提高和收入增长，婚嫁年龄增长是对国家发展状况、个人生活水平提高的佐证。至于这一概念的提出，有学者就指出："通过对'剩女'概念的操作化界定及度量，无论是从广义上的 30—49 岁组女性，还是狭义上的这一年龄组中受过高等教育的女性，无论是农村、城市、甚至是大城市，从婚姻市场上单身男女年龄

① 朱萍：《"90 后"将成脱发主力军？资本催热千亿植发市场》，2018 年 11 月 29 日，https：//baijiahao.baidu.com/s？id=1611458326614557710&wfr=spider&for=pc。
② 大鹏：《唯品会战报：订单超 800 万　三成 90 后买防脱发产品》，2018 年 11 月 30 日，https：//tech.sina.com.cn/i/2018-11-11/doc-ihmutuea9080153.shtml。
③ 左雪松、夏道玉：《建构女性与女性建构——建构主义视阈中"剩女"危机引发的社会学思考》，《妇女研究论丛》2008 年第 5 期。
④ 危琼：《报纸对"剩女"的媒介形象塑造》，《新闻世界》2010 年第 9 期。

和受教育程度同质匹配来看，女性在各个年龄组及受教育程度水平下都基本处于短缺状态，女性过剩实属伪命题。"① 单身女性拥有一定的财力，使其成为商家最理想的市场人群。网络媒体对"剩女"的建构会助长人们尤其是长辈对婚恋问题的焦虑。

以上还只是在文化和观念层面建构风险，在一定程度上加重了社会焦虑情绪。社交媒体建构风险危害最大的是虚构，诱发社会冲突，加剧社会矛盾，引发信任危机。

2017 年 7 月 4 日晚上 8 点左右，一个名叫@白衣天使茉莉花的网民发布了一条"申冤"的微博，瞬间引爆了网络。她宣称在河南省西华县奉母镇读书的侄女，被学校的教导主任和副校长在 3 个月内强奸达十七八次。而且报案后警方不予立案，还威胁恐吓她的侄女。当天警方通报@白衣天使茉莉花造谣并表示要对其进行抓捕。由于警方在通报中并没有公布证据，网友普遍认为当地警方包庇犯罪嫌疑人，引发舆论哗然。7 月 11 日，《中国青年报》发布报道称女孩亲口证实并未被强奸。7 月 16 日，《环球时报》发布报道《你可能也被耍了！这个全国网民关注的大案件，出现了惊天大反转！》，详细披露了警方、校方等音视频证据。至此，网友对警方的怀疑才告一段落。

此事件从披露开始，网友一边倒地谴责警方。《中国青年报》报道发出后，不少网友也认为官方蓄意掩盖，引发民众对警方的信任危机。由于历史上一些冤假错案的存在，受其影响，网友主观偏向"受害者"，易陷于"阴谋论"，宁愿相信自己的直觉，也对警方的证据视而不见并总能找出理由说服自己对证据真实性存疑。可喜的是该事件发生后警方查明事实真相，止住了网友的议论，挽回了网友对官方的信任。但网络中对官方造谣的信息数不胜数，绝大部分因为没有引发社会大多数人的关注而任之传播，而小谣言建构的风险正是通过一次谣言爆发演变成对政府的信任危机。

---

① 陈友华、吕程：《剩女：一个建构失实的伪命题》，《学海》2011 年第 2 期。

三 网络媒体是风险的沟通者

"风险沟通是个人、群体和机构之间交换信息和看法的互动性过程；这一过程涉及多种多样的信息，既包括有关风险性质的信息，也包括表达关切、看法的信息，或者对风险信息或风险管理的立法和机构安排做出反应的信息。"[1] 风险沟通已被当作政府、民间之间围绕公共问题进行沟通时的首要方式，用于化解风险、缓解矛盾避免事态发展为公共危机。所以风险沟通既是"风险传播理念的革命，也是风险应对方式的革命"[2]。

媒体沟通者角色源于信息传递能满足民众信息知晓，从而消解风险的不确定性，在风险沟通中网络媒体充当着信源提供者、信息证实者、对话中间人等多重角色。传统媒体时代，社会传声筒掌握在官方手中，政府拥有对风险建构的绝对主导权。网络环境中，伴随传播权下移所带来的传播主体多元化，给政府的风险治理带来一定挑战。但同时，正是由于传播门槛降低，风险信息在互联网渠道才会出现真假难辨、良莠不齐的情况，此时，权威媒体及时、公开的报道就会为风险沟通提供良好的机会，为辟除风险传播过程中的谣言，疏导社会情绪，稳定社会起着积极正面的作用。

网络媒体风险沟通实现了从告知到参与范式的转变，其源于媒介赋权、用户信息弱势地位的转变。互联网的诞生被誉为第五次传播革命，"去中心化—再中心化"是其基本特征。在这一过程中，媒体乃至政府在网络空间中的话语权被削弱，以往缺少发言机会的普通民众借助开放网络环境得以发出自己的声音，权力结构的变革意味着新的风险。"去中心化指互联网技术本质上是以个人为中心的传播技术，具有天然的反中心取向。这一次传播革命，本质上是传播资源的泛社会化和传播权力的全民化，通过解构国家对传播权力的垄断，使传播

---

[1] 华智亚：《风险沟通：概念、演进与原则》，《自然辩证法通讯》2017 年第 3 期。

[2] 林爱珺、吴转转：《风险沟通研究述评》，《现代传播》（中国传媒大学学报）2011 年第 3 期。

力量由国家转移到社会，从而削弱国家在信息、技术和意识形态上的主导地位，因而，它所带来的不是国家组织和治理能力的强化，相反，是对国家组织和治理能力的严重挑战。"① "再中心化指随着信息发布门槛的持续降低，网络空间的信息供给量迅速超过了单一个体独立自主处理信息的能力，能够提供有效'解释框架'且获得足够信任的新行为体，将成为新的'权力中心'，个体会'授权'这些中心，以信任和采用这些中心提供的解释框架代替个体独立思考为表征，代理个体处理庞大的信息。"②

　　早在 20 世纪 40 年代，美国著名的传播学者拉扎斯菲尔德在《人民的选择》中就提出了"意见领袖"这一概念，大众传媒的信息并不是直接"流向"一般受众，而是经过意见领袖这一中间环节，即"大众传媒—意见领袖——一般受众。网络诞生前，政府通过传统媒体进行信息传递，拥有绝对的话语权及传播优势。网络开放、匿名的特点给予了普通民众话语权。尤其是社交平台的诞生，民众能够在平台上发出并集合同类观点、声音。受众对媒体和政府的报道不再来之受之，通过社交媒体他们质疑甚至是问责官方。如若此时再固执地抱有"单向"的风险传播态度，势必会引发公众更多的对抗性风险解读。

　　2012 年四川什邡钼铜加工项目事件、2013 年广东江门核燃料项目事件、2014 年广东茂名反 PX 事件，2015 年"8·12"天津滨海新区爆炸事故使风险沟通在我国找到了作用场所和现实用途。

　　回顾以上重大事故沟通机制发现，网络覆盖面广、传播速度快、用户基数大的优势使其成为专业新闻媒体报道的首选方式。社交平台既成为用户的意见表达和情感宣泄的平台，也成为官方信息发布的渠道之一，通过社交平台的互动消解民众的不满情绪、平息事态。官方和民间形成了互动乃至协作，民主协商成为风险沟通的

---

① 李良荣、张莹：《新意见领袖论——"新传播革命"研究之四》，《现代传播》（中国传媒大学学报）2012 年第 6 期。

② 沈逸：《新媒体环境中的主流价值观塑造》，《文汇报》2013 年 9 月 2 日。

重要方式。

　　"协商民主理解成这样一种涉及立法和决策的治理形式。其中，平等、自由的公民在公共协商过程中，提出各种相关理由，尊重并理解他人的偏好，在广泛考虑公共利益的基础上，利用公开审议过程的理性指导协商，从而赋予立法和决策以政治合法性。"① 所以在下结论之前，"人们到桌边并鼓励他们畅所欲言；参与者有充分的时间来参与协商过程，并有少量（尽管并不充分）的时间参与讨论；在协商的过程中，尽管有不同意见，参与者被要求在相互尊重的基础上交换意见"②。

　　互联网公共论坛作为一种全新的立足于新信息技术之上的公众参与方式，它突破了过去公众参与的时空限制、规模限制和参与方式的限制，也增加了公众与政府对话、沟通、建立信任的可能性。截至 2018 年 6 月，中国网民规模为 8.02 亿，互联网普及率达 57.7%。③ 越来越多的民众愿意通过互联网表达自身诉求，希望能够与政府对话，实现风险事件的解决。

　　厦门 PX 项目一直被视为民主协商在风险沟通中的一个典型案例。2007 年全国"两会"期间，105 名全国政协委员联名提出议案呼吁项目迁址，原因是 PX 项目存在对人体健康不确定的影响。其中一部分专家委员还从专业角度论证了该项目建成后可能会对厦门市环境造成的影响，并列举了国外相关项目选址的情况。随后，该事件通过媒体渠道进入风险传播阶段，PX 项目的风险性被标出，公众对此表示极大关注。更多的风险争论出现在网络渠道，民众纷纷表达了对该项目环境污染的担忧，其中充满风险感知的不确定和恐慌。面对网络中铺天盖地的相关讨论，厦门市政府并没有采取回避和掩盖的态度，其积极通过媒体，尤其是主流媒体进行风险沟通，通过权威发布回应公

---

　　① 陈家刚：《协商民主：概念、要素与价值》，《中共天津市委党校学报》2005 年第 3 期。

　　② 何包钢、陈承新：《中国协商民主制度》，《浙江大学学报》（人文社会科学版）2005 年第 3 期。

　　③ 数据来源：CNNIC，第 42 次《中国互联网络发展状况统计报告》。

众关切，并通过网络渠道采集民众意见，适时调整沟通策略。当民众的风险抵抗上升至静坐、集会等形式时，面对这种非政治性诉求的聚集，厦门市政府采取了积极疏导、劝说、向相关人员发放 PX 科普材料等方法，最终政府做出了向民意倾斜的决策，将该项目迁至漳州古雷港开发区。

该事件是我国公共项目兴建的一个分水岭，民众积极参与风险传播，以主人翁的姿态进入与政府的风险建构博弈，通过社交媒体对政府建构的相关风险景观进行质询，政府也利用网络渠道对此积极回应，打消民众顾虑，最终，政府向民意妥协，PX 项目迁址。厦门 PX 项目的风险沟通成为一个典范，后期逐渐被其他城市效仿，但在其他城市类似事件的风险沟通中，地方政府态度决定了风险沟通的成败。例如在成都抵制 PX 项目的运动中，当地政府就对社交媒体进行了严格管控，"彭州石化""雾霾"等关键词一度成为敏感词，风险沟通沦为形式沟通，导致整个沟通环节"沟而不通"，民众充满对政府的不信任，陷入风险沟通的死结。

网络媒体时代，风险沟通具有更多不确定性，但也提供了新的机遇。网络实现官方在风险事件中即刻在场，话语转变有利于实现官方与民众的互动和联系，通过信息传播实现风险预知，通过及时沟通实现风险管控。那么政府与民间的信息传播建设至关重要，信息传播建设是指政府与民众之间形成良好的信息传递、沟通和对话机制，其内涵是在法律行政制度的框架内，实现政府作为倾听者、回应者、保护者的角色。最终的目是在风险的过程中实现政府在场，实现政府风险治理。角色在场是政府作为信息传播者一分子要建立起网络在场的印象，而不是以一个冰冷的官方账号的形象出现，不仅发布官方信息，也要观察生活、参与热门话题讨论。近几年，凸显政务人情味的例子时常成为网友热议的话题。

2018 年 3 月 12 日，四川绵阳市公安局涪城区分局官方微博发布"紧急寻主人"通知，为一只迷路的阿拉斯加犬寻找主人。因其内容及文案的幽默，一度登上微博热搜（见图 2-9）。

图 2 - 9　涪城公安官微发布宠物招领

　　"非典"后，我国政府加强了政府信息公开制度建设。2007 年 1 月 17 日，在国务院第 165 次常务会议上，《中华人民共和国政府信息公开条例》正式通过，于 2008 年 5 月施行。2015 年，政府开始着手对该条例进行修订。"公开条例中规定：行政机关应当将主动公开的政府信息，通过政府公报、政府网站、新闻发布会以及报刊、广播、电视等便于公众知晓的方式公开。"①

　　我国网络政务建设已经取得了长足进步，各地各部门都有专属网站或社交账号，入网是实现政府在场的第一步。"2015 年，由各部门推进的第一次全国政府网站普查工作统计显示，全国共上报政府网85890 个，山东、四川、广东等省份报送的政府网站数量较多；税务、邮政、质检、气象、交通运输、烟草等中央垂管的行业报送网站

① 朱德泉：《信息公开先开传媒通道》，《青年记者》2007 年第 11 期。

数量较多。"① 随着政务信息化建设的进步，网络提高了办公效率、信息透明度和沟通建设。

网络时代，风险无处不在，风险伴随信息流动演变。风险的本质是不确定性，所以实现风险的消解需要信息本身用确定性信息消除不确定性。而信息传递的技巧成为受众能否有效接受信息的重要因素，因此官方话语转变是关键。

转变态度，由居高临下变成平等对话。传统官方话语带有很强烈的官腔甚至是说教意味。而网络中，这样的姿态意味着将民众推向对立面。其次，打造新式政府媒介形象。网络中的官方形象应该是权威中兼具生活气息，而不是以冰冷账号形象出现。政府官方微博影响力最大的是公安类，在各地狗狗走丢被警察捡到寻找主人的微博中，警方发布的寻找失主信息并非是很正式的话语，相反会出现诸如"这都能走丢？""主人你在哪里？""快把我们吃穷了？"等话语，配上网络表情，整体显得幽默亲切。

这样的表达方式，会拉近职能部门与民众之间的距离。以有温度的方式参与网民的信息传递和网络生活，政府社会传播角色在场才能实现风险治理在场。

社交媒体平台成为沟通的首要阵地，官方与民众互动性的增强有助于提升两者的情感联系，能够对网络中围绕官方的质疑迅速做出反应。网络给予每位公民说话的权利，提供了情绪宣泄的窗口，在风险应对中指向性更强。所以网络媒体时代，新风险与机遇并存，把握机会适应网络环境及话语特色，能够实现风险沟通和管控的新机遇。

第三节　网络媒体建构风险的类型

从建构主义视角考察网络媒体对风险建构的类型，大体可以观察

---

① 刘绪尧：《我国首次摸清全国政府网站"家底"总数超 8.5 万个》（2015 年 7 月 30 日），2018 年 12 月 3 日，http://www.xinhuanet.com/fortune/2015 - 07/30/c_ 128077070. htm。

出两种类型，作为风险定义者的直接建构和作为风险传递者的间接建构。

一　直接建构：风险的定义机制

风险究竟是客观存在的，还是由社会建构和认知一系列复杂过程共同作用的？网络媒体在风险传播过程中，究竟只是被动地反映风险事件还是也积极参与到风险建构的"符号"争夺中？网络媒体在风险传播中又是如何主动或隐秘地充当起建构主体的角色？风险，本身包含着不确定性，正因为是不确定的，如何进行风险定义就直接关系到公众怎样感知风险。比如，当我们把对人类有害的"雾霾"定义为"雾"的时候，公众对此的风险感知就会弱化很多，风险敏感就不会十分强烈。网络媒体积极参与风险定义，就是对风险的直接建构，媒体的中介作用以及对风险的符号化再现，会对公众的风险认知与理解产生极大的影响。尤其是，当今的网络媒体拥有比传统媒体更加强大的建构技巧，传播技术的即时化和传播手段的多元化，会将抽象的、不确定的风险建构为确实的、正在发生着的危险。因此，参与风险定义，是网络媒体主动建构风险的一种类型。

一旦网络媒体具象化并开始揭露潜藏的风险，关于风险的定义就成为各风险传播主体彼此竞逐、抗争的对象，相关利益主体会在传播过程中持续博弈。当网络媒体已经成为公众获取信息的首选渠道，其媒介使用频率远远超过传统媒体时，在网络媒体上发生的风险定义争夺就更加激烈。公众更依赖网络媒体几乎同步的传播速度，更依赖网络媒体更加直接的参与方式，也更沉迷于网络媒体构筑的符号森林，这就意味着，谁拥有了风险定义的主导权，谁就更能左右公众对风险的认知与理解。由于网络媒体在社会进程中的独特作用，公众往往更倾向于接受网络媒体上相关主体对风险的定义，因为从"首因效应"角度考虑，人们对第一次接触到的信息印象深刻。网络媒体信息传播的速度远远快于传统媒体，因此，公众在网络媒体上接受到了怎样的风险定义，就会第一时间影响其对风险的判断与认知。

Berger 与 Luckmann 归纳了社会建构中最具代表性的三种基本过

程：外化、客观化与内化。① 当风险作为不确定性的存在，被公众纳入认知领域，并与客观世界产生联系的时候，就是"外化"。比如，关于雾霾的风险，当 PM2.5 这一人眼不可见的颗粒物通过漫天尘土、暗无天日的影像片段呈现出来的时候，关于雾霾的风险就被"外化"。于是，关于雾霾的风险议题或相关论述进入公众视野，人们通过网络媒体了解、评论、参与风险议题的传播，并以自己的方式理解、阐释风险，这样，这个风险议题开始在整个社会拥有了自己的生命，这个原本是需要被表达出来的观念，成长为人类意识中的一个客体，并通过传播形成一个事实。"观念"成为"事实"，是人类互动和建构的结果，这一过程体现了公众如何理解风险，如何阐释风险，如何将风险定义进行再生产。

而网络媒体在此过程中扮演了十分重要的角色，它的媒体特征使网络社会的风险定义更加流动多变，其对风险的建构也更加复杂。一方面，网络媒体的易接近性、易获取性使得它成为公众参与风险建构的首选平台，能够通过网络自由发声、展开风险论述，以此来回应社会主导阶层构建的不同于公众自身风险感知的风险定义。从这个意义上说，公众对网络媒体怀有较高的媒介期待，认为在技术平权的背景下，网络媒体是真正能为公众代言的媒体，这就决定了为何在传统媒体和网络媒体同时展开相关风险定义和风险论述时，公众会在第一时间更加愿意相信网络媒体的相关报道。此外，技术赋权之后的公众将网络视为风险回应的首选渠道。一个风险事件，会有多元主体参与到定义的建构、风险细节的阐释和风险后果的预估，作为在风险分配当中的弱势群体，公众有时会固执地抱有一种对抗性风险解读的姿态，尤其是当社会主导阶层的风险阐释与公众自身的感知出现巨大出入的时候，这种对抗就会加剧。网络媒体就成为了对抗宣泄的情绪出口，公众会在此一一辩驳社会主导阶层的风险论述。因为同为弱势群体，拥有天然的"底层正义"，这使公众能够自发形成群体认同，从而利

---

① ［美］P. Berger、［德］T. Luckmann：《知识社会学——社会实体的建构》，邹理民译，中国台湾巨流出版社 1991 年版，第 3 页。

用网络进行风险对抗。但另一方面，也是因为网络媒体的开放和平民特质，使得它在风险建构过程中更能发挥风险沟通的作用，积极与公众进行风险协商，并及时捕捉到公众对风险理解的相关信息，从而修正相关的风险定义。相较于传统媒体，网络媒体在风险定义中主体更多元，角色更复杂，网络媒体既包括了传统媒体的网络延伸，也包括了大量以自媒体形式存在的普通公民。因此，在这样一个主体相对复杂的现实情况下，网络媒体对风险的定义常常表现出复杂甚至前后不一致的状况。比如对转基因食品的风险定义，专家系统和传统主流媒体更愿意将"无害"的信息披露给公众，而喧嚣的自媒体意见领袖也同样在争夺转基因食品的风险定义。

因而网络媒体对风险定义的争夺显示出更多的不确定性，在一定程度上，这种不确定性，恰恰是风险的"促发者"。网络媒体传播的内容"定义"了风险，这种定义是风险理解的引导性指向，由于网络媒体在信息传播中对公众信息接触的优先性影响，往往在风险定义的序列上，会更容易影响公众的风险理解与认知。并且经由网络媒体定义的风险更容易在网络空间通过人际传播或社群传播来建构其主观的风险感知。

进入风险社会后，"知识的不确定性"挑战了传统由专家系统才能建构的风险定义，网络媒体的低门槛使得个体能够随意在网络空间定义风险，风险定义的权力此消彼长，网络媒体在与传统大众媒体信息竞争中，也彼此竞逐着风险定义的权力大小。

二　间接定义：风险信息传递机制

风险的"不确定性"影响了风险的"感知度"，在一定程度上被感知到的风险才是风险，风险在后工业时代变为了"人为风险"。"人为风险"是网络社会的自反性风险，网络社会的快速发展带来了一系列自身无法解决和处理的风险。如何认知风险、理解风险，是网络社会中关于风险的核心问题。由于网络社会本身存在方式的符号化、虚拟化，很多发生在网络社会中的风险对于公众而言其"能见度"更低，在一定程度上更加依赖知识系统对风险的阐释。而网络社会的知识阐释结构是以节点为基础进行分布的扁平结构,过去崇拜权威的集中知识阐释结构逐渐受到冲击和挑战。

因此,在网络传播渠道中,各风险传播主体都在第一时间抢占风险定义的主导权,积极通过网络渠道传递自身关于风险的理解和建构。"风险的不确定性,使得公众迫切需要从外界尤其是媒体上获得信息,风险具有很强的知识依赖性,只有在风险实际发生时,或者借助媒体报道、知识、研究,人们才知道其危险性,就像人们理解核辐射的风险一样。"①

如今,网络媒体成为人们获取风险信息、风险知识的重要传播媒介。风险知识与论述往往通过媒体进行传播,网络媒体如今是风险沟通的关键。无论是国家层面的技术官僚、科学知识专家系统、公众还是各社会机构,都需要借助网络媒体发出自己的声音,产生不同效果的风险宣传与沟通。因此,这些不同领域不同利益归属的风险沟通主体如何借助自身对风险信息的掌握程度和对网络媒体的熟悉程度进行风险信息与风险传播渠道的衔接,就变得尤为重要。

传统媒体时代,掌握大众传媒的风险沟通主体先天地占据了风险定义和风险沟通的优势,但在网络社会中,网络媒体尤其是社交媒体的低门槛和易获得性,使得如何建立一套能迅速在网络媒体传播的信息传播机制和话语体系更为重要。目前各风险传播和沟通主体的竞逐更多体现在风险信息的话语建构和信息传播机制上。谁能更加娴熟地掌握网络媒体的信息传播机制,谁更了解网络媒体中的话语体系习惯,谁就在风险信息传播中更能获得公众的信任。从这个角度来看,网络媒体成为各种风险论述的"传声筒",彼时,它只是被动地充当了各种风险沟通主体建构风险的媒介——网络媒体传递风险信息与风险观点,间接地建构了风险。

以食品安全风险和环境风险传播为例,在探讨媒体与社会运动的关系时,学者们持有"媒介中心论"的观点,认为网络媒体是风险

---

① 秦志希、郭小平:《论"风险社会"危机的跨文化传播》,《国际新闻界》2006 年第 3 期。

重要的建构者，特别是对相关风险论述出现明显分歧的时候，网络媒体往往被视为风险建构主体，而忽视了其信息传递的中介本质。实际上，网络媒体已经成为各风险传播主体竞逐风险定义和风险论述的公开场域，无论是政府、知识精英、专家、意见领袖还是公众都在这一场域建构社会的风险认知与风险观，促进了社会的风险沟通与学习，但正由于风险沟通主体对网络媒体的平等介入，有时反而会造成风险定义的异常混乱，公众在信息公开过程中会不断受到甄别真实信息、建立科学认知的困扰，其风险理解从过去单一依赖知识体系，到现在首先选择自己熟悉的话语体系和传播形式，进行立场与价值判断，进而再进入科学知识系统理解风险的程序。因此，网络媒体是比传统大众传播媒体更具有价值偏向的媒体，网络社会的信息聚合和意见表达受到信息传播主体自身价值倾向的明显影响，风险信息本身的不确定性更加重了风险论述过程中是谁在定义风险的重要性。正如前文所述，网络社会的信任体系逐渐脱离了前网络社会那种以血缘、地域、家庭为标志的显性信任，取而代之的是以价值聚合为基础的信任资本积累过程。因此，信任谁，成为风险论述是否会"赢"的关键，从这个角度上看，网络媒体只是在这一过程中间接地建构风险，充当了风险议题的次级定义者。

网络媒体直接或间接定义风险，也相应地充当风险议题的首要定义者或次级定义者，与此同时，网络媒体既是风险的直接建构者，参与风险定义，也是风险的间接建构者，充当各风险沟通主体的论述场。网络媒体对风险的建构常常比传统大众媒体时代复杂诡谲得多，更多时候，我们看到的是网络媒体建构风险的类型常常发生交叉甚至是交融，难以严格区分出网络媒体究竟只是充当了中介的间接建构者还是以主体的姿态进行积极的风险建构。

第四节　网络媒体风险建构的方式

网络媒体通过各种具备时效性、沉浸性、交互性技术效果的手段建构各种社会风险，使隐匿的、不确定的、具有争议性的风险更加直观形象地呈现在公众眼前，开启公众关于风险信息的各类认知，从而激发社会整体的风险感知和调试度。下面，我们以网络媒体对风险建构的方式来进行研究，探索网络媒体运用何种方式，使网络社会的风险感知更加强烈，从而在社会中引发更多元的风险解读。

一　视像化建构

康德曾经指出过本体论语境中的"表象化"，他认为自然界总是以特定的形式向主体进行呈现，而呈现本身是先天理性架构统摄的结果，是一种被先天综合判断整合过的"现象"。康德之后，黑格尔进一步指出，在人类把握世界的各种途径中，以持续性、原距性、间离性为其文化特征的视觉表达将成为认知和把握世界的主导方式，黑格尔的预言在当下正在变为现实。当代社会正在经历一场"文字中心主义"的颓败和"视觉中心主义"的崛起，人类社会逐渐步入一个被图像控制的景观社会。视觉文化传播时代的到来不仅标志着一种文化形态的形成和转变，也标志着一种传播理念的形成，更是人类思维方式和价值观念的一次转换。鲁道夫·阿恩海姆指出："视觉形象永远不是对于感性材料的机械复制，而是对现实的一种创造性把握，它把握到的形象是含有丰富的想象性、创造性、敏锐性的美的形象。"①

（一）风险的视觉化呈现

视觉文化，不但标志着一种文化形态的转变和形成，而且意味着人类思维方式的转变。实际上，从人类诞生之初，视觉经验就一直存在，甚至在很长一段历史里，视觉是人类认知世界的优先感官。观看的经验，对人类来说丰富而持久，但直到视觉文化出现并成为社会主流文化，"观看之道"即成为一种世界观，一种思维方式。"世界通过视觉机器被编码成图像，而我们——有时候还要借助机器，比如看电影的时候——通过这种图像来获得有关世界的视觉经验。"② 如今，

---

① ［美］W. J. T. 米歇尔：《图像转向》，载《文化研究》第3辑，天津社会科学院出版社2002年版，第17页。

② ［法］雅克·拉康、让·鲍德里亚：《视觉文化的奇观——视觉文化总论》，吴琼译，中国人民大学出版社2005年版，第12页。

网络媒体极大发展了人类"看"的范围和时空，作为人类最重要感官的延伸，网络媒体开启了人类视觉认知的新景象。观看，是人类最自然的行为，但却不是最简单的行为，"观看"实际上是一种极为复杂的文化行为，我们对世界的把握很大程度上依赖于我们的视觉经验。在视觉传播中，媒介不再仅仅以语言模式为基本规则，而是以图像学、以视觉修辞为基本规则。不但表现为对影像表现现实的迷恋，而且将虚拟、符号的影像视为现实本身，大有符号超越本体的趋势。当信息传播不再局限于那些纯物质性的生产与意义传递，越来越多的视觉符号被生产出来，这些影像符号的传播，赋予了物质对象更多的符号价值、审美因素或形象因素。①

图像作为一种特殊的符号，同文字语言一样，都是社会成员在社会互动过程中赋予其意义，并通过相同社会背景间成员的解码，获得其意义。每一幅图像的构图、色彩、光线都是一次意义的建立和赋予。且与文字相比，图像是一种低卷入媒介，它不需要阅读者拥有系统的、高卷入度的文化相近性，能够跨越文化障碍，使得传播内容更易被传播对象所记住。这里就涉及图像在风险争议当中的功能和作用，首先，风险的争议性是如何而来的？就其产生方式而言，它有一部分是先天附着于风险事物本身之中，但是另一部分却是在意义上经过各种话语排列和视觉修辞的加工，被制造出来的事实。

诸多研究发现，图像已经成为风险议题争议建构的核心要素。约翰·德利卡斯和凯文·迪卢卡针对公共政治当中图像构图的现象，阐述了图像之于社会争议建构的重要性——"在视觉文化时代，客观上需要视觉争议成为社会矛盾构建的核心动力。具体来说，目前一个不可阻挡的传播趋势是，图像完全有能力担任生产观念、摆出理由、塑造舆论的传播学重任，因此可以成为公共争议得以发生的引擎工具。"② 多丽丝·格雷伯则从媒介文化的历史发展脉络提出了文字的

---

① 刘砚议：《视觉文化时代的媒介特征》，《当代传播》2004 年第 5 期。
② 转引自刘涛《图像政治：环境议题再现的公共修辞视角》，《当代传播》2012 年第 2 期。

社会建构向图像的社会建构，这一转向的历史必然性："在以电视为标准的电子媒介时代，过去印刷时代的价值结构被迫做出了适度的调整，曾经我们一度推崇的借助文字符号传递的抽象意义，已经开始让位于建立在图像传播基础上的现实与感受。"① 格雷伯在此想说明，图像叙事已经取代文字叙事，成为最有效的赋予符号新的意义和认知框架的途径，这一途径不仅可以改变原有的意指关系，甚至可以建立新的社会秩序。因为图像已经成为视觉文化时代最有效的劝服途径，在公众心目中，图像更加具备意义生产者的劝服力量，它能更直观地激发和调动观看者的情绪和情感，使之与观看者形成互动而更具戏剧性和争议性。"这并不意味着视觉争议可以简单地替代文字争议……而是说视觉信息完全赋予了社会争议生产与表征的另一个维度：戏剧性和作用力。"②

具体而言，图像可以形象勾勒出文字的"话外之音"积极建构自身意象，而且可以将这意象有效转化为观看者能够参与的议题。查尔斯·希尔进一步揭示了图像符号在社会争议建构方面的社会心理学运作机制——图像符号以一种简单而逼真的方式帮助人们轻易地获取意义，同时也悄无声息地制造了某种极具劝服能力的"修辞意象"或"大脑意象"。③ 换言之，在存在争议的风险议题中，图像首先作用于认知系统里的情感领域，第一事件触发情感，唤起情感震荡和共鸣，继而形成情感认同。著名媒体人柴静曾在 2015 年拍摄了一部 7 集独立调查纪录片《穹顶之下》，这部调查中国雾霾的纪录片在网络媒体上传播，短短一周的点击量就超过 1 亿。片中戴上口罩只露出眼睛的孩子、冒着黑烟高耸的烟囱、沙尘弥漫的天空、被浓雾锁住的机场、

---

① 转引自刘涛《图像政治：环境议题再现的公共修辞视角》，《当代传播》2012 年第 2 期。

② Blair, J. A., "The Rhetoric of Visual Arguents", in Charles A. Hill and Marguerite Helmers (eds.), *Defining Visual Rhetoric*, Mahwah, N. J.: Lawrence Erlbaum Associates, Inc., 2004, p. 59.

③ Hill, C. A., "The Psychology of Rhetorical Images", in Charles A. Hill and Marguerite Helmers (eds.), *Defining Visual Rhetoric*, Mahwah, N. J.: Lawrence Erlbaum Associates, Inc., 2004, pp. 37, 25.

医院呼吸科激增的病人……这些画面都定格在公众的头脑里，快速诱发公众对雾霾的恐慌情绪，公众认为在这场风险之下无人会是幸免者。

严格意义上说，正是柴静这部在网络媒体广为传播的纪录片开启了公众对雾霾真正的风险认知，这不仅仅因为柴静个人的身份原因，更重要的在于多年的媒体经验赋予了她娴熟驾驭画面，使用镜头呈现风险的能力。视觉表达清晰流畅，重点镜头隐喻深刻，浓雾锁城之下弥漫的无助和无力感透过屏幕渗透到人心，生活在雾霾之下的民众正是普通如你我的老百姓，再不对这一现象引起重视，我们将如何生存？流动的影像形成比文字更具张力的风险感染力，唤起人类最脆弱的情感认同，因而迅速形成感同身受的风险体验，在网络空间形成关于雾霾的风险讨论热潮，产生的舆论压力倒逼相关部门出台切实的改善措施和让渡部分权力。

（二）风险的具象化：网络媒体风险建构的重要方式

"风险的隐匿和不确定构成了日常生活的'文化盲点'，但人们依然可以通过符号来感知风险"[1]，在某种意义上，如今的网络媒体比传统大众传媒更能形象地再现风险和重塑风险，唤醒人们对某些被遮蔽风险的注意。风险在日常生活中常常被人类的经验所提示或遮蔽，具有较强的知识依赖，必须通过相关的知识解释、风险释疑、媒体揭露来捕捉。媒体借助"锚定"机制来使"陌生的他者"客体化，将不熟悉的事物通过一系列文化认定系统形象化，并将对象纳入可理解的范畴。媒体对于风险的提示、报道就属于锚定的过程。

关于风险的不确定，系统科学有详细的论证与术语去描述，但这些专业、抽象的描述并不能让公众很好地理解风险、感知风险，媒体对风险的客体化，就是让抽象的风险进入公众理解的视野，将风险观念与意象转化为具体、客观的风险常识。比如网络空间中，关于转基因食品安全和雾霾的相关报道，就是通过视像化手段将这些不可见的

---

[1]　郭小平：《论传媒对受众"风险认知"的建构》，《湖南大众传媒职业技术学院学报》2007年第2期。

风险具象化，并形塑为公众能够理解的风险常识加以传播。法国著名社会心理学家塞奇·莫斯科维齐（Serge Moscovici）指出，客体化的过程就是要发现不精确观念或存有的图像性质（iconic quality），重现在意象中的概念。[①] 风险观念或科学知识通过网络媒体传播，极速普及与常识化，由于网络媒体的社交化趋势，那些深奥、抽象的风险知识也在网络人际交往中日常化、常识化，更直接地进入到公众的风险感知层面。具体而言，风险常识化包含三个阶段：体现、定形、本体化。风险的体现是指将风险观念、理论或概念与某些群体或个人具体联结，比如切尔诺贝利与当时的儿童，雾霾与中国民众等。定形是指将某个概念以一种隐喻的意象加以具体化的过程，使得概念更易于接触或更具体。本体化则是指抽象的概念被赋予物理性质的过程，比如风险的具体载体、表现形式等。

由网络媒体的图像或影像所建构的风险图景，因为是一种"低卷入度"的符号识别机制，更容易唤起民众的情感知觉，从而加深相关风险的历史记忆或集体记忆。在这一过程中，情感成为影响网络媒体建构风险的重要因素，网络媒体中传播的影像或图片，与相关风险想象叠加在一起，形成"视觉的狂热"和"景观的堆积"。网络媒体正是通过具象化的具体策略实现其情感唤起的功能，从而影响风险建构。2018 年 11 月 26 日，中国南方科技大学副教授贺建奎通过视频社交媒体 YouTube 发表一段声明，宣布首例免疫艾滋病毒的人类基因编辑婴儿在中国诞生。这对双胞胎经过人类基因编辑，被敲除了 CCR5 基因，获得先天免疫艾滋病毒的能力。关于什么是基因编辑，什么是 CCR5 基因，敲除基因又意味着什么，大量专业术语让公众在第一时间对于这条新闻一头雾水，只能依靠外界，尤其是媒体的风险阐释来进行理解。参与这次事件报道的网络媒体也在第一时间使用了大量极具科幻色彩的图片，装在瓶子里的婴儿，布满神秘代码的人类胚胎等。央视新闻客户端和人民日报微博分别在报道中使用"潘多拉盒

[①] 转引自郭小平《风险社会的媒体传播研究：社会建构论的视角》，学习出版社 2013 年版，第 84 页。

子"来描述这一事件，并配以相关图像和画面，迅速唤起了公众对这项科学技术即将引发的不确定性的联想。在网络媒体上更是出现大量关于人类编辑基因婴儿出生后可能产生的风险讨论。这其中不乏科幻电影中的场景和截图，一时间，这种景观的堆积悄然重构了公众对科学技术的风险认知，将科学技术简单置换于影视作品中的某些片段和场景。第67届（1995）奥斯卡金像奖获奖影片《玛丽·雪莱的弗兰肯斯坦》向我们讲述了弗兰肯斯坦一路追踪并消灭自己的"创造物"的故事。这部影片，是有关现代性的重要比喻。科学家弗兰肯斯坦本想创造一个完美之物，结果却创造了一个毁灭他自己的怪物。这为我们提供了有关技术干预，尤其是生物科学和基因科学实验意外后果的持久的意象，那个怪物的形象经由取自各种不同来源的风险想象和恐惧与现实公众的风险感知发生强烈共振，继而在后续几天关于人类基因编辑的风险讨论中大量充斥着不确定的恐慌情绪及批判言论。

（三）情感因素：网络媒体风险建构的影响轴

"网络媒体不仅仅是信息传播的工具，也是情感交流、情感建立、情感互动的场域。社交媒体以其圈层传播、熟人传播、强关系链接等传播特点，极易将某种恐慌情绪作为事件传播的背景，植入风险论证的各种话语建构当中。情感在公共事件的意见表达中，并非全是非理性成分，相反，在中国语境下，情感是人们参与风险抗争的一种'社会冲突的道德语法'的直接体现。情感是个体嵌入社会的体验与感知，同时又由于社会文化的形塑具有一定的社会属性，因此，情感并非全是非理性因素，我们要看到情感呈现过程中社会文化的影响，也要注意个体情感与社会文化互相关照之下呈现于网络媒体的风险传播特点。"[1]

1. 情感唤起

阿伦森认为，一起事件能够被关注进而引发热烈的讨论与参与离不开三个环节：依从、认同和内化。[2] 依从是一个人为了获得奖励或

---

[1]　李畅、陈华明：《社交媒体在社会突发暴力事件风险传播中的情感动员研究》，《新闻界》2016年第8期。

[2]　同上。

避免惩罚而做出的某种行为，而认同"并非因为某种行为内在的令人满意，我们才采取这种行为方式，我们采取特定的行为方式，仅仅是因为这种行为方式能使我们与所认同的另一个人或一些人建立起令人满意的关系"①。正如前文所述，网络媒体当中的群体认同是以价值认同为基础，而价值认同在完成之前，是需要一定的情感唤起机制来形成群体，区分不同的群体边界。情感唤起机制会促发不同的情感沉淀，进而引发公众对风险事件或事物的不同认知。例如在前文所述的基因编辑婴儿事件中，不同风险传播主体对此做出了大相径庭的反应。从艾滋病毒感染者群体来看，这样的科学技术或者能让更多的人避免病毒感染，从而在情感上，这项技术对他们而言，是"重大突破"。但对于更多的社会公众而言，这项技术未知的风险更多，轻易打开潘多拉盒子，人类基因池是否会因此受到影响以至产生更多难以预料的结果，致使人类成为最终受害者？对于公众而言，未知和不确定带来的恐慌，让他们对这项科学技术的风险认知更偏负面。而科学家群体则从科学本身的伦理性方面质疑这项技术应用于人类的正义性，情感相对克制，但该群体对这一事件的态度更加重了公众的担忧与恐慌情绪。从该事件唤起的不同情感而言，该事件的风险认知出现明显不同的群体划分的情况。

2. 情感渲染

"情感是个体在社会化过程中的感知与体验，是形成共识的纽带，也是在网络社会语境下讨论问题不可回避的因素。正如情感唤起能为不同风险传播主体赢得事件定义与处置的正当性与合法性，情感渲染在一定程度上解释了风险事件解读过程中不同群体的网络结盟与动员的行动机理。渲染是指加深个体在某种情感状态的代入感和体验感，以'人同自身、心同此理'的行动联系能力聚集自己的同类。"② 休谟曾经说过："自我的观念或印象永远是当下存在的，

---

① 〔美〕E. 阿伦森：《社会性动物》，邢占军译，华东师范大学出版社2007年版，第27页。

② 李畅、陈华明：《社交媒体在社会突发暴力事件风险传播中的情感动员研究》，《新闻界》2016年第8期。

并且是生动的，因此，凡是与我们相关的任何对象必然以一种同样活泼的概想来被设想。"① 比如，人类基因被编辑之后，其后代也会获得这种被编辑的基因，那么对人类而言，这究竟会引发什么样的变局？这样的命运是人类共同难以逃脱的命运，对任何个体来说都是不可承受之变。因此，通过网络媒体对此事的报道，尤其是中国112 名科学家联合发表声明，大量科幻电影场景在网络传播，对人类下一代还是否是"人"的恐慌，使该项技术面临巨大的伦理危机。同时，那对基因编辑的双生儿今后命运如何，他们是否会被差别化对待，他们未来的配偶是否能接受他们的基因受到过编辑，以及在成长过程中一系列的风险与未知，都让公众从"人性"角度获得了更加鲜明的情感体验，这样的"身份类似感"极大地改变了公众对基因编辑技术的风险认知框架，使其持续成为社会公众关注的重要风险议题。

3. 沉浸传播背景下的风险建构

进入 21 世纪的第二个十年后，移动互联网、可穿戴设备、全息投影、VR、AR 等新兴技术的崛起，使媒介如水和空气一般泛在与重要，人们浸润在由技术环境包裹起来的日常生活中。媒介与传播已渗透进社会的整个肌体，超越本体的符号化生存状态已经成为人类主要的生活状态。国内研究者认为，这是一种全新的信息传播方式，它使人完全专注于动态的、定制的传播过程，期望实现让人看不到、摸不到、觉不到的超时空泛在体验。它体现出三种特征：传播以人为中心、传播无处不在、传播无时不在。② 在沉浸传播时代，媒介的意涵被空前拓展，"万物皆媒"，"以身为媒"，人的身体也成为媒介之一，信息传播出现传受一体，产消合一的情状。沉浸传播模式是迄今为止最为丰富的一种传播模式，它集大众传播、群体传播、组织传播、人际传播于一身，将大众传播与人际传播更紧密地嵌套，这正如麦克卢

---

① ［英］休谟：《人性论》，关文运译，商务印书馆 1997 年版，第 711 页。
② 李沁：《沉浸传播的形态特征研究》，《现代传播》（中国传媒大学学报）2013 年第 2 期。

汉所说的"处处皆中心，无处是边缘"。此外，沉浸传播比电子传播时代对时空关系的改造更加深入与深刻，随着移动互联网、智能终端和通信网络的普及，一张遍布全球的泛在网络体系逐渐形成。在移动互联网尚未普及的年代，"上线—下线"是典型的虚拟与现实之隔，而今天，无处不在、无时不在的网络将"时刻在线"变成一种常态。不仅如此，沉浸传播还让虚拟与现实彼此交融，难以区隔，使曾经依靠互联网才能享受到的"遥在"状态成为日常的"泛在"体验。

综上所述，沉浸传播对于人类社会最大的影响莫过于将"工具化"的媒介"自然化"。媒介即环境，它是整个时代的空气与水，更是整个社会的操作系统。有学者认为，电子媒介虽然实现了人类感官极大程度的延伸，但是与面对面的交流相比，这种沟通经验仍然是贫瘠的，因为它缺少"非语言信号和提示"。"非语言信号和提示"包括了触摸、品味、姿势、眼神、关注度等方面。而沉浸传播技术的运用，将感官延伸的广度与深度再度扩展，它使媒介捕获与呈现信息的方式与人类系统更加匹配。由此，评判沉浸传播质量的关键就在于参与者与媒介交互的能力，并且这种交互是具体通过感官来检测和评估的。[1] 沉浸传播时代，人类的感官系统得到了极大延伸，而同时，这里的感官延伸更多建立在"现象身体"之上，海德格尔提出过一个重要观点，他认为应该把技术视为生产行为和"去蔽的形式"。所谓"去蔽"，就是把一个事物从隐蔽状态变成非隐蔽状态。对现代技术而言，它不仅从生产的意义上展示自己，而是成为命运的舞台，存在本身的历史。[2] 从这个意义出发，沉浸传播之于社会也不仅仅是一种技术，它揭示了整个社会存在方式的变迁和人们试图改造时空关系的努力，关于风险建构的研究也不能脱离这个语境。因为在这个语境下进行风险建构的不仅仅是媒体，而是整个媒介系统，风险建构从最开始的风险揭示到最后的风险感知都会引发极大的变化。

---

① Apostolopoulos J. G., Chou P. A., Culbertson B., et al., "The Road to Immersive Communication", *Proceedings of the IEEE*, Vol. 100, No. 4, 2012, pp. 974–990.

② ［法］贝尔纳·斯蒂格勒：《技术与时间 1：爱比米修斯的过失》，裴程译，译林出版社 2012 年版，第 13 页。

　　麦克卢汉那句著名的"媒介是人的延伸"，"不仅想诠释技术对人感官功能的延展，更重要的是他指向了媒介对人的感知比率与感知模式的改造"。[①] 比如印刷术延伸了视觉体验，使人类的线性逻辑得到强化；广播延伸了听觉体验，有助于人类情绪和知觉经验的培养；而电子媒介则是对人类中枢神经的延伸，这将强化人类对各种感官的平衡使用和协调。"中枢神经系统又是为感官协调各种媒介的电路网络，人体各器官构成的整体正是保护中枢神经系统，应对外界刺激的缓冲装置。"[②] 这里潜藏着"心物一元"的前在逻辑条件，在实际的人际交往中，身体是否在场，以什么方式何种程度在场，将大大影响感官卷入的程度。中枢神经系统的"不能缺场"也隐喻了身体的"必然在场"。媒介会塑造我们对世界的感知和思维方式，因此，这对公众的风险感知而言，真切的风险感知或许首先来源于虚拟的"现象身体"。因为我们的感官已经被沉浸技术所驯化，"我们正在逼近人类延伸的最后一个阶段——技术上模糊意识的阶段"[③]。那么在此传播背景之下，是否符号化的风险才是真正意义上的现实风险？风险是虚拟的，感知是真实的，这将会是人类进入风险社会以来，最大的自反性风险，媒介系统成为整个社会的风险源，一切的风险揭示、风险预警、风险定义、风险论述、风险传播皆由符号化的比特去实现，用这些虚拟之物对话"身体的在场"。

　　因为在沉浸传播时代，人们的交往方式属于泛在的虚拟交往，人们总是借助媒介实现他们的社会交往，并且经此连接生活的不同范畴，形成圈层的、个体化的生活世界。那么在风险定义环节上，是否会因为媒介联结的性状不同而形成更加多元的风险定义？又会否因为价值圈层的牢固捆绑造成更加撕裂甚至对抗的风险解读？又或者在风险感知的强烈程度上，个体与所属群体之间构成一种新型的互动关

---

　　① 曹钺、骆正林、王飒濛：《"身体在场"：沉浸传播时代的技术与感官之思》，《新闻界》2018 年第 7 期。

　　② ［加拿大］马歇尔·麦克卢汉：《理解媒介——论人的延伸》，何道宽译，译林出版社 2000 年版，第 59 页。

　　③ 同上书，第 4 页。

系，从而影响个体的风险感知和情感演绎？并且由于沉浸技术的体感化，我们是否有能力自觉，能够洞察到风险符号化的危险？将日常恒在的"身体在场"的哲学命题重新改写？这正如西尔弗斯通所说的，"我们将自己的痕迹烙在这些我们拥有的物件上，并用它们表达我们的身份"①。当我们使用沉浸技术将远隔千里之外的风险呈现于眼前，当我们在赛博空间的时间轴中回顾过去的风险，并形成鲜明的风险记忆，当我们在虚拟世界的风险体验中倾注了真挚的情感，当我们对现实空间中的风险熟视无睹，却对虚拟风险草木皆兵时，我们的风险感知究竟是"身体"的感知，还是被延伸了的中枢神经的感知？沉浸传播技术的发展，将在未来使人机交互更深刻地彼此卷入，也会造成风险感知的难分他我。

二　话语建构

在风险社会背景下，环境生态问题由于其长期性、复杂性和难以测量性成为风险社会一大重要议题。近年来，中国各地相继出现雾霾天气，引发舆论和媒体高度关注，在日益深化的媒介化生存状态下，公众对"危害事件、物质和科技相关的危险感知，更多取决于媒体信息而非日常现实"②。媒介在"描述风险的矛盾性定义上，即在呈现或建构风险及其不确定性上，具有决定性的作用"③，不同的媒介立场和公众媒介接触偏好都会影响其对风险的认知和理解。截至2017年12月，我国网民已达8.31亿，其中，微博、微信等社交媒体的用户数已达7.95亿，④ 社交媒体成为越来越重要的信息传播地和舆论生发地。与之相伴的是，技术的进步改变了原本的话语权力结构，公众拥有了对风险建构的权力，改变了"风险议题"的发展。话语格局

---

① 潘忠党：《"玩转我的 iPhone，搞掂我的世界！"——探讨新传媒技术应用中的"中介化"和"驯化"》，《苏州大学学报》（哲学社会科学版）2014 年第 4 期。

② Neto, Felix and Mullet, Etienne, "Societal Risks as Seen by Chinese Students Living in Macao", *Journal of Risk Research*, Vol. 4, 2001.

③ Beck U., "Foreword", in, S. Allan, B. Adam and C. Cater (eds.), *Environmental Risks and The Media*, London and New York: Routledge, 2000.

④ 中国互联网络信息中心第 39 次《中国互联网络发展状况统计报告》。

的变化，在一定程度上推动了多元对话机制的建立，使得公众能够在由政府主导的风险议题中占据一席之地。本书拟以雾霾议题传播为例，考察在雾霾议题的风险传播中，民众以嬉笑怒骂、调侃讽刺的方式挑战由官方垄断的风险话语，以和谐的方式处理不和谐的现实，在风险再现、风险定义与风险沟通环节，积极争夺风险定义和风险论述的权力的现象。考察在社交媒体语境下，公众对于雾霾议题风险传播的话语方式和语用策略，以期解释这种具备乖诡风格的风险话语究竟呈现了民众怎样的风险理解，会对风险传播起到什么样的作用，是否有利于风险沟通的进行和公众参与的实现，并最终促成社会共识的达成。

（一）雾霾议题在社交媒体上的风险传播

风险传播是指"在一定的社会、文化、政治语境下，通过风险信息及风险观点的传播而进行的社会互动"[1]，贝克认为"风险的观念是现代文化的核心"。1989 年，美国风险认知与沟通委员会等机构将风险传播定义为"个人、团体、机构间交换信息和观点的互动过程"[2]，并进一步指出"它不仅直接传递与风险有关的信息，还包括风险性质的多重信息和其他信息，这些信息表达了对风险信息或风险管理的关注、意见和反映"[3]。西方部分学者对风险传播的定义则表达了风险传播旨在满足公众对于风险事件的知情权，通过背景介绍、数据呈现等方式使公众了解、评估风险，并以信息透明为基础，实现公众的风险对话和风险决策参与，并强调媒体在风险的定义、传递、建构方面会受到社会文化背景、制度背景、公众的价值偏好等因素的影响，但最终指向通过与公众沟通达成社会共识。

社交媒体的迅速发展，一定程度上凸显了中国两个舆论场的分化，在雾霾议题的风险传播中，官方舆论场和民间舆论场操持迥异的话语方式进行风险景观的呈现。官方舆论场以主流媒体的新闻报道为

---

① 郭小平：《风险传播视域的媒介素养教育》，《国际新闻界》2008 年第 8 期。

② Committee on Risk Perception and Communication, "National Research Council", *Improving Risk Communication*, Washington, D. C.: National Academy Press, 1989, p. 21.

③ Ibid., p. 2.

主，以政府、专家、传媒为话语主体，再现风险的"官方定义"和"官方事实"，形成风险传播的官方话语体系。民众在此过程中只能被动地理解风险，更被排斥在风险决策之外。社交媒体的低门槛和开放性让民众拥有了定义风险、再现风险和论述风险的权力，一定程度上弥补了在官方话语体系中被遮蔽的话语诉求，改变了风险传播的话语权力结构。民众可以根据自身的风险理解积极进行话语表达，以幽默、讽刺的话语方式展开风险论述，形成风险话语的乖讹化，以达到话语狂欢的效果，从而与官方话语体系进行抗争。因此，如何理解社交媒体上民众日常话语体系离散、碎片化的风险解读，如何破解幽默、娱乐化背后的风险论述潜台词，如何有效利用乖讹风格的风险话语与民众积极进行风险沟通，促成风险决策的民主参与，都是摆在风险管理者面前的一大难题。

（二）雾霾文本来源：新浪微博

目前对于风险传播的研究主要采用以下三种研究方法：一是大规模的样本调查和媒体内容分析，二是个案研究，三是风险传播的话语分析。其中话语分析被一些研究者认为是进行风险传播研究最深入的方法，通过对风险话语的深度研究，能够弄清楚风险事件在风险再现、风险定义、风险沟通几个环节的来龙去脉，展现各风险传播主体对风险议题竞逐的完整过程，并能对风险沟通和共识凝聚产生实际的指导意义。本书研究语料选取新浪微博中的雾霾话题作为研究对象，之所以选择新浪微博作为语料来源，是因为，根据国内移动大数据服务商 QuestMobile 发布的 2016 年度报告显示，截至 2016 年 12 月，新浪微博月活跃用户数再次实现 46% 的增长，在所有 APP 中排名第 8 位，其中高价值用户比例高达 76.3%，在微博社交领域排名第一。①作为目前国内活跃用户数最多，话题扩散度最强的代表性社交媒体，在雾霾议题的讨论中公众却以乖讹的语言风格加入风险论述，这些话语指向究竟意在何处？形式的乖讹是风险传播中公众无法参与风险决

① 《微博活跃用户数再涨 46%　高价值用户比例接近八成》，2018 年 10 月 20 日，新浪（http：//tech. sina. com. cn/i/2017 - 01 - 12/doc-ifxzqnim4027683. shtml）。

策的无奈表现，还是公众自身陷入娱乐至死的话语狂欢？

（三）社交媒体雾霾文本的社会语境

根据图恩·梵·迪克的论述，"话语分析的主要目的是对我们称为话语的这种语言运用单位进行清晰的、系统的描写。这种描写有两个主要的视角……文本视角和语境视角"①。语境是话语产生意义的基本环境，脱离语境的话语研究是缺乏价值和意义的。近些年雾霾的危害显而易见，航班延误、工厂停工、公众呼吸道疾病激增，由雾霾导致的经济损失更是不可小觑。西方媒体一度将中国的雾霾天气描述为"空气灾难"，甚至以此作为抵制某些重要国际活动在中国举行的理由，使政府陷入巨大的舆论压力。但为何面临如此环境污染，公众还能在社交媒体上"笑谈雾霾"？以幽默调侃的方式将雾霾的严峻消解于无形。这种话语方式究竟折射出怎样的风险理解？公众在此的调侃仅仅是娱乐至死的自我麻醉还是隐喻着更深意义的话语反抗？因此，厘清雾霾文本的社会语境是理解雾霾话语的基础与前提。

不可否认，当前风险生产过程中伴随着不平等的利益—风险分配现实和不同群体的社会风险地位，尤其是与风险相关的专业知识和话语失衡在风险沟通中导致的"无效沟通"和"形式沟通"，以及风险传播过程中存在的不同风险理解和风险感知所带来的焦虑、愤怒、无助的社会情绪共同构成了雾霾文本产生的社会语境。作为风险传播主体之一的民众，虽然在技术赋权背景下拥有了一定的风险建构和论述权力，但依旧无法撼动整个风险生产过程中导致的利益—风险分配不公的现实。虽然有学者认为"环境风险是天生的平等派，无差别地威胁所有人，但不同群体抵御、逃避与补偿风险的能力也有着巨大差别"②。因此，考察具备乖讹风格的雾霾文本，必须厘清在环境风险的生产与分配过程中不同社会经济地位、社会风险地位和风险话语之间的互动关系，不仅如此，还需将环境风险的诸多传播与解读的社会

---

① ［荷］图恩·梵·迪克：《作为话语的新闻》，曾庆香译，华夏出版社 2003 年版，第 26 页。

② 郁乐：《环境风险分配、传播与认知机制中的道德冲突》，《吉首大学学报》（社会科学版）2014 年第 3 期。

心理机制纳入研究，以期解释在雾霾污染日益严重的当下，公众这种乖讹的风险传播话语方式究竟隐藏着怎样的风险认知和风险理解，又会对风险沟通带来什么样的影响？

（四）雾霾文本的话语指向

费尔克拉夫区分了话语建构效果的三个层面，"话语首先有助于某些有着不同称呼的东西的建构，诸如'社会身份'、社会'主体'的'主体地位'，各种类型的'自我'。其次，话语有助于建构人与人之间的社会关系。再次，话语有助于知识和信仰体系的建设。话语实践在传统方式和创造性方式两方面都是建构性的：它有助于再造社会本身"①。基于此，本书拟从雾霾文本的话语身份建构、雾霾文本建构的价值规范体系和雾霾文本背后知识、信仰体系的建构三个层面进行分析（见表2－3）。

表2－3　　　　　　　　　　雾霾文本的身份建构

雾霾文本	叙述者称谓	身份构建
文本1	"我"	环境风险被动承受者
文本2	"人民"	环境风险被动承受者
文本3	"我们"	环境风险消极应对者

1. 身份的构建

（1）自我贬损——身份与角色定位

进行身份构建是话语的基本功能之一，通过在不同社会身份情境中嵌入不同的话语来完成身份的表现和识别。身份是某个人或群体确认自己在社会中位置的某些明确的、具体的依据或维度，而在网络空间中，身份建构更多依赖于话语。在雾霾文本中，虽然绝大多数具备乖讹风格的文本并没有将主体身份直接呈现，但借助于幽默、讽刺的话语方式，也能将民众在环境风险中被动的风险承受和风险应对映射

① ［英］费尔克拉夫：《话语与社会变迁》，殷晓蓉译，华夏出版社2003年版，第60页。

出来。"锦绣河山霾如画，城市建设跨骏马，我当个吸尘器有多荣耀，戴个口罩走天涯。""为了活着，我们已经不拿自己当人了。"在这些文本中，作为雾霾风险的承受者，民众没有选择对抗性很强的话语方式凸显这一环境危害，反而以"奉献者""牺牲者"的角色进入传播视域。在现实损害面前，公众以自我贬损的方式将严肃的风险议题乖讹化，看似换来轻松幽默的释然，实则获得了更大范围的传播空间，以便形成态度共同体，完成对雾霾的意义重构。同时，这样一种以"和谐"处理"不和谐"的方式也使得更多沉默的多数加入到传播过程，避免了对抗性过于强烈的议题遭遇系统性消音的可能，促成了"争论型公共领域"（agonistic public sphere）的形成。实际上，在雾霾风险的制造过程中，存在着一系列风险分配等级序列逻辑与风险社会地位差距，个体切实受到的风险影响是不同的，准确地说，"某些人比其他人受到更多的影响"①，"不同社会经济地位的群体有着不同的社会风险地位（social risk positions）"②。因此，在不对等的风险承受和风险话语权中，通过快速的大面积传播形成态度共同体是弱势群体能够积极进行风险话语博弈的基本条件，而乖讹幽默无疑是迅速建立交流，扩大传播范围的技巧之一。

（2）反向情绪——弱势群体内部的区别化身份构建

风险被公众感知时，"情绪是人们应对风险的一种方式，当人们面对潜在的危险时，一种焦虑的姿态会开始运转，会使人们以一种特定的方式表征危险"③。雾霾对人类健康的危害，对社会经济的损害已经通过种种现实和媒介表征作用于公众的认知。而当公众的风险认知与公众判断的风险管理与应对之间出现巨大落差的时候，社会情绪会产生应激性的焦虑和恐慌，当情绪不断叠加，会出现一种反向态

---

① ［德］乌尔里希·贝克：《风险社会》，何博文译，译林出版社 2003 年版，第20 页。

② 郁乐：《环境风险分配、传播与认知机制中的道德冲突》，《吉首大学学报》（社会科学版）2014 年第 4 期。

③ Joffe, H., "Risk: From Perception to Social Representation", *British Journal of Social Psychology*, Vol. 42, No. 1, 2003.

度，出现与认知之间的反向"违和"关系。即"本该同情却欣喜、本该愤恨却钦佩、本该谴责却赞美"①。由于雾霾文本的话语构建基于现实风险—利益生产与分配的不公逻辑和不同群体各自差异化的社会风险地位这一语境，伴随风险传播话语权的大小，公众在进行身份建构的同时，常常将这种无可奈何的情绪纳入风险建构中，以风险不在我处的他者姿态进行弱势群体内部的身份区隔，体现出对他人遭受环境污染的幸灾乐祸。如："雾霾，我只吸西安的。相比于京霾的厚重、鲁霾的激烈、粤霾的阴冷，我更喜欢西安霾的醇厚、真实和独一无二的家乡味道。西安霾，好霾。""北京风光，千里朦胧，万里尘飘，望三环内外，浓雾莽莽，鸟巢上下，阴霾滔滔！"

表 2 - 4　　　　　　　　　　弱势群体内区别化的身份建构

雾霾文本	地域指征	身份建构
文本 4	北京	北京人
文本 5	西安	西安人
文本 6	北京	北京人
文本 7	北京	北京人

以上语料文本无一例外将"地域"作为风险建构的重要话语特征，生活在雾霾重灾区以外的百姓一方面为自己免遭厄运而庆幸，另一方面又暴露出对他人遭受雾霾危害的幸灾乐祸。心理学研究表明，幸灾乐祸的情绪本质是由社会竞争和社会比较引发所致。社会结构的深层矛盾和风险—利益生产带来的分配不公早已引发了"他者"与"我们"的对立情绪。本来应该对雾霾危害之下的民众报以同情之心，却在长期焦虑的风险感知中扭曲为幸灾乐祸的邪恶快感。一方面同为无力应对风险的弱势群体，另一方面却又有着明显的风险认知群体区隔，这是雾霾文本乖讹化体现出的较为复杂的一种风险解读和传

---

① 王庆、余红：《泛娱乐化与自媒体雾霾环境风险传播》，《当代传播》2015 年第 5 期。

播心态。

2. 价值规范体系的建构

费尔克拉夫指出，话语能够建构身份，在此基础上话语还能帮助建构人与人之间的社会关系。社交媒体的匿名化和低门槛为从事风险评述的个体提供了保护和隐遁，使得话语互动更加自由便捷。与此同时，"话语互动者必须同属一个价值规范体系，方可预期对方关于自身的期待。正是凭借此种预期来调整、规范自己的行动，社会互动才得以有意义地进行"①。同为环境风险承受者的民众，通过话语赋权，完成了共同的身份建构，从而建立起基于雾霾议题的社会关系，从而引发共鸣，力图通过舆论声援形成"压力团体"，进而实现权益期望。

雾霾话语的抗争实质并非一蹴而就，往往依据事件传播过程中权力关系的变化而出现波折、调整与转向。幽默乖讹的话语风格提升了事件本身被"看见"的可能，使议题获得了广泛传播的机会，进而有了对问题流入公共领域进行讨论的期待。"抗争进展并非仅仅是正面对抗的过程，而是处于抗争漩涡的卷入者通过预想他人'期待'，自我学习、反思，进而提升话语有效性、争取更多社会支持的过程。"② 新浪微博中关于雾霾的话语建构往往带有强烈的否定精神，传播主体抽离于现实中的身份与地位，以嘲弄、戏谑性等后现代言说方式构建了地方政府与公众利益相互冲突的图景。"经过北京 2000 万人几天几夜的呼吸，北京的空气质量终于有所改善。""不过，互联网呈现的抗争话语实际又相当复杂。基于判断社会情绪，凝聚改革共识的需要，国家在对互联网舆论监督表示肯定的同时，亦对其中的'异样声音'与负面影响保持审慎态度。"③ 因而，雾霾议题的风险抗争实则处在一种不确定的官方意志控制之下。社交媒体倾向于反映事件的抗争过程，描述抗争的"对立状态"，对某些容易遭遇制度消音

---

① T. Parsons, & E. Shil（eds.）, *Toward a General Theory of Action*, Harvard University Press, p. 105.

② 邵培仁、王昀：《社会抗争在互联网情境中的联结性动力——以人民网、南方网、新浪微博三类网站为案例》，《河南大学学报》（社会科学版）2016 年第 5 期。

③ 李艳玲：《扣准社会脉搏是凝聚改革共识的重要前提》，《求是》2013 年第 2 期。

的敏感事件民众会用彼此意会的"编码"所替代。按照 Rauchfleisch 与 Schfer 的归纳，这样的"编码"是中国"线上"公共领域一种规避审查压力的重要手段。

美国学者斯科特曾经在《弱者的武器》中探讨过底层抗争的形式，他认为民众的抗争不一定是"血与火的文字"，有可能是一些日常的反抗、隐藏的文本和生存伦理，以假意的顺从换取更大可能的话语空间。既然以技术理性和政治理性为价值取向的风险论述建构了一幅与自身风险感知迥异的风险景观，民众在风险话语权受限的情况下，一方面要避免雾霾议题在制度内的系统性消音，另一方面又要使雾霾的风险讨论合法化，这样的处理方式，无疑为社会共同体的意义建构提供了较为安全的途径。

3. 知识文化信仰体系的建构

玛丽·道格拉斯认为，不同的社会等级会产生不同的风险文化。"风险文化为人们提供对维系社会关系、构建个体身份和理解文本意义的解释。"[1] 而媒介资源作为文化资本的重要载体，与社会等级之间也存在着结构性的同源性。传统媒体是政府、专家、知识精英定义、论述风险的场域，自然采用以技术理性和政治理性为价值取向的风险话语，然而这套话语系统与民众日常话语方式相差甚远，往往在风险沟通环节造成断裂。民众的风险诉求主要通过社交媒体这样的媒介资源得以主张，乖讹的话语方式既避免了对抗性话语的制度风险，又能使娱乐代码隐含的另一套意涵通过广泛传播获得支持，并借此表现出与官方话语体系的殊异，在看似讽刺、调侃、泛娱乐化的表征之下，是民众承担风险分配不公的默默抗争。如："雾霾天，两个医生郁闷地望着窗外的大雾聊天。甲：'你说，这天儿让人怎么活呀？'乙：'是呀，这大雾天气，要赶上个白内障病人拆线，睁开眼后准会以为自己的手术失败了！'"[2] "情侣逛街走，必须手牵手；撞上一棵

---

① 郁乐：《环境风险分配、传播与认知机制中的道德冲突》，《吉首大学学报》（社会科学版）2014 年第 3 期。
② 杨江：《洋家庭上海抗霾记》，《新民周刊》2013 年第 48 期。

树，被迫暂松手；过树不见人，情人被牵走。"① "世界上最远的距离，不是生与死的距离，而是我在上海街头牵着你的手，却看不见你的脸。"② "目前的城市状态：遛狗不见狗，狗绳提在手，见绳不见手，狗叫我才走。"③

以上文本以生活场景作为创造对象，呈现了雾霾之下种种生活景观，其核心是与民众生活无法分离的日常种种。玛丽·道格拉斯认为文化是一个帮助人们推断风险及其后果的"记忆术"，它不仅帮助人们理解风险，同时还造就了一个公有的风险概念，并考虑到相互的义务和期望。④ 不同的制度文化有着各自独特的世界观或文化偏好，包括对风险或危险的看法，这种文化偏好隐含着这样的假设：为了渡过日常社交难关，在文化和制度背景之下产生的互动中，个体想法必须在大体上符合社会、文化的约束。这样，个体会按照与他们日常参与社会经验一致的方式建构自己的世界观，并通过具体的话语方式来表达呈现。文化是风险被认知的编码原则，社区为民众树立了个体范例和价值尺度，基于这个标准，风险后果被划分为不同的重要性。以微博为代表的社交媒体深受后现代文化浸润，怀疑、反权威、去中心的文化精神，规制着风险信息在这一介质流动的编码原则。具备乖讹风格的雾霾文本承袭了后现代文化特征，对严肃议题进行戏说或讽刺，推动议题在社交媒体的停留、流动，形成对抗争对象的压力。这样的话语策略正是民众在弱势风险话语权局势下的互相守望，通过对现实环境的调侃，完成对弱势群体抽象意义共同体的建构，它提供了在如此生活状态之下的民众怎样理解风险的文化参照。

雾霾的现实危害已经越来越不可回避，然而公众却在社交媒体上以乖讹、幽默的方式"笑谈雾霾"。这表面看上去是社交媒体碎片化、泛娱乐化带来的风险认知偏差，实则这是在目前风险沟通不畅、

① http://www.managershare.com/post/157217.
② 《"霾"的娱乐方式》，《中华环境》2014 年第 2 期。
③ https://www.sohu.com/a/119278164_349110.
④ [澳] 狄波拉·勒普顿：《风险》，雷云飞译，南京大学出版社 2016 年版，第 20 页。

风险决策缺乏公众参与的现实下，不得已的一种抗争。自我贬损、反向情绪体现了公众在风险表达上的自我保护，能够被制度接纳，才能形成传播影响力，也才能在风险论述中争夺一定的话语权。具备乖讹风格的雾霾文本是雾霾议题文本中特殊的一类，这类文本迥异于要求风险决策、风险参与的抗争性文本，语义表达更加迂回转折，以日常的反抗和自我贬损，展现了底层的无奈和诉求。但无论前路如何艰辛，以民众为中心，促进公众参与永远是风险传播力图达到的理想彼岸。

第五节　网络媒体在风险传播中的角色再思考

风险社会理论对现代性的深刻批判，使"风险社会"正逐渐超越经济语义成为公共话语。风险研究是人类更好地理解现代性的重要一环，因为风险无处不在，日益日常化。科学技术带来的各种变化，让风险也藏身其中，科学技术无法解决自身所带来的各种风险，风险的自反性让人们更加困惑和无助。在一定程度上，会对解释风险的知识系统产生更深的依赖，但网络社会本身的扁平结构、个体权力的获得，又产生了怀疑"他者"的现实，自身解决不了，又无法从外界获取帮助，人类的风险认知和建构进入前所未有的复杂困境。但是网络媒体的牵引，最终会成为自我信息、知识甚至需要的重要影响源和开发者，我们把对世界和自我的把握寄托于自身以外的"他者"系统，我们对自己的信任都产生了怀疑。所以，无论是具有传统意义的象征性标志还是专家系统，我们都保持着一种矛盾的心态。这种矛盾在极易获取传播权力的网络媒体上展露出来。一方面，我们应当借助抽象系统（专家知识系统）来获得一种自我认同；另一方面，在一个风险高度符号化、具象化的社会，大多数人又同时意识到抽象系统的脆弱和限度，因而借助网络媒体尝试寻找和自己有着类似风险体验和认同的群体迅速集结。大量例证都印证了多元化的风险论述和媒体呈现，在整体上会推动社会的风险沟通，但也将"知识的不确定性"和风险后果的困惑更加直观地呈现在公众面前。

　　"风险，是一个综合的概念，同时包含了本体论领域和认识论领域。作为对人们的客观威胁或伤害，风险具备一种本体论上的现实主义。而作为经过社会与文化因素过滤的有待解读的现实世界的一个元素，风险又具备一种认识论上的不稳定性。"① 因此，在认识论领域就包含着风险是否会被放大或弱化。克拉克大学的卡斯帕森夫妇和斯洛维奇曾在 1988 年创立了风险的社会放大框架（SARF），试图从媒介、风险认知等研究视角对风险进行综合性的描述，这将有助于描述风险认知与反应背后的各种动态社会过程。

一　网络媒体对风险的社会放大

　　正如卡斯帕森夫妇在讨论风险的社会放大框架时指出的那样，在评估有关新近事件所提出的观点时，"公众通常拥有久远的记忆并参照更宽泛的背景"②，例如，不把"事件"放到中国长期存在的官民对话渠道不畅的现实情况，就无法解释为什么公众对官方公布的相关信息会做出如此强烈的反应，比如雷洋事件、泸县太伏中学中学生坠楼事件等。在罗兰·巴尔泰斯《神话》一书中，他曾经指出："有中介的传播始终在三个层面上运作：外延、内涵、虚构。第一个层面与显然的内容相对应，第二个包括由关键词组或意象引发的各种联想，第三个将报道等与证实或挑战普遍权力关系的那些深入人心的价值观和世界观联系起来。"③ 风险的社会放大框架承认内涵和虚构的重要性。卡斯帕森夫妇及其同事认为"风险信息中用到的一些特定语汇被看作引起独立于主观愿望的联想的导火索"，并承认"信息中存在的符号是决定解码过程的关键因素"。④ 一个事件的建构，媒体会有多

---

　　① 全燕：《基于风险社会放大框架的大众媒介研究》，博士学位论文，华中科技大学，2013 年。

　　② 王京京：《国外社会风险理论研究的进展及启示》，《国外理论动态》2014 年第 9 期。

　　③ ［英］尼克·皮金：《风险的社会放大》，谭宏凯译，中国劳动社会保障出版社 2010 年版，第 152 页。

　　④ 凌超：《多元话语场景中风险的社会放大效应》，硕士学位论文，华中师范大学，2012 年。

种框架，因此，在考察网络媒体对风险建构的框架时，我们认为边框不是固定的，它可以被放置于不同的风险背景中被诠释和解读，从而生发出全新的有着与其他事物关联性的风险景观。

2017年4月1日，泸县太伏中学一名初二学生赵某死在宿舍楼外。警察第一时间赶到现场，对事件进行了调查，并得出排除他杀可能的结论，此结果没能受到死者家属和群众的认可。随着事件的进一步发展，警察又给出结论：将"有证据排除他人加害死亡"修正为"无证据证明死者系他杀"，如此反复多变实难让大众接受。一时间，网上各种传言四起，地方政府采取强硬措施删除网络谣言，并逮捕了几名恶意造谣者。但是事件却愈演愈烈，最终酿成当地群众与政府对抗的群体性事件。这一事件典型呈现了风险的社会放大过程，在风险的社会放大框架中，表述风险会使用到框定、锚和意象三种具体手法。"框定总是通过外延、内涵和虚构发挥作用。其成功首先取决于激活强化事件的某一特定建构并将其与基本的信念和价值观念相联系的联想链，其次取决于找到像从船的一边抛过的重物一样能够固定这些含义并防止其发生漂移的引起共鸣的语言学标签和形象。"① 泸县太伏中学中学生坠楼事件在第一时间框架争夺上，当地政府并没有将此事的调查结果会引发的风险置于当地特殊而复杂的官民对立现实中考虑，仅就事件结果做出简单的真相发布。"排除他杀"的结论构成的风险框架形成漂移，迅速激活了当地民众关于警方有意掩盖真相的猜想。伴随着网络媒体上随后出现的坠楼学生尸体照片，母亲冲进殡仪馆阻止火化等谣言，"学生坠楼"被置于当地警方有意遮掩事件真相的框架中，网友还通过建构更有情感唤起和渲染的"校园欺凌"的故事框架来锚定风险定义，死者生前的精神状态、关于保护费的谣言、恃强凌弱的官二代，直接形成官与民、富与贫的冲突框架，强调受害者是和公众一样的普通人，通过遥远力量的影响个人化以及提供有用的认同点，人情味的信息传播邀请公众把他们自己看作超然于地

---

① ［英］尼克·皮金：《风险的社会放大》，谭宏凯译，中国劳动社会保障出版社2010年版，第153页。

理、阶层和党派之外的扩大了的"普通"人的社群一员，从而能够通过认同和情感共鸣巩固心灵的习性以及风险集群所赖以存在的共同处境之感，在客观上加速了事件本身的风险感知和风险扩散。

网络媒体在泸县太伏中学学生死亡事件中直接参与了风险定义，尤其是某些自媒体，在警方给出"排除他杀"结论后编造谣言，混淆公众的事件认知，从而客观上造成风险认知的混乱。死者尸体照片的传播、警方调查结论的反复、死者家属被拒绝查看尸体的言论和当地民众堵在学校门口的照片都使这起学生坠楼案成为一起由政府、公众、网络媒体共同撰写的流动性文本，网络媒体中的事件呈现更是以多重借用、改编和戏仿为标志，继而引发"死者死于校园暴力"的风险框架建构。而当地政府应对不当，简单粗暴地封杀网络舆论，拒绝风险沟通，又使网络自媒体中关于"校园暴力"的风险框架更加深入人心。与此同时，网络媒体又间接地定义了风险，持续更新地传递着风险信息。事件发生后，死者母亲在社交媒体上发表声明，对孩子的死亡原因存疑，进而引发网友的迅速关注。这本是网络时代风险沟通最为正常不过的表现，却被当地政府过度解读，甚至一度认为死者家属有煽动闹事之嫌。又有网友对赵某尸体上的尸斑进行解读，认为那些瘀青不符合高坠死亡特征，更接近暴力外伤所致。而面对网络自媒体的风险论述，当地政府并没有在第一时间把握风险论述的主动权，对网友质疑不但没有正面回应，反而一概以谣言论之，这种举措加深了风险框架中的锚定机制，使得关于"校园暴力"的风险框架更加深入人心。

更为重要的是，当网络媒体将坠楼学生身上的伤与校园暴力联系在一起的时候，那些出现在尸体上的瘀青就成为一种意象。公众会基于这一视觉材料进行更广义的述说和阐释。由于意象是联想性地发挥作用，而不是顺序地发挥作用，在此过程中，公民由主权个体转换为心理群体的一员。人群用意象思考，意象本身立刻就会唤起一系列其他意象，而这些意象与最初的意象没有逻辑联系，左右其阐释的则是预先设定的抽象文化知识和相对持久的框架与锚定物。

首先，公众会将媒体活动本身视为他们借由个人经历、地方知识以及有中介的传播提供的阐释性资源，并将其视为认知世界及其处境的持续有机组成部分。因此，每一次具体的风险认知都是与媒体素材的相遇和基于"情景化的"和"有中介的"知识的复杂评估、对比和判断。这就可以解释，为何在警方给出坠楼原因"排除他杀"的结论时，公众会产生质疑乃至对抗。是因为在他们的经验认知中，坠楼死亡的情景不应该是太伏中学坠楼学生死亡的景象，全身瘀青更不符合公众经验中坠楼身亡的特征。而恰恰网络自媒体在此时给出了能帮助公众情景化理解的媒体素材：学生死于校园暴力，并在死后被抛尸。这样的风险论述符合公众基于自身抽象文化知识对相关死亡原因的理解，因此在对比警方和自媒体各自的风险框架后，公众评估得出警方在此事中有故意隐瞒的风险认知。

其次，公众反应和判断的基础来源于其在家庭、社会和教育体系内部的持久的知识分类和判断的模板。这就是布尔迪厄所提出的惯习，惯习提供思想、认知和欣赏体系，人们通过它们对其社会和符号性经验进行排序和评估。目前中国尚未完全建立起理性协商的对话传统，公众对公共事务参与的程度也有待制度保障进一步提升，因此公众想要迅速参与到公共事务决策当中，一般的路径依赖就是通过舆论将事件发展成为公共事件。舆论的生发和主体的认知情景关联密切，缺乏公众参与基础的现实政治与公众维权的艰难逐渐形成公众风险认知的社会底图，进而影响风险框架的优先排序和风险定义的评估。

二　放大之后：网络媒体的角色反思

风险的社会放大框架的核心放大比喻以及作为其基础的发送者—信息—接收者传播模型中，隐含着一种价值偏向。虽然卡斯帕森夫妇竭力辩称在电子工程的语汇中"放大"指的是在从传送者到接收者之间传播过程中"信号"的弱化及其强化，其研究的主旨将问题核心界定为消除主要传播渠道中的不必要的"噪音"，以便权威信息能够不受扭曲地传播。但是这一框架本身，脱离了社会与政治理论的关键进展，也难以避免地脱离了近年来复杂的民主社会中关于公民身份的形成和机制的争论。风险的社会放大框架植根于传播的传递或传输模型，权威消息从专业特长与被赋予合法性的权力中心传递到外行公众，在这一过程中凡是影响信息传递的行为都会造成风险的社会放大。风险的社会放大框架倾向于重点关注文化和经济权力的核心，认为放大过程也经常贬低其专业特长的价值并将其污名化。而对于文化和权力中心以外的无权者，风险社会放大框架并无更有效和深入的探讨。因此，在这一框架下思考网络媒体的风险放大势必会陷入过分强调信息传播过程中"噪音"干扰和控制"噪音"的策略讨论，而忽略了风险传播更为深远的社会背景。

　　哈贝马斯认为"公共领域作为市民社会与国家政府之间运转的沟通桥梁起到了巨大作用，并提出公开理性的辩论和信息传播是构建公共空间的基础"①。网络社会无疑是最接近哈贝马斯公共空间的社会形态，个体最大可能地获得了表达权和传播权，因此，在过去传统风险传播中处于旁观者的公众，其角色和身份需要重新定位和思考。更为合理和具有现实阐释力的思考，是将网络社会视为布尔迪厄所说的"场域"，这是一个动态解释场景要素与行动之间结构必然性的理论。它可以考察"结构通过行动得以形成，以及相应的行动如何在结构上被构成"的方式。因此，我们尝试着对风险的社会放大框架进行反思，并思考网络媒体在风险传播中究竟有着怎样的功能和作用。

　　正如所有的场域一样，网络社会是一个"结构性的社会空间，一个不同势力的场域"②，不同的风险传播主体在其中的竞争不仅是为了赢取特定风险的定义或阐释，而且也是为了改变场域的总体组织和管理规则以便强化自己的长期地位并扩展其行动的有效范围。比如处于文化、经济资本上层的人群，可以组织专家系统对风险进行符合其阶层利益的定义与阐释，并在实际的风险应对中调动和获得更多的资源进行风险应对，而处于弱势的人群则难以影响风险的定义并对风险

---

① 任静：《对哈贝马斯公共领域理论在中国的现实思考》，《知识经济》2012 年第 11 期。

② 人民网：《分化与共生：布尔迪尔场域理论的当代阐释——基于布尔迪尔场域理论的探索性研究》，2017 年 2 月 28 日，http：//media. people. com. cn/n1/2017/0228/c411112 - 29113496. html。

进行应对。对于风险定义和论述的争夺而言，"赢"的能力取决于所掌握的资源或者"资本"。布尔迪厄提出了四种主要形式的资本："经济的、社会的、信息的和符号的。经济资本由能够被用来保证关键运营资源并资助游说、公关等资源组成。社会资源由基于和有影响力的人物的关系以及关键的行业和专家系统的资源组成。信息资本来自于对该领域内具有战略价值的数据资料的掌握。符号资本是由某个具体风险传播者长期累积的声誉及其在行业内部的地位产生。"① 而就网络社会的现实情况而言，我们认为还需增加一个第五形式的资本：由在公共传播领域内的能力构成的沟通资本。在布尔迪厄看来，社会是一个互相嵌套的场域，政治、经济、文化资本在场域中是最为重要的要素，这些要素之间彼此勾连形成一个个次生场域，并通过空间排布共同构成社会这个主场域。但同时，又通过各自的运转影响主场域相关风险的显现或隐匿。比如网络社会中自媒体对风险定义的建构及论述，传统的风险定义者不得不就二者间关于风险的巨大分歧而进行协商谈判，从而在客观上对传统社会结构进行调整。网络社会中政府、专家系统、媒体（传统媒体的网络延伸和自媒体）、公众都会参与到风险定义和风险论述的激烈竞争中，并且围绕以下四种利害关系进行角逐：

能见度：媒体上的"社会能见度"是一个社会学的概念，反映了促进或阻碍社会群体内部传播（或交流）的社会安排。这种社会能见度的高低，源自个体或群体的社会地位之差异，反映的是社会阶层之划分。

合法性：使自己的风险定义或论述通过权威渠道或知识精英的陈述拥有意义来源的稳定性和稳固性。

领先性：在风险定义中获得主导，并掌握风险论述的议程和条件。

信任：保持并在可能的情况下增强公众的信任和支持。②

---

① 郑天艺：《布尔迪厄的社会学研究》，《管理观察》2018 年第 5 期。

② 郭小平：《风险沟通中环境 NGO 的媒介呈现及其民主意涵——以怒江建坝之争的报道为例》，《武汉理工大学学报》（社会科学版）2018 年第 6 期。

事件只要一上网，就会引发关注，而吸引关注可能会引发一系列新的活动。但"真正的战斗是关于谁对现实的解读、谁对现实的表述"掌控的能力。比如，在国内成都、昆明、厦门等地相继爆发的抵制"PX"运动中，各地公众发布在网络渠道上的抗议图片和视频吸引了大量公众的关注，但是当公众试图将这种能见度转化为合法性的努力时，却遭遇到社会主导阶层的极大阻力。网上相关图片、视频被删，个别意见领袖账号被封，"PX"成为一个不可言说之物。

风险的社会放大框架的权力概念来自于马克斯·韦伯的定义，他认为权力是迫使服从"独立于处于从属地位的群体的信念的规则和指令"的能力，然而，正如学者史蒂文·卢克斯指出的那样，这样的单向度定义忽略了权力的另两副面孔：防止公开提出问题的能力，在风险竞争领域内形成某个角色的主导地位的结构性影响力。卡斯帕森夫妇在其有关"被隐匿的危险"探讨中指出了因为"它们纠结于贬低后果的重要性或者认为它们是可接受的，夸大相关益处的社会的价值观念和假定网络中"而被"弱化"的重要持续风险。对流行价值观念的强调回避了为什么这类特定的意义结构能获得风险论述的核心地位，他们以吸烟作为"被隐匿的危险"的一个例证，但却没有提醒烟草公司在风险隐匿过程中扮演了关键角色，正是由于烟草公司在社会场域中的经济运作能力，使得吸烟与癌症关联的风险被隐匿。

实际上，在风险定义、论述、传播的整个过程中，参与主体所具备的有差别的资本直接会影响整个社会的风险感知。比如大公司，可以将自己的经济资本转化为其他形式的资本，它们可以通过邀请名人或意见领袖加入其咨询委员会增加其社会资本，还可以通过赞助或广告形式增加自己的信息资本，还可以雇用专家、公关公司管理其公共传播活动以提高沟通资本。正如在成都发生的抵制"PX"项目的风险传播活动中一样。作为风险主体的彭州石化掌握着巨大的经济资本，而其国有企业的身份，又先天为其赢得了经济资本转化为社会资本和信息资本的能力。当时成都本地各大主流媒体在议程设置上，要么是回避了彭州石化这一风险议题，要么是在报道框架上偏向于石化项目对四川经济增长的贡献上，极力回避由此可能产生的环境风险。

但是，与经典的结构主义观点形成对比，我们认为在网络社会中，权力位置和资源的一致性始终处在变化的情势下，并且各风险传播主体为了维持自身地位和资源的稳固性会不遗余力地进行风险论述的争夺。彭州石化"PX"项目的风险传播印证了这一点，经济上的资源调动能力并不直接等同于网络空间当中符号的建构能力，因为公众可以通过网络开放性获得源源不断的信息资源，以质疑大公司的风险建构。基于场域理论，公众被赋予了主体地位，和其他场域要素共同建构着风险。他们一方面是风险的接受者，另一方面又是积极的参与者，风险景观的走向与公众行动趋势密切相关。他们既是各风险传播主体力求争取的对象，又是风险承受的最庞大群体，因此，在观念市场上他们需要被反复赢取和保持，否则在经济市场上大公司就会为此付出沉重的代价。而同时，风险事件的戏剧性冲突和扩散又离不开公众的参与，没有公众的围观、表演，风险事件的爆发性传播也较难实现。这一点对于网络自媒体而言尤其如此。场域论明确地认为人们对特定事件的反应从根本上是由在一个相对持久的关系系统内的持续互动模式决定的，从重点关注特定事件到考虑这些行动的系统性决定因素对于理解网络社会中网络媒体在风险传播领域的角色尤其重要。这些位置放在一起就决定了哪些风险可以被呈现，以及风险源头与报道者之间的关联。为了理解这些概念如何塑造网络社会的风险报道，有必要对网络自媒体的风险论述加以关注。

"哈贝马斯首先区分了公共领域在历史上的诸类型，有代表型公共领域、资产阶级公共领域和社会福利国家式公共领域，其中现代性世界的公共领域资产阶级公共领域是核心，社会福利国家式公共领域则是公共领域的退化。其次，他也区分了公共领域的不同功能，文学的和政治的。"[①] 相比传播，在非主流的公共领域大众更感兴趣的是利用"传播"和"社群"之间的原始同一性表达共同的信念。但是哈贝马斯没有提及还有一个第三沟通空间的存在，就是从19世纪开

---

① 赵永华、姚晓鸥：《传播政治经济学视阈下对哈贝马斯公共领域理论的再审视：资本、大众媒介与国家》，《国际新闻界》2015年第1期。

始城市中颇为流行的公共露天游乐场、马戏表演、通俗情节剧。它们对于公众的吸引力在很大程度上在于其观赏性及其令人吃惊甚至震惊的能力。这一点，在网络社会的注意力吸引中表现得尤为突出。

　　网络社会是一个信息过载，注意力稀缺的社会，也是一个直面大众的市场。网络社会中议题的写作和表现方式融汇了信息、争论、叙事以及引人注目的元素。因此网络媒体更擅长提供大量视觉图像和人情味的故事。与传统媒体相比，网络媒体是"具有其自身内在一致性和行为规则的"并行的信息传播体系，传统媒体的风险报道关注的是权势者的活动和公告，而网络媒体，尤其是自媒体则倾向于把个体塑造成"不幸的、往往是无法控制的处境"的受害者或身处逆境的"普通人"，它们不是在"向下"解读权势者的观点，而是以"日常"大众的磨难，不幸遭遇和成功描述他们的世界。① 通过刻画灾难性事件的具体后果，未来风险的不确定性就被赋予了具体的形式和内容。网络媒体选择了大量"普通人"的经历或行动来引起情感认同与共鸣，并在此赋予实际经历和大众声音以特权，而传统媒体和公共服务形式则倚重专业知识和官方观点。网络媒体中出现了汇集普通人的价值观念、问题、焦虑和经验的对话式论坛，并对传统社会结构形成一定冲击，用布尔迪厄的场域理论来解释，这样新的关系不仅试图改变现状还企图重构现实，他们试图在传统风险论述的背景下开启个人经验的时代，更希望传统社会主导阶层关于风险定义仅仅是风险领域中的起点，公众能够通过开放的渠道、平等的对话对风险问题进一步探讨和交流，并能与风险领域内的其他角色实现对话。

　　我们认为风险的社会放大框架提供了对媒体在建构风险过程中对风险的放大或弱化的简单化理解。在其理论阐释中有可能会加剧风险管理者与外行公众之间的紧张关系，因为它无力为这些多元的和符号性的信息体系的影响和运作以及它们与公众之间的关系提供一种全面的、逻辑上的阐释。因此，考虑到媒体与外行公众之间的关系，尤其是当网络媒体成为外行公众参与风险竞逐的场域时，我们有必要走出

---

① 王列：《网络媒体的优势与不足》，《河北青年管理干部学院学报》2002 年第 4 期。

风险的社会放大框架的藩篱，进行更有效的风险传播。我们必须正视，网络媒体已经对公众赋权，因此，风险传播需要转向一种基于公众为中心的传播方式，要变"除了我们想要告诉他们什么"为"公众需要知道什么"的外行知识和信念理解的传播。这就需要详尽分析不同的公众如何谈论风险问题并对之做出反应，他们的媒体偏好，以及这些因素是否会随着时间和事件的进展而改变。这也要求我们能对不同风险传播主体在风险"场"上的表现和立场有着清晰的认识。社会主导阶层与公众的沟通，需要一种更主动的、切合不同媒体特点的沟通方案。这种方案应该呼应每类媒体不同的风格和身份特征，而且要特别关注其在叙事方式、视觉元素和话语体系等方面的偏好。社会主导阶层与公众的关系应该是持续的、多样的，对公众的风险认知点应该保持敏感的、有洞察力的，而不是应激性的和只强调信源的。

　　综上，网络媒体之于风险传播的作用和功能并非简单地在于风险放大或弱化，更重要的是它提供了人人皆可参与风险对话的可能和机遇，使社会主导阶层能够真正重视公众的风险诉求与风险感知，并将风险传播视为有益的沟通手段，拓展风险传播之于公民社会的深层次意义。

第三章 媒介赋权：传统社会 秩序与阶层失衡

随着媒介技术发展，媒介赋权引发了深层次的社会影响。媒介赋权对传统传播架构带来了冲击，新的传播秩序已经形成。新的传播秩序不仅催生了新的社会阶层，还带来了网络社会和现实社会的阶层失衡和动荡，引发社会阶层的流动性风险。

第一节 媒介赋权的意义

新媒体时代，大众传播媒介由精英化向大众化转型已经成为不可逆转的趋势。媒介赋权和传播技术哲学一直是学界的热点议题，本节将根据现有研究对媒介赋权这一概念进行具体的界定，尝试对媒介赋权赋予的权利类型进行非传统意义上的划分，并对媒介赋权所造成的社会影响进行探讨。

一 媒介赋权的权力类型

赋权，由英文单词"emprowerment"翻译而来，又可译为"增权""充权"或"激发权能"。起源于拉丁文，意为"有能力的""有权力的"。"赋权是通过一系列活动降低被赋权对象作为相对弱势群体一员因负面评价产生的无力感的过程。它包括确认导致问题的权力阻碍，制定减少权力阻碍负面影响的策略以及执行缓解权力阻碍。"① 哈佛大学学者奎因米勒认为 "赋权是描述一种管理风格，指让下属拥有决策和执行权力的过程，它意味着被赋权者具有更高程度的独立性和自主权"②。社区心理学将赋权界定为 "个人、组织与社区借助一种学习、参与、合作过程或机制，获取掌控与自身相关事务的能力，以提升个人生活、组织观念和社区生活品质。在教育学研究文献中，赋权与个体的内在信心、控制感、个人生活决策和独立解决问题的能力等密切相关，包括自主、自尊、自信和安适感等"③。

对于赋权这一行为的分类，有国内学者根据客体被赋予权力的不同类型和作用场景对赋权行为进行划分，其主要分为个体层面、人际关系层面和社会参与层面三个分层。④ 从赋权的作用上来看，个体层面的赋权代表着独立个体自我价值的实现和自我意识的觉醒。人际关系层面的赋权代表个体处于组织和社会中时地位的提升，社会层面的赋权则不局限于独立个体而是着眼于特定阶层在整个宏观社会中的自我表达和利益诉求。

学者唐娜·韦弗认为赋权理论需要满足以下几个假设："社会个体可被视为有能力、有价值的人；社会个体感到全面而强烈的无权感，以致无法与外部环境交流实现自我；个体周围存在直接或间接的权能障碍，以致无法参与社会实现自我；权能可以通过社会互动行动增加与衍生；社会工作者应与社会个体建立一种伙伴关系并进行系统而深入的互动。"⑤

从上述对于赋权行为类型和作用层面的论述可以总结出，社会学意义的赋权行为是单向的，赋权的客体想要得到被赋予的 "能力" 必须依赖于外部力量和资源的介入，这也意味着赋权行为始终处于一

———————————

①　Barbaba, Bryant Solomon, *Black Empowerment*: *Social Work in Oppressed Communities*, Columbia Press, 1976, p. 9.

②　者贵昌：《授权管理和赋权管理的比较分析及发展趋势》，《改革与战略》2005 年第 2 期。

③　参见维基百科赋权词条，2018 年 6 月 5 日，http：//zh. wikipedia. org/wiki。

④　范斌：《弱势群体的增权及其模式选择》，《学术研究》2004 年第 12 期。

⑤　D. R. Weaver, "Empowering Treatment Skills for Helping Black Families", *Social Casework*, No. 2, 1982, p. 63.

定的社会关系之中。赋权并不仅仅是从外部投入权力和资源给客体，也不仅仅是单纯地给予客体某项职能，"而是一种社会交往、参与、表达与行动实践。即赋权是社会民众通过获取信息，参与表达和采取行动等实践性过程，实现改变自己不利处境，获得权力和能力，从而获得改变整个社会权力结构的结果的社会实践状态。这意味着，弱者从作为受动对象和权力客体的地位，转换为权力关系网络中的能动者"①。这也意味着传播行为介入了赋权过程，甚至可以说传播行为是赋权行为中至关重要的一个环节。传播学界定的赋权行为与传统社会学意义的赋权行为不同，它的赋权路径不再是由上而下，从外到内的单向路径，而是一种交互的行为和多向互动的路径。在这一赋权行为中，赋权的绝对核心不再是权力和能力的赋予者，被赋权的客体具有与权力赋予者同等重要的地位，客体内部的自我对话、客体与外部的互动都属于赋权行为必不可少的环节。

媒介赋权作为传播学意义中的赋权行为，赋权的主体和客体在赋权过程中占据同等的地位，即媒介和媒介的使用者互相作用才能完成传播赋权。我们所说的媒介赋权中的"媒介"，也是指相较于传统大众传播媒介而言传受界限更不明显并且互动性更强的互联网媒介与新媒体，即本章的媒介赋权可以界定为"互联网赋权"。对于新媒体和网络媒介引起的媒介赋权，有学者认为："社会中有机会使用互联网并有可能通过使用互联网而提升自己权力的人，通过使用互联网进行信息沟通，积极参与决策和采取行动的实践性互动过程，通过这个过程实现改变自己不利处境或者提升权力和能力，从而使得整个社会的权力结构发生改变的社会实践状态。"② 这一界定和阐释同样强调了赋权客体在社会关系中的能动性和主客体对等的地位，并更重视由客体的能动性对社会造成的影响。而本书从主体与客体的角度划分，可以将媒介赋权的权力类型分为由赋权主体提供的硬性法定媒介权力和

---

① 黄月琴：《"弱者"与新媒介赋权研究——基于关系维度的述评》，《新闻记者》2015 年第 7 期。

② 梁颐、刘华：《互联网赋权研究：进程与问题》，《东南传播》2013 年第 4 期。

由客体自身自我赋权的软性社会权力。

（一）硬性媒介权力

媒介作为媒介赋权的主体和外部力量，赋予客体即媒介使用者的是传统意义上的法定媒介权力即媒介的接近权和使用权这样的"硬性权力"。虽然法律规定了大众可以借助媒体的渠道来表达自己的观点和诉求，但实质在传统的大众传播时代，传统的传播范式是一对多自上而下的单向传播，媒体大多掌握在社会上层阶层的手里，实质上仍然是一种精英传播，媒体组织和媒介所有者事实上垄断了大众接近和使用媒介的渠道，并对其设置了极高的使用壁垒，提高了使用媒介的成本，大众很难真正地使用媒介表达观点。此外，传统大众媒介具有极强的专业性和复杂性，这种媒介素养和传媒技能的障碍成为阻止受众便捷使用媒介权力的门槛。这些原因使得原本得到保障的媒介接近权和使用权形同虚设。

而随着媒介技术的发展和网络新媒体的崛起，媒介生态产生了巨大变化，媒介种类变得多样化，媒介渠道得到拓宽，大众传播媒介对传播持续的垄断地位逐渐瓦解，网络时代传播结构的扁平化和互动化使得传受界限不再分明，各种新媒体和自媒体以拓宽用户和受众数量为目标，使得新媒介使用和准入门槛不断降低，新媒体真正赋予了大众媒介的接近权和使用权。

（二）软性社会权力

如果说媒介赋予客体硬性媒介权力的过程是一种由媒介技术这种外部力量造成的外部赋权，那么由客体掌握媒介的接近权和使用权之后深化而来的软性社会权力就是一种大众内部的自我赋权。与法律和技术赋予的媒介硬性权力相比，软性的媒介权力是一种主观能动性更强也更能造成社会影响的社会权力。这种软性的社会权力分为信息获取、观点表达、实施行动三个递进的层面。

第一，媒介赋权拓宽了信源渠道，使得信息的种类丰富化，信息的来源多样化，使得大众在技术和渠道等客观条件上可以实现对信息的自主采集、辨别和判断。媒介赋权的客体可以不再被动地接受媒介赋予的信息而是主动获取与自身利益相关的社会信息。

第二，在获取了信息之后，根据客体自身的判断、选择和所处立场，客体可以对获取的信息进行二次传播或是进行反馈，顺应新的传播范式，从单向线性转化为网状多向传播，而客体一旦进行了这样的行为，他们在传播过程中的地位就从受者变为传者，参与公共领域中的社会讨论和话语权力争夺，这种观点表达的行为是对硬性媒介使用权的进一步运用。

第三，媒介赋予客体的硬性媒介权力使得大众主动进入公共领域介入公共事件甚至是引发公共事件和话语探讨成为可能。这种大众主动进入社会对话场景的行为与行使观点表达的权力不尽相同，观点表达的权力核心在于信息的二次传播与回馈，是让客体成为舆论场中一部分，参与社会公共决策的权力，而大众为了自身与所在阶层利益主动介入媒介场景发声，甚至亲自成为舆论起始点，则是一种主观意愿与行为的能动统一。

上述这种客体内部的自我赋权以媒介的外部赋权给予的硬性媒介权力为基石，在这种基石上重塑了社会关系和自我认知，并逐一实现传统社会学观点中"赋权"的定义——表达自我价值、提升自我在人际关系和社会组织中的地位以及实现自身所处阶层的发声和利益表达。因此这三种媒介赋权客体自我赋权参与进公共情境并造成社会影响的权力就是需要主观能动性的软性媒介权力。

二　媒介赋权的社会影响

传统大众传播媒介的时代，公共领域中的话语权构成主要为两种：一是被国家机关和权威机构所控制的媒体，以集权主义理论和共产主义报刊理论为代表，这一理论认为媒体与政府是合为一体的，媒体是被作为党和国家的工具使用；二是专业传媒机构控制的媒介组织，代表民间资本的媒介组织大都标榜中立，以自由主义理论和社会责任理论作为代表，但事实上仍然受制于媒介集团自身的利益立场。这两种媒介权权力所有者控制着媒介的同时也掌握了社会主要空间中流通的信息。任何在公共场所表达的意见都是经过层层把关，代表媒介组织的意识形态与既得利益。民众接触媒介和传受信息的权力也只能在既定的框架下行使。

互联网技术和新媒体技术成熟发展后，在信息的传递过程中对大众进行了媒介赋权。过去，民众的媒介权力主要为对媒介的接近权和使用权，国家和资本掌控的媒体在传媒行为中充当了把关人的角色，民众通过媒介获取信息和表达信息都要经过媒介所有者的筛选。新媒体赋权将传统的传受二元对立的话语权力格局打破，民众被赋予两大媒介权力。一是可以自由、公开发声的权力，二是可以按照自己的意志和兴趣去选择获取信息的权力。

互联网以及依托互联网为存在载体的新媒体，让传统社会中被忽视、利益难于自我保护的群体打破了发声的界限，让原本处在传媒边缘地位的社会群体有了表达意见和传递利益诉求的权力。这种权力正是日新月异的互联网和新媒体技术赋予的。

此外，资本的介入也让网络空间的阶层加速分化，众多新媒体的独立性和专业性屈从于资本的逐利天性造成现实社会价值认同感的撕裂。而在网络舆论阵地上，新崛起的意见领袖们和资本代言人们则出于自身利益瓜分了传统主流媒体衰落、消退或是未占领的舆论空间和注意力资源，媒介的资本化趋势，让传统的社会控制体系产生消解甚至失效的风险。

从多元文化和多元利益群体的层面上来看，以百度贴吧和天涯论坛等为代表的传统 BBS 型网络平台，是一种相对封闭的网络空间和平台，虽然让不同群体能找到有相同价值观的群体并产生共鸣，但普通用户仍需要有目的地定向索取，才能找到同样阶层和文化认同的对象与镜像。而微博新媒体则是完全开放的，同时，微博的技术特点还带有一定的导向性，随着大数据和信息挖掘技术的完善，微博会根据用户平时的浏览和关注习惯喜好，在微博推送中放置与用户立场和兴趣相近的微博内容，这是一种网络空间上随着算法技术发展而诞生的针对传播个体的精确推送。而这种精确推送会让具有相同利益和文化认同的社会个体们于网络空间上找到文化和利益群体，并且由于这种共同的利益和文化，群体个体间的传播效果也强于现实中普通的人际传播效果。与线下的现实环境中的人际传播不同，这种基于互联网媒介的人际传播只以共同的利益需求和文化认同为纽带定向传播，传播内容也和群体内个体共同的需求密切相关，他们大多有着相同的背景和相似的价值观，在交流上有更多共通的"意义空间"，容易获得共鸣，是一种虚拟世界的"强关系"。与以往的单向和单次传播不同的是，这种基于微博的人际传播是具有持久性与即时交流性的，特定的微博账号主体会持续不断地发表观点和言论代表其群体发声，同时，即时的评论和交流也会让传播内容在群体内部得到发酵与共鸣，更加强化文化和利益个体对于群体的认同感。① 这种网络公共领域和其中大量的利益和文化群体们以及他们的传播方式构成了一种强有力的新媒体场域。

这种新媒体场域的构建，对精英阶层壁垒进行了解构。不管双方现实社会中的地位差距是怎样的，在网络空间的结构和制度上，每个人都是平等的，所有人都拥有同样的准入门槛，并享有同样的平台空间和发声权。但传统传媒组织话语权的瓦解和公众话语权的突然崛起，同样也给社会秩序和政府的社会控制系统带来负面影响。

从宏观层面上媒介赋权对传统社会体系的影响，主要体现在以下几个方面：第一，匿名性虽然化解了群体压力，让沉默的大多数不再沉默，但匿名同样让传统伦理道德组成的社会道德评价体系和社会控制体系无法再继续规范人们的行为。网络暴力，人肉搜索，诽谤污蔑已经成为互联网空间最难以控制和监管的问题之一，用户的人身权利被互联网赋予的媒介使用权所侵犯。同时，出于各种目的的网络谣言慢慢侵蚀着网络这一"人人平等的理想国"，网络群体性事件也层出不穷，政府的辟谣和治理消耗了大量的社会资源，而网络的负面情绪和舆论甚至逐渐传播感染到了现实社会，虚拟的社会风险转变为真实存在并蔓延放大，形成引发社会动荡的危机。第二，网络平台的自由并不是毫无代价的，监管和规范的困难虽然一定程度上带来了"言论自由"，却也代表了当用户的权利遭到其他用户的侵犯时，很难像传

---

① 刘洋：《从微博看社交网络技术与文化多元化发展的关系》，《西部广播电视》2015年第 10 期。

统社会控制体系一样给予保护。第三，互联网的"人人平等"并不是真的结果平等，平台只是提供了一个平等的准入条件，由于技术资本和社会影响力等因素仍然客观存在，传播效果和舆论风向并不完全取决于事实的真相，更多的是用户所处阶层和立场。因此近几年来反转新闻的现象也越来越多。

除了宏观层面的社会结构变革和意识形态上的危机外，技术的进步不光赋予了普通民众以发表言论和表达利益诉求的权利，同样也赋予了占据技术尖端和前沿的网络企业以权利。以大数据和云计算为代表的新技术，使得企业在处于为自身利益考虑的立场上时，就拥有了可以获取公民个人信息，引导社会公众舆论等以往归属于政府的权利。因此，新技术拥有者社会责任感的缺失和国家制度与法规对新技术监管的滞后同样是网络媒介时代的社会风险。

因此，加强对技术应用的制度监管，谨防传播秩序重构和监管滞后所带来的社会风险的可能性，重建合理的社会控制体系和新的社会传播秩序，将是一项艰巨的任务。

第二节　赋权后的传播新秩序

国内有学者对媒介赋权下新的社会形态和媒介赋权引发的传播秩序变革所持的一种观点是：媒介赋权下的社会是一个高风险的社会，信息传播在这一信息爆炸的高风险的社会中也变得复杂化，原本传统传播秩序只是简单的传受二元结构，而媒介赋权之后形成的新传播秩序则在传播行为中引入了许多复杂的因素，例如政府和公众、意见领袖等。[1] 在此基础上，有学者更进一步总结出了媒介时代传播新秩序的基本特点：传播内容和主体的多元化以及传播的中心随着媒介技术的发展逐渐瓦解。[2] 可以发现，媒介赋权后的传播秩序，从单一变为

---

[1]　崔波：《风险社会下传播秩序的重构》，《东南传播》2009 年第 11 期。

[2]　朱星辰：《媒介时代信息传播特征及当下信息传播秩序现状》，《新闻传播》2016 年第 13 期。

多元，从集中变为分散是大势所趋。

一　传播新秩序的架构

在网络传播时代，新媒体的赋权提供的不仅仅是一种新的传播媒介，媒介赋权对现行传播格局更深远的影响是由此带来的传媒理论风险、监管困境以及传统传播秩序因此而产生的变动，并由此形成的传播新秩序。

传统传播秩序中，往往由官方和商业组织等传播主体为传播的中心，进行从机构到个体受众的单向传播。但是在互联网媒介和社交网络出现后，传者受者的界限被打破，传受角色开始互换甚至融合，传统传媒组织的传播中心地位开始瓦解，在新媒体场域中的每一个传播个体都有成为传播中心的可能；过去基于大众传播媒介单向流动的信息和单向传播模式开始变为双向传播传受互动，并呈现出碎片化传播的趋势。我们将从传播秩序的碎片化和传播的去中心化及泛中心化两个层面对媒介赋权后的传播新秩序进行解析。

（一）传播秩序的碎片化重构

在大众传播时代，传播行为往往是由大众传播媒介，例如报刊和广播电视台为中心向受众传播统一的内容，这一时期的传播呈现出整体化和同质化的特点。但是在网络传播时代，媒介赋权使得传统意义上的受众也具有了发声的权利，传统的"一对多"的传播模式在社交网络和社会化媒体的技术冲击下已经不再具有竞争力，自媒体和意见领袖形成新的传播中心集群，针对目标受众的定制化个性化的传播内容成为传播行为的核心竞争力。由新的多元传播中心对特定受众的点对点传播和受众之间的人际传播迅速发展，因此碎片化传播成为新媒体语境下传播行为的主流。

碎片化传播的含义有两层，表层含义即传播内容、形式等碎片化。流通于新媒体平台的信息由于追求放大其时效性这一优势，往往在事实完整的面貌呈现之前就由信源发布碎片化的事件信息；除此之外，社交媒体上的传播中心大都以流量和注意力变现转化为经济效应的基础，因此过去冗长枯燥的文字和视频等已经不能让受众有耐心和兴趣浏览阅读，再加上微博等平台发布的信息容量有限，因此碎片化内容的短视频和微博式的短消息兴起。除了追求时效性和符合人们于互联网空间中碎片化的阅读习惯之外，在后真相时代，为了吸引流量而刻意有选择性地去截取完整事件和信息的一部分来吸引关注和引发受众的情绪也是导致信息碎片化传播的重要原因。碎片化传播的深层含义则是指信息传播的意见与立场碎片化。这个层面上的碎片化，不是指意见信息的破碎和零散，而是指传播行为的参与主体对于事件的意见立场和利益诉求。对于在公共领域中的同一事件，参与的众多发声者可能会表达不同甚至完全相反的观点，与过去笼统地将受众归结为普通大众而由大众传播媒介发出统一或类似的声音不同，新媒体场域中个体和不同背景的传播中心所表达的意见呈现出异质化和分裂化。①

导致碎片化传播成为网络传播主流传播行为的原因主要有三个。首先是网络媒介的成熟和移动通信技术的发展使得受众对信息的获取不再局限于报刊和电视等不灵活的媒介，受众可以自由地在碎片化的时间里获取信息。这些技术以及技术带来的传播变革构成了网络传播中碎片化传播的技术基础。

其次是社交媒体和个人门户网站等平台的出现，使得独立传播个体对信息的获取和二次传播有了广阔的渠道，过去大众媒介作为传播的权力中心地位被打破，过去相对统一却缺乏个性化内容的传统传媒市场慢慢衰落，新媒体和自媒体通过对特定传播受众群体传播个性化定制化的内容和人际传播形成一个个新的传播中心，使得新媒体场域中的传播模式出现去中心化和泛中心化的特点。

最后是新媒体赋权使得当今社会中多元文化和其他价值观主体阶层等得以发声和聚集，过去处在主流价值观和主流文化之外的为数众多的没有自己发声渠道和权利的团体和亚文化群体获得话语权之后为了自己的利益诉求开始活跃于公共领域之中。这种社会意识的多元化和差异化并非在新媒体技术出现之后才有，而是传统社会本身一直存

---

① 彭兰：《碎片化社会背景下的碎片化传播及其价值实现》，《今传媒》2011 年第10 期。

在的，只是在媒介赋权之后开始展现在舆论场中，分化了原本被传统传媒权力中心垄断统一的话语权，这种不同阶层和文化群体对话语权的争夺和使用促成了传播的意识碎片化，构成了话语民主的重要组成部分。

如果说以上的三个原因是碎片化传播的深层动力，那直接推动新媒体时代传播模式向碎片化变革的直接动力就是在社交媒体上由受众和平台共同形成的碎片信息处理机制。这个机制由受众层面的碎片信息筛选和平台层面的碎片信息整合构成。

在社交网络平台上，受众虽然主要以个体的身份存在，但仍然扮演着旧的传播模式下整体的角色，受众群体以整体角色存在时形成了一种基于个体的社会阶层和群体共识的"自组织"，这种"自组织"是一种临时的利益共同体，在面对公共事务时，每个个体按照自己的立场和价值取向选择意见进行表达与发声，在内部形成一种意见的筛选和共振机制，使得碎片化的意见和信息得以获得过去整体化传播模式下最大程度上的共识。

与受众无意识的"自组织"不同，平台在网络碎片化传播的作用机制中扮演的角色是引导者，在公共事务的讨论与处理中，通过议程设置和把关权利，充分开拓不同意见的表达渠道，以专业的媒介经验和对个体价值的尊重，对碎片的信息进行结构化的提炼与整合，体现个性化的碎片信息的价值。

碎片化传播是 Web 2.0 时代传播模式变革的既定趋势，基于新媒体技术和移动通信技术的发达，民众可以便捷地建立起自己的个人门户，例如微博账号和微信朋友圈等，这些个人门户既是他们对外进行信息双向交流的渠道，也是他们个人社会关系的具象化，为人们个性化的信息获取与传播提供了媒介。① 这种基于个人门户的碎片化传播模式还将愈演愈烈，由于人们通过个人门户而获取和再次传播的信息本身的最初来源也是非权威性的个人媒介，而个性化

---

① 彭兰：《碎片化社会与碎片化传播断想》，《华南理工大学学报》（社会科学版）2012 年第 6 期。

本身就是个人媒介最鲜明的特征，这种特征也必将带到信息上，让信息在流动过程中和被受众理解的过程中多样化并随着个体的偏好改变。

因此，碎片化传播的起因就是受众对信息传播个性化的需求，而碎片化传播的深层的本质其实就是传播的个性化，当网络赋权一旦使受众接触到了个性化传播的优势，过去垂直整体的传播模式也会不再有竞争力，而碎片化传播的趋势则无法停止并程度加深，这对传统的传播秩序是一种直接地弱化。

（二）传播的去中心化与泛中心化

如果说碎片化传播是从个体的角度看待传播秩序的变革，那从整体的角度来看，媒介赋权对旧传播秩序的改变体现在传播的去中心化和传播中心的泛在化上。

在传统的大众传播媒介时代，传受双方界限分明，传播主体和受众共同构成了整个传播领域，传播者和受众的定位和权利都有着清晰的定位：传播者是占据绝对主导地位、主动单向提供信息的主体；而受众只能被动地接受被灌输和传递的信息，仅有的发声机会和权利也只有线下规模有限的人际传播。在这种传播秩序中，处在传播中心的是一个个以官方或商业组织为背景的传媒组织和媒介，受众们处于被动的接受地位，环绕在传播中心的周围。

进入网络时代后，宏观层面上传播秩序改变的最初也是最明显的表现就是传播中心的衰落甚至是整个传播的去中心化。以媒介组织为传播中心的旧格局是基于传播媒介被组织垄断，传播模式具有一对多的线性传播的传播特点，而当新媒体和网络技术在传统大众传播媒介之外重新建立起一个多元化自主化的可供用户随意接近使用的新媒介之后，以广泛的基于虚拟人际关系的人际传播为基础的网状传播模式迅速吸引了大量受众。以传者为中心的单向线性传播模式的核心就在于传播者是唯一的大众传播媒介的提供者，也是受众能接触到信息的仅有渠道，而在新媒体场域中受众本身就可以成为信源，同时可供受众选择接触的媒体和信息来源变得广泛，传播中心赖以存在的媒介权力被新媒体和网络媒介分化占有，原本被迫围绕着传播中心的受众群体不再聚集在媒介组织周围。当传播中心存在的两大基础：媒介和信息的独占权、受众对传播者的围绕和聚集都不复存在的时候，传播中心也自然随之解构。

去中心化之后，传受地位的变迁促进了新传播场域中新的传播中心的形成。

首先，当受众同时也成为传播者之后，传受界限模糊，理论上任何普通受众都拥有了过去传播中心独占的媒介使用和信息发布权。任何拥有移动设备和网络设备的使用者都可以在社交媒体等公共平台上发布由自己采编的信息，而传统大众媒介在网络空间这一新兴公共领域中设立的代表，为了维持自己的地位而不得不转而向过去处于受众地位的个体获取一手信源，在这个过程中，就形成了传受双方的角色互换，传统的传播者和受众的角色定位和权利界限更加失去意义。

其次，虽然理论上处在新媒体场域中的所有不同个体都拥有了同样的媒介权利，但他们基于自身地位和背景的影响力仍不尽相同，过去处于现实人际关系中的意见领袖在网络中的虚拟交际中地位被拔高。同时，虽然话语权被从传播组织迁移到了广大受众，但过去传播中心的公信力和权威性仍然有着重要的影响并且暂时缺乏可以替代的角色，而同样虽然互联网场域中的信息和意见变得海量和多元化，但是其流通信息的专业性和信度效度却不能简单地等同于过去由专业机构所提供的信息。基于以上的原因，普通受众们自发地重新聚集在与自己处在同样阶层或利益群体，意见相同的意见领袖或民间团体组织的身边，这样就重新形成了一批传播中心。尽管这样的传播中心由于背景和所处阶层立场等不具有大众传媒组织的专业性和公信力，但由于其更具有针对性，因此受众的忠诚度更高，但其影响力不可与旧的传播中心相比；并且同样由于这种传播中心的形成具有非强制性和非制度性而是受众自发形成，其形成的门槛较低，也自然而然地其数量比媒介组织形成的传播中心要多。由此便形成了传播格局去中心化之后的第二阶段——泛中心化。

二　传播新秩序对传统社会秩序的冲击及其成因

（一）传播新秩序对传统社会秩序的冲击表现

传播秩序的碎片化和泛中心化事实上促进了社会多元文化的繁荣，不同背景和文化认同的群体可以主动寻求共鸣和理解，推动了包容多元的社会氛围的形成，同时对社会公平正义实现话语民主有着重大的积极作用，中下阶层得以发声表达意见参与公共事务，社会监督的功能被新媒体放大，对传播行业来说，由于其对于受众的绝对权力不复存在，要想生存下去只能向受众靠拢，致力于更加精致有吸引力的优质内容，构成一种良性的媒体竞争机制。但是同样是因为传统媒体有了竞争和生存压力，资本的力量在新传媒秩序下的媒体竞争中显得更加重要，社会公共利益与媒体自身利益产生冲突的情况下，新闻伦理失范现象越发严重，媒体机构和传播媒介呈现出资本化的趋势亦越发严重，而虽然传播行为出现泛中心化，但新出现的传播中心并没有像过去的传播中心那样具有新闻专业素养，生产的信息质量也参差不齐，无效信息和恶意信息充斥网络空间。

此外，多元文化的繁荣却也产生了亚文化和其他文化群体与传统主流文化的碰撞冲突，甚至社会主流价值观因受到冲击而动摇，固有社会共识产生消解与动荡，这对本身就处在重建期间的社会控制体系造成了更多的混乱和动荡，甚至引发了潜在的社会风险。

（二）传播新秩序对传统社会秩序的冲击原因

虽然随着媒介赋权带来的碎片化和去中心化的传播新秩序让社会的多元化程度得到了提高，但客观上也引起了社会共识的震荡与撕裂，并带来了大众传媒的社会控制功能严重弱化。其具体的表现即为自媒体和新媒体的兴起很大程度上分化了大众传播媒介的影响力与关注度，传统媒体商业价值很大一部分被转移给网络媒体，从而造成传统媒体的衰落。在去中心化和分众化传播的大背景下，网络意见领袖的崛起，抢夺了本属于传统媒体的关注度和话语权，而代表着不同利益群体的意见领袖们为了各自群体的利益发声，他们的观点在公共领域碰撞，进一步加深了社会分化。

在传统传播秩序时代，大众传播媒介主要通过以下三种途径实现其社会控制功能：第一，大众传媒控制舆论导向实现监督功能。舆论本身就是带有价值判断和利益偏向的群体言论，当社会舆论需要通过主流大众传播媒介的渠道发布时，大众传播媒介的控制者和监管者就拥有了把关权，这种传统的控制舆论导向的方式的正面影响是监管者和渠道提供者能从整个社会层面对舆论产生的影响进行评估，控制潜在的社会风险；其负面影响则是这一阶层可能出于自己的利益考量管控扼制其他阶层和群体的发声，使得某些社会现象或群体的利益得不到关注。但总体来看，这种控制手段对于社会的整体秩序和稳定能起到积极作用。

第二，大众传媒通过强化社会信仰实现社会控制。这种社会信仰并非狭义上的宗教信仰，而是包括了意识形态在内的一个国家的社会认同感和共同意识，是一种软控制的手段。通过对人们心理、思想和价值判断的引导来促使大众对于某种价值体系的认同和归属。常见的手段主要包括对符合社会信仰的事例进行表扬和宣传，例如《感动中国》等评选；同时也包含对违背社会信仰的事物的批判，对违反社会价值体系的行为进行负面的宣传，以起到警示大众的作用。

第三，大众传媒通过教育感化实现社会控制。大众传播媒介虽然有扩大知识鸿沟的风险，但客观上仍然促成了知识的传播和全民素质的提升。此外，大众传播媒介的教化功能在道德规范上给民众以引导，使其道德行为与价值观念符合整个社会的价值体系。①

以上三种社会控制手段共同的前提条件就是社会话语权力掌握在特定的阶层手里，普通民众所发出和接收到的信息都是经过筛选和控制的。而当新媒体将传播的话语权分化给民众的同时，也拓宽了民众获取信息的渠道，被掌控和监管的大众传播媒介不再是唯一的信源。这两点决定了传统以大众传播媒介为中心的传播结构的瓦解，也促成了传播新秩序的形成和稳固。

除了传媒技术革命和媒介赋权这一外因，导致传播新秩序形成的

---

① 张兴兴：《论大众传媒的社会控制功能》，《新闻传播》2010 年第 11 期。

更大的原因是"其传统自身信息生产结构冗余、媒介组织臃肿、单向传播落后这三点结构性原因"①。

第一，传统型媒体信息生产结构的冗余。从报纸到广播再到电视媒体，信息的传播途径和存在形式处于不停的丰富过程中，而民众能接触到媒体的渠道也变得丰富。正如香农所言，"信息是不同于物质、能量的另外一种存在形式，信息并不会因为交流而减少，人际之间的信息交流还会使信息增值"②。由于信息自身的特点，信息传播工具也是信息的生产工具，不同传播媒介在传播信息的过程中也在从事着新信息的生产，同时传播媒介和媒体数量的井喷，让民众接触到的媒体和信息过剩，而大部分信息都会显得同质化而让其提供者影响力下降。同样一条信息，在传统媒体有限的信息运载量下，大部分大众传播媒介所能提供的信息都大同小异且不能很好地传递细节信息，其传播特点是批量化灌输式的传播，而新媒体传播的信息数量虽然庞大，但是可供受众进行自由选择，在信息的针对性和精细程度上有着传统媒介不可忽视的优势。

第二，由体制决定的传统传播媒体的组织臃肿。在市场体制下，与受众需求相悖的企业会被受众抛弃被市场淘汰，在国内，大众传播媒介组织却属于公有制经济的一部分，没有正常的市场淘汰行为，导致很多缺乏竞争力和影响力的媒介，例如小规模的电视台和报刊自身的盈利已经无法使其正常运作，只有靠政府拨款。这样就形成了一个恶性循环，缺乏资金和人才技术，导致媒体内容生产粗制滥造，缺乏受众，这又导致了其商业价值下降盈利不足。而大型的大众传播媒介例如大型卫视和大型报刊为了维持其规模和影响力不得不寻求改革，将商业利益放在一个重要的位置，就不可避免地向娱乐化倾斜，目前几家大型卫视都竞相开发制作自己的综艺类节目，而报刊也向新媒体靠拢追求线上化和网络化。这样虽然保证了经济利益，却使得大众传播媒介在性质上更多地成为一个娱乐和商业内容的制作者和提供者，

---

① 赵云泽：《传统型媒体衰落的结构性原因》，《新闻记者》2014 年第 11 期。
② ［美］C. E. 香农：《通信的数学理论》，《贝尔系统技术杂志》1948 年第 27 卷。

其作为媒体的喉舌功能下降。这种由利益和体制共同塑造的畸形传统媒体个体和业界生态使得传统媒体难有活力。

第三，传统传播秩序时代，大众传播媒介的传播方式都是垂直的单向传播，信息传播的内容是由媒介决定的，信息的反馈和交流渠道闭塞。而当水平互动式的新媒体传播平台出现后，受众可以自由选择接受的信息内容，精致化和针对性成了信息传播的新趋势，在传播内容上传统媒体显得落后，同时受众在新媒体场域中进行的人际交流和互动传播增加，信源渠道拓宽，自身也能成为传播主体甚至是传播中心，这就导致当有了新媒体这种更全面便捷的媒介，受众立刻将大部分注意力转移至新媒体甚至彻底摒弃了传统媒体，而广告商等商业利益的代表也随着受众的转移将资本投给网络。

在这种多元化和资本化的新媒体语境下，议程设置的功能比以往更加强大；过去公众舆论场中的受众心理更是发生了异化，"沉默的螺旋"不再沉默，群体极化和群体情绪在公共领域中不断放大共振，理性独立思考和媒介素养变得尤为重要。当过去对于传播环境和传播主体的监管制约手段已经不适应新的媒介和技术时，传播的伦理和道德失范现象就开始层出不穷。

媒介赋权虽然对整个社会的话语民主有着积极影响，但仍然使得传播环境存在失控的风险。

三　传播新秩序催生的社会新阶层划分

网络社会的阶层分化以现实社会为基础，现实社会中，群体的经济水平、文化水平和认知能力等，影响群体的网络使用和信息资本的积累，在此基础上，网络社会的阶层分化得以实现，网络社会阶层分化的原因可以归结为信息获取能力、信息技能和信息资本转换能力。从技术、经济、文化、社会等方面来说，可以分为以下四个方面。

一是信息技术，它是产生数字阶层分化的原动力，在社会发展过程中信息代表着生产力。

二是经济因素，经济方面的差距在数字阶层分化中是最本质的影响因素，上文中提到经济水平决定了能否拥有信息技术设备以及教育，并且经济因素也能影响一个人的人际关系和资源的获取，经济因素也是传统社会中决定阶层分化的一个重要因素，有学者将网络空间数字鸿沟的原因归结于经济因素。

三是文化水平，个体能否充分利用网络获得和生产信息，以及知悉多种传播路径，掌控信息和利用数据的能力等，都与个体的受教育程度有着直接的关系，这里的文化水平还包括了由文化差异引起的其他方面的差距，如行业差异，不同行业的个体参与网络生活的程度不同，利用网络的程度也有很大的差异。

四是社会环境，包括了社会的政治环境以及人际交往中的个人情感需求等原因，政治原因主要是指政府对网络发展的态度，是鼓励公众使用网络，还是抑制网络使用。其次是人际环境，个体在弱人际关系中，倾向于网络社交，没有过多的情感投入和时间投入，而个体在强人际关系中，倾向于面对面的交流，以获得更多的情感满足。

（一）信息技术分层

每一次科学技术的进步都引起了人类社会的变迁。20 世纪 90 年代，互联网技术以迅雷之势改变了人类社会原本的面貌，互联网使得人类步入数字化、信息化和全球化时代。[①] 技术的进步改变了社会原本的发展方式和组织结构，网络信息技术不断发展形成社会网络空间，通过数字化和信息化的操作，协调该空间的内部运行。信息技术的革新和网络空间的重新划分对正在变迁的社会系统产生了深刻的影响，由于网络空间是一种虚拟环境，其存在并不是一种真实的物质形式，而是作为一个客观的概念存在，它存在的根本原因在于信息技术的发展和新技术形态的出现。

信息技术使网络空间成为一个匿名性、开放化、去中心化的社会，网络空间中网民的交往和互动行为超越传统社会阶层，网络改变了传统的信息传播方式、社会交往方式甚至公民政治参与方式。传统社会的分层标准在网络空间被消解，取而代之的是个体对信息技术的

---

① 程士强：《网络社会与社会分层：结构转型还是结构再生产？——基于 CGSS 2010 数据的实证分析》，《兰州大学学报》（社会科学版）2014 年第 42 卷第 2 期。

掌控能力。一方面，信息技术颠覆了传统社会阶层。另一方面，个体对信息技术的掌控程度成为其在网络空间阶层划分的重要标准之一。信息资本是网络空间中资本竞相追逐的对象，数字鸿沟优势一端的群体，能获得更多的信息形成资本的原始积累，在此基础上实现媒介赋权，获得网民的拥护，成为网络空间的上层阶级。处于数字鸿沟劣势一端的群体，因多种因素造成掌握的信息技术的能力较弱，在网络空间中获得的有价值的信息较少，处于一种被动接受的状态，沦为较低的网络阶层，甚至是信息奴隶。从信息技术在网络空间中阶层分化的宏观和中观两个层面的影响，我们可以看出信息技术在网络空间阶层分化中扮演了原动力的角色，首先是信息技术的发展使得网络空间互动行为脱离传统社会阶层，其次是个体对信息技术的掌握程度的差异成为网络空间阶层分化的一个重要影响因素。

（二）经济实力分层

无论是国家、地区还是群体的数字鸿沟的产生，经济实力都是阶层分化至关重要的影响因素。在传统社会中拥有财富和权力的群体，其资源可及性更强，他们更容易获得信息技术，并且掌握着大部分信息的生产和分配。在信息革命之前就已经产生的阶层分化和信息技术的差距归根结底来自于经济原因，这种原本的阶层分化与不平等在信息技术不断发展的今天并没有得到改善，相反，它却被不断地强化。阶级分化本质上源于经济基础，马克斯·韦伯认为人们经济上的不平等源于货币的拥有量的不平等，因经济实力悬殊，受众原本的阶层、网络媒介素养以及社会发展状况等诸多因素导致了数字鸿沟的出现。传统社会中个体的社会经济地位影响着个体在网络空间中信息资源的获取和占有。那些在现实社会中拥有经济优势的个体在网络空间中也处于优势地位。

学者程士强基于 CGSS 2010 数据的实证研究表明，那些在现实社会中处于优势地位的个体，其在网络社会中也具有资源优势，而那些现实社会中处于劣势的人，在网络资源占有方面仍身处劣势。个体在网络社会中的阶层地位既受到本人传统社会经济地位的影响，也受到其父代的传统社会经济地位的影响，从而以"代内再生产"和"代际再生产"的方式将原有的阶层结构延续到网络社会中。① 个体的网络接触行为与本人和原生家庭的经济实力有很大关系，在现实社会数字鸿沟优势端的群体，在网络空间中也占有优势，网络空间是对现实社会中的不平等的再生产，这一点将在第三节中详细讲述。经济实力作为网络空间阶层分化的根本原因，一方面决定了个体能否拥有信息技术设备，另一方面影响了个体的受教育年限和文化水平，从而影响了个体的信息技能。现实社会中经济实力强的群体能够获得更好更先进的信息技术设备，并且因其拥有更高的知识文化水平，也就能够更好地使用信息技术，掌握更多的信息资本，实现网络空间的资本积累，在网络空间阶层分化中依旧处于优势地位。而现实社会中经济实力弱的群体，难以获得信息技术设备，在数字鸿沟的接入层面就已经处于劣势，更不用说进入网络空间掌握多少信息资本了。经济实力是数字鸿沟和网络空间阶层分化的根本原因，是缩小数字鸿沟的关键要素。

（三）文化水平分层

个体的文化水平作为其信息技术的基础，对网络空间中数字鸿沟起着较大的影响作用，文化水平在一定程度上直接影响了个体的认知能力和认知行为，而个体的认知又将进一步地影响着人的行为模式。网络空间数字鸿沟也可以理解为群体之间经济差距和知识鸿沟的集合。文化水平作为网络空间阶层分化的重要参考指标，其一，个体的文化水平决定了个体能否进入网络空间；其二，个体的文化水平决定了个体对信息技术的掌握程度，上文中也提到，信息技能鸿沟也是网络空间新数字鸿沟的重要表现之一；其三，文化水平一定程度上决定了个体所从事的行业，网络社会有行业区隔，个体所从事的行业进一步决定了个体在网络空间中的社会阶层。欧洲职业培训发展中心的研究显示，行业间存在着巨大的数字鸿沟，不仅如此，还存在着行业排斥，大部分职业的从业人员信息技能水平低甚

---

① 程士强：《网络社会与社会分层：结构转型还是结构再生产？——基于 CGSS 2010 数据的实证分析》，《兰州大学学报》（社会科学版）2014 年第 42 卷第 2 期。

至不接触和使用媒介。①

处于网络空间弱势端的群体，因互联网知识薄弱和信息素养缺乏导致其在阶层分化中也处于不利地位，从而进一步拉大了新数字鸿沟。在网络空间中，掌握信息资源便意味着掌握了网络空间生存和发展的主动权，掌握了网络竞争中的话语权。但是文化水平和信息技术不是一朝一夕能够改变的，也不是政府通过财政补助可以解决的，它是一个长期积累的过程，需要个体通过长时间的学习和实践才能获得，文化鸿沟难以弥补，并且会带来难以预测的社会风险，因此要不断推进教育公平。让不同地区的群体都能享受到公平的教育资源，拥有受教育的权利。

（四）社会环境分层

社会环境在网络空间阶层分化中主要表现在区域间的分化和城乡群体间的分化方面。信息技术、经济实力、文化水平可以作为网络社会阶层分化的内部因素，而社会环境就是其发挥作用必不可少的外部条件。个体所处的社会环境在很大程度上影响了个体的交往行为和生活习惯。处于开放、外向、包容的社会环境中的群体能更快地获取新的信息技术，这样的社会环境下其可塑性也就更强，受到信息技术的影响更大，改变也就更大，典型的例子就是经济发展速度较快的城市社会；而落后、保守、排外的社会环境在接触新事物方面的态度与前者相去甚远，这样的社会环境在接受新事物时所经历的时间更长。受新事物的影响较小，社会形态变化不大，典型的代表就是乡村社会。

处于网络社会不同阶层的群体，其间的差距并不能简单地归结为是否拥有基础的信息设备，或者是否拥有网线。社会环境在阶层分化中所起的作用也是不容小觑的，对于某种特定社会环境中的人们而言，面对面的交流对他们来说是一种重要的社交手段，现实社会中的人际交往或许更有温度，而通过电子屏幕的数字化交流并不

---

① 欧洲职业培训发展中心：《巨大鸿沟：欧盟劳动力中的数字化与数字技能差距》，吕耀中、孔琳译，《世界教育信息》2017 年第 15 期。

能满足人们的需求。[①] 拥有信息技术产品只能作为一个客观条件，但是个体是否有使用意愿，以及是否有信息需求等这些人为的主观因素在数字阶层分化中具有重要作用，在谈论这一问题时也不能忽略当地的社会环境。

与以上对于网络阶层划分的研究相对应，有研究者将网络社会阶层分为三类：国家和社会的管理者、经理人、私营企业主为上层阶层；专业技术人员、个体工商户、办事人员、商业服务业人员为社会中间阶层；产业工人、农业劳动者、无业失业半失业人员为社会下层阶层。我国互联网上58%的内容是社会中间阶层表达利益诉求；28%是社会上层阶层的利益诉求；而占据了中国64.8%人口的社会下层阶层的利益诉求只有14%。[②] 由此可见，网络的民意和利益诉求并不代表最广泛的人群，而仅仅是中间阶层的大众，并且必须清醒地认识到数字鸿沟仍然存在并在很长一段时间里仍将继续产生巨大的影响。

综上所述，网络和新媒体技术的发展在客观事实上打破了传统传播秩序下大众媒介对话语权的垄断和传统社会已经固化的阶层划分，新媒体将话语权和媒介权力赋予普通大众阶层，为不同社会阶层和群体的发声提供了渠道，对不同文化群体提供了聚集的平台空间，但事实上保障各群体阶层公平地享有发声和表达利益诉求的权利的相关制度与规范政策还不够完善，这种网络社会新的阶层分化仍然具有现实社会的缩影，也带有现实社会阶层矛盾的根源，这些问题势必引发这种权益争夺与价值冲突，带来新的社会风险。

四　新的阶层划分带来的社会秩序动荡

随着网络信息技术的发展，网络空间形成并真实存在，由于个体的经济实力、文化水平等差异，导致网络社会也产生了与现实社会对

---

① ［美］迈克尔·J. 奎因：《互联网伦理——信息时代的道德重构》，王益民译，电子工业出版社2016年版，第442—449页。

② 赵云泽、付冰清：《当下中国网络话语权的社会阶层结构分析》，《国际新闻界》2010年第5期。

应的阶层划分，处于上层的群体掌控了信息资源和信息内容生产的权利，而处于中下层的大多数人只能扮演一个被支配的角色，甚至有一些极度落后和贫穷的群体无法进入网络空间。网络社会的阶层分化在媒介赋权的背景下更是激发了阶层极化，并随着群体间差距增大而演化出现社会断层，不仅如此，媒介赋权所带来的新的阶层分化还会引起社会风险的放大。

首先，现实中不同阶层之间分化的不断扩大，将一部分人排除在网络空间之外，因认知水平和认知能力的限制，其在网络社会中成为被动接受信息的乙方，失去掌控信息和生产信息的主动权，随着传播行业的精准化发展和媒介技术的进步，计算机算法习惯于精准投放广告和新闻，网络社会中下阶层的大多数群体在不知不觉中失去主动权，困在互联网中某个信息茧房中，失去批判性思维无法辩证地看待问题的个体，成为单向思维的人。

其次，网络空间实际上是对现实社会的镜像呈现，信息技术的发展，在媒介赋予公众话语权力的同时，随之而来的风险也是不可忽视的，由于公众的非专业性，他们所传播的内容的来源以及依据都经不起推敲，真实性大打折扣，而网络的病毒式传播给了虚假信息和谣言疯狂生长的机会，无疑放大了现实社会的风险，加剧了社会的紧迫感和不稳定因素。

最后，信息社会和资本的发展，网络空间所创造的财富让原本就处于金字塔尖的群体获得了更多的财富和权利，扩大了贫富差距，因资本、资源、文化多重因素而处在社会底层的群体望洋兴叹，阶层流动越发困难，因阶层极化产生的贫困固化问题也日渐凸显，经济落后与信息技术落后双向强化，使现实里的中下阶层的群体在网络空间中同样难以实现阶层流动，贫困也就相对固化了。除了贫困固化问题以外，另一种影响深刻的风险就是信息奴隶，处在网络社会上层的群体充当着网络社会的信息生产者，培养消费者即中下层群体的信息消费习惯，一旦大众习惯于使用手机，优势群体便开始将信息资本转化为财富，而使用手机、电脑等网络设备的普通大众客观上就成为他们赢利的工具，而这些网络空间的信息消费者群体无形中沦为数字时代的奴隶。这些网络阶层分化引发的社会风险问题一方面威胁着社会的稳定与长治久安，另一方面也不利于社会公平和可持续发展。

（一）阶层极化

"马太效应"出自圣经《马太福音》第 25 章，原文的意思是富有的还要再给予，让他拥有更多；没有的，就让他一无所有。后来这一概念被罗伯特·默顿（Robert K. Merton）用到社会科学领域，其定义为："任何个体、群体或地区，一旦在某方面（如金钱、名誉、地位等）获得成功和进步，就会产生一种积累优势，获得更大的成功和进步。"它反映的就是赢家通吃，收入分配不公的现象。[①] 在网络社会里，马太效应同样存在甚至更为明显。

在现实社会的阶层差距的基础上，因信息资源和数字技能的差距，形成了网络空间的阶层分化，网络社会的上层群体不断强化自身的实力，累积资源和声望，提升自己的社会地位，但中下层的群体在网络空间中尚未嗅到资本的角逐，不懂得积累资源和人脉，也不提升自己的信息技能，因此，原本强的一方更强，弱的一方就显得更弱，数字空间的马太效应突显，网络空间阶层分化朝着两极化的方向发展。

这一现象放之全球，也是如此。据华为发布的全球联接指数（GCI）2017 报告，全球大部分国家都在加快其数字化转型，加大网络信息技术基础设施的使用，但是，发展中国家与发达国家在态势上齐头并进，而发展差距却在扩大。报告指出："我们利用这一经济影响模型评估了 ICT 基础设施投资对经济增长的影响，结果表明，2016 年，每增加 1 美元的 ICT 基础设施投资可以拉动 3 美元的 GDP 增长。到 2025 年，GCI 研究预测，每增加 1 美元的投资将拉动 5 美元的 GDP 增长。"——全球数字经济进程正在加速，但"强者愈强、弱者愈弱"。[②]

---

① 袁红、吴明明：《用户信息需求的马太效应及实证分析》，《情报科学》2011 年第 5 期。

② 郅彬：《华为发布全球联接指数 2017：数字鸿沟进一步扩大，"马太效应"显现》，《人民邮电》2017 年 4 月 25 日。

网络空间消解了传统社会的分层标准，信息成为形成网络空间阶层的重要资源，并由此形成了网络空间社会阶层划分的标准：信息的拥有量，信息技能，信息资本转换能力。但是这并不意味着网络空间的社会阶层独立于传统社会中的社会阶层，网络空间的数字阶层分化与现实社会中的阶层分化有着不可分割的联系，网络空间实际上就是现实社会的一个镜像呈现，它在反映社会现实的同时，将社会现实中的某些问题放大。数字化阶层分化是现实社会结构在网络空间的再生产，它将现实社会中的风险延续到了网络空间，并在网络空间中发酵扩大之后反噬现实社会，形成难以预测的社会风险和社会秩序动荡。

（二）社会排斥

无论是网络空间还是现实社会，其社会分层都可大致分为精英阶层、中间阶层和社会底层，在现实社会中处于社会底层的群体在网络空间也大都处于底层社会，如发展落后的国家和地区及农民、城市农民工、下岗工人、失业人员等，由于他们经济能力和文化水平的限制，导致其接触网络的机会较少，能够接触网络的，其接触程度也停留在比较浅显的层面，只拥有信息技术的操作技能，利用网络聊天、娱乐、刷网页等，对于生产内容或者设计程序一无所知，难以实现信息资本的积累和转换。处于传统社会中精英阶层的群体不一定精通网络技术，但现实社会中他们拥有更多的社会资源和高层次的人际关系，他们在现实社会中所掌握的有形和无形的资本延伸至网络空间，将影响力和话语权也带入阶层划分尚未像现实社会那样固定的网络空间，从而在网络空间社会阶层重新划分的过程中占据优势和主导权。

网络空间中个体基于现实社会的社会阶层，在这种阶层分化中处于优势一端的群体可以凭借技术资源与技能优势，不断积累参与经济、社会、政治、文化以及教育等各方面活动的资本，在传统社会的分层结构中保留更多向上流动的机遇，在网络空间中也不断地积累社会资本，参与网络活动，发表利益群体的言论，成为网络空间的内容生产者，表现出更高的网络空间参与度；与此相反，网络阶层分化中处于弱势一端的群体，由于基本信息素养的缺失以及固有影响力和话语权的不足，在网络空间情境下虽然积极参与公共话题讨论、进入的公共事件的传播过程，但仍然很难让大众听到他们的声音，从而成为网络社会中"隐性"的大多数，陷入了被社会主流意识所排斥的状态中。①

（三）社会断层

网络空间是一个与现实社会相互关联的空间，也是现实社会的镜像反映，它可以忽略现实生活中的一些问题，也能放大现实社会的风险。群体在现实社会中因经济能力的差距，导致其在获得信息技术设备方面产生了差异，一部分人被排除在网络空间之外。进入网络空间之后，因文化水平和知识结构的差距，产生了信息获取鸿沟，信息技能鸿沟，信息使用鸿沟和信息资本转换鸿沟，使得网络社会阶层间的差距不断拉大，现实社会的贫富差距也不断扩大。互联网产业已经超越房地产，成为利润丰厚的产业，处于上层的群体能够获得更多的资源并巩固自身的原有阶级地位，处于劣势端的群体只能陪着社会精英阶层，像被摆布的棋子，作为配角进入网络空间。由此社会风险也产生了，上层群体越来越强，资本越来越丰厚，弱势的群体越来越弱，被精英阶层所引导。由于阶层分化产生的隔绝，使得弱势端的群体被淹没在信息洪流中，一些重要的信息他们难以接触，产生文化滞阻，信息窄化，仿佛被束缚在一个自己和计算机算法编制的信息茧房之中，加之回音壁效应，导致弱势端的群体失去批判意识，成为单向度思考的人。而弱势群体一旦缺乏批判意识，就很容易被资本所引导，为获得经济利益，将自身商品化，并为了迎合受众的口味，产生社会越轨行为，而这种社会越轨行为反过来又加剧了他们自身与网络社会上层的差距，使得阶层分化更为明显，并在他们自己阶层的群体共识里形成阶层意识固化。

而随着信息技术的发展，信息成为资本竞相追逐的资源，谁掌握了信息的生产、传播和支配权，谁就拥有了在网络空间中发展的主动权，能够在网络空间中获得较高的社会地位。信息资源，数字技能等

① 刘济群：《数字鸿沟与社会不平等的再生产——读〈渐深的鸿沟：信息社会中的不平等〉》，《图书馆论坛》2016 年第 1 期。

是一个不断积累的过程，原本在现实社会中就处在上层位置的群体的影响力和优势在原有的基础之上呈指数级增长，而原本处于中下层位置的群体可能还未意识到这种差距在不断地拉大，也没有意识到信息对于自身的价值，沉浸在网络所带来的娱乐功能中，更大程度的社会阶层分化就产生了。网络空间的阶层分化与传统社会的分层标准有所差异，模糊了传统社会阶层划分的界限，但网络空间的社会阶层并不独立于传统社会的阶层，而是在原有的社会分层的基础上发展形成。网络空间的阶层式对传统社会结构的强化，在传统社会的经济实力、文化水平的基础上演化而来，通过各项具体的社会机制与过程促成社会不平等的再生产。网络空间中，阶层之间的交往和流动都不同程度地受到现实社会的时间和空间地区隔，容易形成网络空间的社会内部断层，更多的不确定和不稳定的因素由此形成，导致社会风险的出现和放大。

　　网络空间的社会断层不仅仅表现在因社会资源和数字技能差距形成的社会排斥，劳动力市场的就业模式和行业要求对网络空间的社会断层也有着不可忽视的影响。"网络社会的阶层分化逐步改变劳动力的就业模式和市场对劳动力的技能需求，影响不同群体的经济与社会参与度"①；"信息技术重构传统社会中信息分享、传递以及个体意愿或政见的表达方式，从而又影响了不同群体的文化、政治以及机构参与度。这种技术和社会劳动分工则必然导致产业内部的生产分割，这就带来了劳动空间的分工以及不同生产工序的分割式分散化"②。由于行业间的区隔，与互联网相关的行业具有先天的优势进驻网络空间，并且掌握信息生产的必要技能，甚至改变信息生产的方式，并且在工作中不断强化这种优势；然而一些被排斥在网络空间之外的行业与信息技术相关从业人员的差距越拉越大，如建筑业、农业等，这类从业者不需要掌握信息技术，他们的工作独立于

---

①　Van Dijk, J. A. G. M. , *The Deepening Divide：Inequality in the Information Society*, Thousand Oaks, CA：Sage Publications, 2005.

②　Castells M. , *The Rise of the Network Society*, Oxford：Blackwell, 1996.

网络空间之外，日常工作不受信息技术发展影响，网络在他们的生活中常常是扮演着一个无足轻重的角色，主要的功能是娱乐。由此观之，因行业区隔形成的网络空间社会断层就不言而喻了。网络空间的阶层形态与现实社会的相似，都呈现出金字塔式的结构，精英阶层在金字塔顶端，仅是少数群体，处于网络社会底层的占据了绝大部分，阶层之间表现出相对固化的特征，流动性减弱，并且由于网络的匿名性和不在场式参与，减少了阶层之间的相互交流，精英阶层、中间阶层、底层阶层之间处于相对隔绝的状态，就如地质学中由于地壳运动造成的"断层"。

阶层分化可能带来阶层认同、共同体建构、社会治理等危机。当代阶层冲突的呈现平台和方式主要集中在网络上，在网络世界中，阶层的身份识别、认同和阶层聚合方式等都发生了结构性的改变，网民受国家机器、法律法规、契约、监督等力量的影响被削弱，网民更多受群体语境中个体权威或曰舆论领袖与网络亚文化群体的影响。新媒体组织特征造成了行政管理的弱化，普通民众以"集群"的方式为自己赋权，同时突破行政管理的约束，借助网络搭建具有高度黏性的"人人社会"，以实现从弱到强的阶层话语权逆转。

"当各阶级成员得到的报酬水平差别很大时，当这些阶级的成员充分意识到这些差别时，当只有很少的机会从一个阶级向另一个阶级流动时，这个社会就存在着广泛的阶层分化。"[1] 阶层分化是人类社会化过程中"财富、权力和声望"等资源分流的必然结果，作为一种现象，它没有对错之分；但在一个结构化的社会中，阶层之间是否能够自由对话和流动却是区分开放社会与封闭社会、衡量一个社会的阶层交流机制是否富有生机和活力的一个标尺。网络新媒体的出现，把阶层矛盾的"面纱"揭去，网络成了阶层博弈的阵地，也为阶层的对话和融通提供了机会。

马克斯·韦伯的社会分层理论提出，确定社会分层有三个关键维

---

[1]　[美] 戴维·波普诺：《社会学》（第十版），李强等译，中国人民大学出版社2005年版，第250页。

度，必须充分考虑物质财富、社会声望和政治权利三个因素，进而综合分析社会阶层的划分。[①] 新中国成立以来，我国的国家治理经历了"从阶级统治到阶层共治"的转化，社会阶层出现过两次较大的分化：第一次是新中国成立初期，经过一系列的"改造"，全体国民被分为"两个阶级、一个阶层"的基本结构，即工人阶级（干部和一般工人）、农民阶级、知识分子阶层（原则上也属于工人阶级），这一阶段的社会阶级划分政治性极强，阶级烙印深深印刻在每个中国人身上；第二次是 20 世纪 70 年代末，随着改革开放政策的深入，以及 80 年代市场经济体制主导地位的确立，政治性极强的"阶级"一词逐渐被淡化，中外社会学家开始采用"阶层"来描述和区分中国社会群体。[②]

中国社会的阶层流动在 20 世纪 90 年代中期出现显著差别，学者孙立平指出，20 世纪 80 年代，经济增长提升了社会的消费水平，通过消费行为，社会各阶层之间出现流动加剧的现象；"但到了 90 年代中期，随着经济总量提升、社会经济水平的普遍提高，经济增长在很大程度上已经不能导致社会状况的改善——社会阶层之间的流动减少，社会流动的门槛在急剧加高"[③]。阶层固化和社会封闭的结果，是阶层间冲突的加剧。在研究当前我国阶层冲突频繁的原因时，李强指出："在结构性紧张的客观环境下，如果很多人或社会公众将贫富差距归因为'社会不公'而非合理的竞争结果，即'公正失衡'的民众心态盛行时，社会冲突将会频繁发生。"[④] 在社会抗争理论中，相对剥夺感与基于社会关系网络的资源动员能力分别成为社会抗争发生的两个相对独立的解释变量。通过社会关系网络的中介作用，相对剥夺塑造过程与资源动员过程表现出了相互间的影响作用。从其内在

---

①　Weber, Max., "Politics as a Vocation", in Hans H. Gerth & C. Wright Mills（eds.）, *From Max Weber*: *Essays in Sociology of Religion*, London: Oxford University Press（Originally Published in 1922）, 1946.

②　唐亚林、郭林：《从阶级统治到阶层共治：新中国国家治理模式历史考察》，《学术界》2006 年第 4 期。

③　孙立平：《中国社会演变的新趋势》，《廉政瞭望》2007 年第 4 期。

④　李强：《"丁字形"社会结构与结构紧张》，《社会学研究》2005 年第 2 期。

机理来看，基于社会关系网络的个体对相对剥夺感的认知的演化体现出了资源动员对个体相对剥夺感的塑造能力，而在具有中国特色的"草根动员"模式下，相对剥夺的塑造加固了社会关系网络，进而更进一步提升了资源动员能力，由此表现出其相互间的耦合作用。① 社会阶层分化带来的问题很多，往往成为当前社会矛盾的"引爆点"。此类危机在现实中、在新闻报道中有着种种形态：如以"宜黄强拆""唐慧上访""邓玉娇杀人""杨改兰杀子"为代表的底层的激烈反抗；以"仇官""仇富""仇名人"为代表的普遍的仇恨心态——这在"杨达才事件""胡斌案""李天一案""我爸是李刚事件"以及各种明星八卦等事件的网络舆论场里有着尽情的表现；以"寒门还能不能出贵子""农二代""拆二代"为话题的关于阶层固化和阶层流动的争论和担忧；以"贫困""公共安全""群体事件"等不和谐问题为表征的社会秩序冲突和管理难题……阶层问题如果也分层来进行解读，可能带来以下三个层面的危机：（1）表层的阶层认同危机，表现为社会各阶层间的彼此对抗及彼此漠视甚至仇视；（2）深层的共同体建构危机，阶层冲突解构了社会政治的一体化或根本上就难以形成一体化，难以建成民族共同体、国家共同体、政治共同体等稳定的社会政治经济结构，进而表现为国家认同、民族认同困难情景下的政治合法化危机；（3）中层的社会治理风险，阶层的分立和对抗及由此滋生的各种利益争夺成为社会矛盾之源，利益协商、协调成为政府社会管理的核心任务。

　　与以往阶层矛盾不同的是，当代阶层冲突的呈现平台和方式主要集中在网络上。阶层分化与阶层冲突的外化，也主要呈现在网络平台上。阶层冲突的主体，也从现实阶层转化为网络阶层，其相应的身份识别、身份认同、阶层聚合、阶层诉求都发生了结构性的改变。最近有几个比较有意思的新闻：一个是高铁"霸座男"竟然是一名在读博士；另一个在网络上发布辱华言论、攻击母校的新浪微博用户，竟

①　郑谦：《相对剥夺感塑造与资源动员耦合下的社会抗争分析：以江苏省扬州市 H 镇的社会冲突为例》，《公共管理学报》2015 年第 1 期。

然也是一名在读博士，而且还是党员。① 网民在互联网世界中可能扮演着和现实生活中截然不同的"人格"。现实生活中，很多人有着自己的"前台"和"后台"，而在互联网世界里，网络就是隔开"前台"和"后台"的幕布。一些人在现实生活和互联网中的形象反差，是互联网时代个体身份二重性的体现。这种身份的二重性特征，不仅体现在个体作为实体公民和网民的人格差异上，也体现在网络阶层与现实阶层的群体差异上。周葆华在研究互联网与手机的采纳与使用以及由此形成的公民"新媒体资本"时发现，不同形式的新媒体使用均在不同程度上影响社会成员的阶层地位感知，特别是文化阶层认同，而且可以重塑阶级或阶层，并形成所谓的"网络新阶层"——以话语权力和信息占有为主要考量指标，来对网络社会资源分配和网民相互关系进行有序的结构分析，是一种虚拟空间与现实空间相互交融的个人新社会身份。②

第三节　网络社会的阶层流动性风险

媒介赋权给予了普通民众更便于利用的媒介权利，然而，媒介技术的发展同样伴随着风险，信息技术的发展水平在不同的国家、地区和群体之间存在很大差异，在原本的传统社会中因经济、文化等方面的差距形成的"知识沟"蔓延到网络空间中，导致"数字鸿沟"问题，并且随着时间的推移愈演愈烈，难以弥合。除此之外，移动网络技术与新媒体技术共同构建了一个新的公共领域——网络社会，在这个新的公共领域中，不同社会阶层在此碰撞交流。与现实空间的社会阶层会影响网络一样，网络空间中话语的交流和阶层的矛盾也无法停留在网络空间，这些跨越阶层的矛盾与冲突迁移至现实社会，加剧了

① 《厦大女生网络发布辱华言论引众怒！之前已被保送博士生，竟是优秀党员》，2018 年 4 月 22 日，东方网（http：//news.eastday.com/eastday/13news/auto/news/society/20180422/u7ai7635862.html）。

② 周葆华：《新媒体使用与主观阶层认同：理论阐释与实证检验》，《新闻大学》2010年第 2 期。

现实社会的阶层对抗意识。这些由技术赋权带来的新型社会风险是人类传统社会不曾面临过的网络社会流动风险。

一 数字鸿沟与媒介环境的数字化差距

数字鸿沟，Digital divide 或者 Digital gap，又称为信息鸿沟，始于 L. 莫里塞特对信息富人和信息穷人之间所存在的一种鸿沟的认识。"1995 年美国商业部电信与信息局（NTIA）发布的题为《被互联网遗忘的角落：一项有关美国城乡信息穷人的调查报告》中对数字鸿沟现象进行了具体描述，报告详细揭示了当时美国社会不同阶层人群采纳和使用互联网的差别。"[1] 数字鸿沟着重强调了国家间的数字化差距，国家内部地区之间的差距以及不同人群之间的差距。数字鸿沟随着信息网络技术的发展，其内涵也不断发生变化，从大众传播到自媒体时代，出现了第一道数字鸿沟和第二道数字鸿沟，从空间维度上，可以将其分为三个层面，即国家与国家之间的数字鸿沟，国家内部地区之间的数字鸿沟和不同群体之间的数字鸿沟。

后工业时代，在以信息生产为基础的网络社会里，技术可能性的不平等、文化交流的不平等和信息传播的不平等不断演化，基于原本经济实力、文化水平的差距不仅没有因网络技术的发展得到弥合，差距反而扩大，在网络空间中形成数字鸿沟。

随着信息技术的不断发展，数字鸿沟更加明显地表现出发达国家和发展中国家，国家内部区域之间、城乡之间以及不同群体之间的差异。处于"鸿沟"劣势一端的国家、地区和群体在信息和通信资源方面是贫困的和匮乏的，也是被动的和依赖性的。[2]

与此同时，精英阶层与普通大众之间原本因社会经济状况不同而产生的知识差异不断扩大，形成知识沟，而数字鸿沟实际上就是网络

---

① 胡延平：《跨越数字鸿沟——面对第二次现代化的危机与挑战》，社会科学文献出版社 2002 年版，第 10 页。
② 殷晓蓉：《"媒介帝国主义"和"数字鸿沟"——概念内涵及其时代意义的分析》，载《比较全球信息化时代的华人传播研究：力量汇聚与学术创新——2003 中国传播学论坛暨 CAC/CCA 中华传播学术研讨会论文集》（上册），2004 年 1 月 1 日。

空间里的"知识沟"。

　　早在 1995 年美国国家远程通信和信息管理局就关注了"数字鸿沟"问题，最初关于数字鸿沟的研究主要集中在技术鸿沟和接入沟方面，学界通常称之为第一道数字鸿沟，后期随着经济社会的发展，数字鸿沟问题已经不再局限于原本因经济差异导致的信息技术基础设备持有量上，而是蔓延到网络信息技术的掌握程度的差距、信息获取和使用能力的不同和网络空间的分割式与分散化等网络社会生活的各个方面，形成第二道数字鸿沟，也称之为新数字鸿沟。网络社会的阶层分化在空间维度上可分为三类：国家间的数字鸿沟，地区间的数字鸿沟和群体间的数字鸿沟，以往学者研究较多的主要是物理层面的数字鸿沟，包括国家间的和国家内部不同地区之间的信息技术基础设备的差距，这种差距如今依然存在，但是随着经济发展和网络使用成本的降低，物理层面的数字鸿沟在不断地缩小。近年来，许多学者转向研究群体之间的数字鸿沟，从更深层面解析网络技术对个体、群体及社会的影响。

　　"数字鸿沟"在网络空间中不再是一个新的概念，而是一个全球化的社会问题，该问题的妥善解决，关系到世界局势的稳定，社会公平秩序，以及个人的生存与发展。人类历史上各个历史时期的社会形态从一定意义上说都是一种风险社会，都有其固有的风险，我们所处的网络社会也不例外，数字鸿沟无疑会放大原有的社会风险，并演化出数字鸿沟在网络空间中特有的风险结构和风险景观。

　　伴随着新媒体技术的发展和网络社会的成熟，网络社会中的数字鸿沟取代了上述几种传统的空间维度上的数字鸿沟，传统意义上，信息富有者和信息贫困者之间的信息量的巨大差距就是数字鸿沟，早期有关数字鸿沟的研究主要集中在信息技术接入差异方面，"即数字化接入，其一般表征为对 ICT 数字化设备是否接入，以及接入程度之别"①。

---

　　① Cullen R., "Addressing the Digital Divide", *Online Information Review*, Vol. 25, No. 5, 2005, pp. 311 – 320. Warschauer M., "Demystifying the Digital Divide", *Scientific American*, Vol. 289, No. 2, 2003, p. 42.

数字接入鸿沟是基于物理层面的数字化分化，但是随着经济和网络信息技术的不断发展，相关研究的侧重点也不断地改变，"数字化接入虽然表征为技术接入，但却隐含了从'意识层面的动机'接入到'实践层面的应用接入'这一完整且连续的过程"①。关于上述问题的思考使得该领域学者从以往的数字化接入作为研究的切入点，逐渐转向对于数字化鸿沟内涵与外延的重新考察和测量。"2011 年 12 月 4 日《纽约时报》刊登了美国总统奥巴马科学、技术与创新政策前特别助理 Susan P. Crawford 教授撰写的《新数字鸿沟》一文，使这一概念首次出现在公众视野中。2012 年 5 月，《纽约时报》再次发文《浪费时间是数字时代的新鸿沟》。"② "2012 年 6 月 9 日，国内《解放日报》率先刊发《新数字鸿沟》同题文章"③，"《解放日报》在 2013 年 1 月 23 日刊发的《关注'数字弱势'人群》一文中，明确指出随着互联网迅速普及，'新数字鸿沟'开始出现"④。此外，"2013 年，《图书馆杂志》也发表了《新数字鸿沟研究》一文，对'新数字鸿沟'现象的研究进行介绍与梳理，使'新数字鸿沟'现象在我国进入理论探讨的范畴"⑤。近年来对新数字鸿沟的研究不断增加，推进了新数字鸿沟研究的理论化和实践性。

新数字鸿沟除了信息的接入层面存在的差距，更注重研究信息技术在使用过程中形成的鸿沟，与经济技术决定论和技术决定论不同，新数字鸿沟注重从人与技术之间的互动过程和媒介环境中来解读数字化差距，一方面是信息技术的技能鸿沟，即综合运用数字信息技术的技术能力，另一方面是信息技术的使用鸿沟，即不同人群使用互联网所从事的活动的巨大差异。

---

① 刘济群：《数字鸿沟与社会不平等的再生产——读〈渐深的鸿沟：信息社会中的不平等〉》，《图书馆论坛》2016 年第 1 期。

② Richtel, M., *Wasting Time Is New Divide in Digital Era*（2012），2014 – 01 – 17，http://www.nytimes.com/ 2012/05/30/us/new-digital-divide-seen-in-wasting-time-online. html? pagewanted = all&_ r = 0.

③ 陆绮雯：《新数字鸿沟》，《解放日报》2012 年 6 月 9 日。

④ 徐敏：《关注"数字弱势"人群》，《解放日报》2013 年 1 月 23 日。

⑤ 江峰：《新数字鸿沟研究》，《图书馆杂志》2013 年第 1 期。

综合现有研究，有关网络空间的新数字鸿沟的研究多集中在网络的技能沟和使用沟上，而关注信息资本转化的研究较少，事实上，信息资本转化是数字鸿沟研究的一个重要方面，基于原本传统社会中经济、文化、认知等差距形成的网络数字鸿沟通过信息资本的转化再次作用到现实社会，进而形成一个完整的数字鸿沟作用链，并在相互作用的过程中不断加深。从个体与技术之间的互动情境和互动过程来看，新数字鸿沟实质上就是网络社会中的媒介权利鸿沟，其主要可分为信息获取鸿沟、信息使用鸿沟和信息资本转换鸿沟。以下内容将围绕这三个方面展开详细的论述。

（一）信息获取鸿沟

信息获取鸿沟的形成，首先是基于信息技术设备持有量上的不同，加之个体因社会地位、认知水平和个体对信息需求等方面的差异，导致个体在接触信息技术时获得的信息量产生分化，形成信息获取的数字化鸿沟。信息获取鸿沟可以从两个方面来说。

一方面是个体的信息获取途径，很大程度上由其经济水平决定，经济能力决定了个体能否拥有先进的信息技术设备来获取信息，同时也在一定层面上决定了个体是否能够有机会在新技术环境下，获取信息的技能培训。虽然随着社会经济整体实力的不断发展和进步，电脑、手机的保有量不断上升，新的信息技术也在不断发展，如 AR、VR、人工智能、机器人等，但尖端科技的拥有者是非常少的，处在数字鸿沟劣势端的群体或许还不知道现在信息科技已经发展到怎样的一个水平。信息技术设备上的差距是导致信息获取数字鸿沟的一个重要影响因素，应当予以重视，特别是在科教、文化产业等方面，要实现信息设备可得性，避免基于社会不平等的再生产。

第二个方面是个体的信息获取需求。社会地位的不同、认知水平差异、行业差距都会使个体的信息需求产生很大的差距。社会地位较高的群体其相应的受教育程度和文化水平都会较高，信息对这一群体而言是至关重要的，时刻把握经济政治社会的最新动向，明确投资研究方向，实现信息变现等，强烈的信息需求让本来就处于数字鸿沟优势一端的群体能获取更多有价值的信息，增加其信息资本。而社会地位较低，文化程度不高的群体，其所从事的行业可能并不需要他们掌握网络空间的信息动向，如畜牧业、农业、建筑业等从业人员，工作和群体自身都没有强烈的信息需要，这些群体也就不会时刻关注信息，也不会花费过多的时间和精力去获得信息，逐渐地也就与信息富有者的差距越来越大。

　　学者宋红岩关于我国长三角农民工手机使用的调查显示，大多数长三角农民工使用手机主要用于娱乐、社交和购物等，只有极少的文化水平较高的选择知识实用型消费，[①] 使用网络获取信息对他们中的大多数而言并不是生活必需的，对长三角农民工群体而言，娱乐和消遣是信息技术的主要功能。欧洲职业技能培训中心的调查中也提到，数字鸿沟表现出了行业排斥风险，如建筑业、手工业者，他们较少掌握 ICT 技能，也不会对他们正常的工作和生活产生影响，[②] 他们也没有获取信息的需求，网络技术对他们而言只是一种生活的消遣方式。在人与技术活动的情境中，信息技术社会的获取能力以及个体对信息的需求差异形成的信息获取鸿沟是显而易见的，这一鸿沟源于个体自身的差距，产生的基础是传统社会中的阶层分化，难以弥合。

　　（二）信息使用鸿沟

　　网络空间的信息技能鸿沟是更深层面的数字鸿沟，传统社会中的阶层分化在这个层面的影响被削弱，它不局限于群体是否拥有信息设备，或者个体简单的媒介接触习惯，而是更注重个体在媒介使用过程中因信息技能不同所产生的差距。在媒介使用过程中，因个体差异导致其在行使媒介权利时受到各种因素的影响，在对信息的处理和使用方面有很大的差距，信息使用权鸿沟首先对个体的文化水平或者说受教育程度要求较高。荷兰特温特大学 Van Dijk 教授认为，"'信息使用鸿沟'所指的技能主要是运用和管理软硬件的数字技能（Digital

---

　　① 宋红岩：《"数字鸿沟"抑或"信息赋权"？——基于长三角农民工手机使用的调研研究》，《现代传播》2016 年第 6 期。

　　② 欧洲职业培训发展中心：《巨大鸿沟：欧盟劳动力中的数字化与数字技能差距》，吕耀中、孔琳译，《世界教育信息》2017 年第 15 期。

Skills）或网络技能，分为媒体和内容两个层面。媒体层面的技能主要涉及对数字技术或数字媒体的操作和处理，内容层面的技能包含了信息处理技能、交流技能、内容创造技能和策略技能（见表 3－1），不同人群在以上技能上的差异构成技能鸿沟"[1]。

表 3－1　　　　　　　　　　数字/网络技能的 6 种类型[2]

层面	类型	描述
媒体层面的技能	操作技能	能够操作数字媒体（如操作媒体上的按钮等）
	常规技能	能够操控媒体的常规结构（如浏览、导航等）
内容层面的技能	信息处理技能	能够在数字媒体中搜索、选择和评估信息（如运用搜索引擎）
	交流技能	能够收发邮件、开展联系、创建在线身份、引起关注及提出观点等
	内容创造技能	能够通过某个设计或某种规划为网络世界做出贡献
	策略技能	能够以数字媒体作为手段，实现特定专业发展目标和个人目标

操作技能、常规技能、信息处理技能、交流技能、内容创造技能、策略技能这六项技能是一个层层递进的关系，从操作技能到策略技能，对用户知识文化水平要求逐渐提高。网络空间的数字鸿沟的分化在信息技能鸿沟方面被强化，拥有较高层次信息技能的人，能够更多地掌握信息资源，进而转化为信息资本。如策略技能，以数字媒体为手段，实现组织或个人的特定目标，这一技能对个体的要求不仅仅是有较多的知识文化储备，同时还要懂得计算机程序语言、运筹学、管理学等知识，才能实现网络空间的为我所用，毋庸置疑，这一类人是处于数字鸿沟优势端的群体，信息技能的掌握使他们的优势不断强化。而对于只掌握了网络操作技能和常规技能的大多数群体而言，信

① Van Dijk, J. A. G. M., "The Evolution of the Digital Divide: The Digital Divide Turns to Inequality of Skills and Usage", Bus, J., Crompton, M. & Hildebrandt, M. (eds.), *Digital Enlightenment Yearbook 2012*, Amsterdam: IOS Press, 2012, pp. 57－75.

② Ibid. .

息技术和数字化社会为他们带来的资本积累和社会阶层上升是很少的，更不用说尚未进入网络空间的群体了，处于信息技能鸿沟弱势端的群体由于其掌握的信息技能较少，在信息技术不断发展的网络空间中就显得十分被动。

（三）信息资本转换鸿沟

信息资本的转换鸿沟是在信息获取和信息技能沟基础之上形成的，在信息获取层面，拥有信息技术设备并且有较高的信息获取需求的群体可以获得更多的信息，实现信息资本的积累，反之则没有或者拥有极少的信息资本；在信息技能层面，掌握高层次信息技能的群体可以通过信息技术实现特定目标，增加信息拥有量，进一步积累信息资本，而处在信息技能门外的群体，因自身技能的局限，无法有效地获得信息，因而在信息资本积累的阶段就与前者拉开了巨大的差距。信息资本的转换需要以拥有信息资本为前提。

然而，仅仅拥有信息资本还不足以形成网络空间的阶层分化，将信息资本转化为相应的财富、权利和声望等个人资本才能实现网络社会分层。能够从媒介中获得大量信息和拥有较高的信息技能的个体，不一定能够顺利地将自己的信息资本转换成权利资本或象征资本，进入新媒体赋权的门槛颇高。互联网技术的发展改变了整个世界的传播方式，但是仅有少数人能掌握这种将信息资本转化为传统社会资本的渠道和能力，而这种转化能力主要分为三种。

第一，信息资本转换为财富的能力，信息资本转换为财富的方式多种多样，从报纸的发展历程就可以知道，商人是多么重视信息。欧洲的报纸产生于商贾聚集的咖啡馆，商人们需要掌握政府、码头各方的信息，从而决定资金的流向。放置于现代社会中，信息的作用依旧如此，信息的重要性也就决定了信息的商品性，拥有越多信息资本的群体就更可能实现资本转换，而信息资本转换为财富能力的差距也会进一步扩大数字鸿沟。

第二，信息资本转换为权力的能力。拥有较多信息资本的个体能够在网络空间成为意见领袖，形成一呼百应的影响力，但是这种影响力或者说媒介赋权还是会受制于有权力者。福柯的权力理论认为话语即权力，在大众传媒时代，话语权力常常受到主流思想的控制，但是随着网络技术的发展，每个人都被这种技术链接，使得个体的声音被更多的人听到，也就是说个体所拥有的权力更大了，每个人都可以根据自己的想法表达意见，并通过网络叙述传递至他人。但是在真正意义上，这种权力并不是为每个人所使用。权力者有更多资源和能力去做定义和诠释，定义这个社会，诠释一些现象和个体，赋予客观事物一些意义，然而这些过程都是以权力者的利益为重的，都是维护了权力者的权力。这些诠释和定义的过程就是通过话语（discourse）来进行的，这些诠释和定义让大家认为他们构建的社会、规则等就是不可被质疑的现实，话语使得被定义的群体失去权力，处于被定义、被构建的劣势，从而保障了权力者的有利地位。

第三，信息资本转换为声望的能力。信息资本转换为声望也就是指获得权威性，这是一个长期积累的过程，也是一步步接近数字鸿沟优势顶端的过程，相较于前面提到的将信息资本转换为财富和权力而言，难度更大。现实社会中，掌握更多信息资本的群体，利用信息获得财富的现象相对而言比较常见，但是要利用手中所获得的信息资本获得尊重，拥有声望和权威性，却不是一件简单的事情，这也就使得网络空间的数字鸿沟不断扩大，强者越来越强，不断攀上高层，弱者越来越弱，陷入底端。

在信息爆发式增长的今天，随着互联网技术和科技的发展，网络空间的数字鸿沟现象也越来越明显，不仅体现在网络基础设备差距导致的物理层面的数字鸿沟上，而且衍生到因受教育水平、年龄、阶层不同而导致人与技术互动过程和互动情境方面产生巨大差距，从而产生新的数字鸿沟，包括了信息获取鸿沟、信息技能鸿沟和信息资本转换鸿沟，三者之间是一种递进的逻辑关系。其中信息获取鸿沟包括信息获取设备差距和信息获取需求差距，是门槛式的鸿沟；信息技能鸿沟包括了六种进阶式的能力：操作技能、常规技能、信息处理技能、交流技能、内容创造技能、策略技能，在这一层面上产生的数字鸿沟是对群体的知识文化水平要求；信息资本转换鸿沟指的是将信息资本转换为财富、权力和声望的能力，这一层面的差距影响了社会阶层的分化，也是数字鸿沟演化的末端，进入阶层分化的开始，信息资本转化优势端的群体能够获得更高的社会地位，处于劣势端的群体则难以实现阶层的跨越。

二 公共领域的权力再分配

哈贝马斯最初提出"公共领域"这一概念时，公共领域的所指仅仅是狭义上的资本主义社会中介于公权力领域和私人空间领域的一个过渡与交流的虚拟场域，是一种公众通过对话来介入公共事务的话语空间，其在本质上更倾向于权力缺失的公众化和平民化。[①] 而在媒介技术爆发的时代，社会结构发生变革，公共领域也不再局限于传统的定义，根据哈贝马斯对于其公共领域理论的多次修改与完善，公共领域在广义上已经不仅仅是一个私人个体间对话的空间，而是一种多元主体间产生关系和交流的网络，带有一定的媒介性质，其构成主体和影响力也比过去庞大复杂得多。由于参与主体的复杂化，公共领域原本作为权力真空场域的特殊情况也发生改变，权力开始介入其中，在哈贝马斯看来，这种权力的介入是"公共领域的再封建化"[②]，随着技术的发展，公共领域的扩大和泛化不仅不是一种进步，反而是一种退化，公共领域这一原本被公民用来对抗公权力的工具反而被社会权力所掌控影响，公共领域原本的社会服务功能也变为基于权力集团利益群体的政治功能。

随着技术的发展和社会结构变革，哈贝马斯理想中单纯的服务型的公共领域已经失去了其存在的背景和土壤，技术已经成为公共领域构建的基础和架构，甚至成为了公民进入公共领域的准入门槛，而由此带来的便是技术所有者和提供者即其背后的权力代表和支撑进入并干涉公共领域。在"公共领域再封建化"的阶段，哈贝马斯认为当今

---

① ［德］哈贝马斯：《公共领域的结构转型》，曹卫东译，学林出版社1999年版，第14页。

② 同上书，第84页。

社会的核心是政党和政府，外层是有权力支撑的国家机构，最外层是社会商业机构和社会团体为代表的公共领域。① 在这种社会结构中，权力固然可以由内而外地从政府作用到社会团体以及个人从而影响干涉公共领域，但作为公共领域的最外层同样可以通过其权力作用机制的核心——媒体和大众传媒将话语和影响力反向传递给最内层的政府，从而使处在弱势地位的民众可以抗衡公权力。在这种社会构成中，公共领域权力构建的着力点在于"平衡"，公权力从上而下，大众通过媒体将话语权凝聚和扩大由下而上与公权力对话，寻求一个平衡的权力结构。但在这种构建中，不可避免地将权力赋予了媒体，媒介成为公共领域中的主角，并且由于公权力和大众的天然对抗性以及大众的话语权分散性，导致媒介的把关权和话语影响力得到放大，成为公共领域的权力划分中掌控最大权力的一方。

在这样的背景下，虽然与哈贝马斯理想中的定义有着差距，但公共领域仍然成为民主政治与话语民主的重要组成部分，对公共领域的干涉与引导是社会控制体系的一种强有力的手段。虽然在哈贝马斯看来，当公权力与资本进入公共领域的同时，公共领域对权力的监督功能就被腐蚀和限制，"个体"这一概念将不复存在而取而代之的是社会中的利益集团，但仍然不能否认的是，在传统传播秩序时代，由大众传播媒体为核心的公共领域是社会控制体系的基石之一，利益集团仍然是个体们的集合，并且在公共领域中平等的与强势的公权力占有同样的话语权力甚至能制约监督公权力。公共领域的权力监督带来的是公权力的自我反思以及改善，是某种意义上的"外层公共领域"对"核心公权力"的反作用，是社会秩序维持稳定的强大助力。虽然来自政府的公权力和媒体为代表的民间话语权有着天然的对抗性，但由于两者的权力构成了"平衡"的分配状态，导致公共领域仍然是社会矛盾消解的渠道与利益群体和平表达诉求的途径，客观上维持了良好的社会秩序。

---

① 张殿元：《技术·权力·结构：网络新媒体时代公共领域的嬗变》，《中国地质大学学报》（社会科学版）2017 年第 6 期。

由此可见，在传统传播秩序时代，以政府为核心的公权力和以媒体为核心代表了普通民众的话语权构成了二元平衡，分配了公共领域之中的权力并且为社会控制体系的稳定起到积极作用。

进入互联网时代后，媒体虽然仍然有信息的接近权和媒介技术的提供权，但是其把关权和影响力、公信力却已经不再像大众传媒时代一样显著。在哈贝马斯最初对公共领域的定义中，"以阅读为中介，以交流为核心"的论述正是公共领域发生权力结构变革重构的原因。当今大众传播媒体所能提供的社会功能，仅仅只有"阅读"即提供信息这一项，虽然信息发布这一功能随着传媒技术的发展得到强化，信息的数量和呈现方式都得到了飞跃，但其过去独占的信息发布的权力也被自媒体和被媒介赋权的大众所分割。至于"交流"这一公共领域的核心功能则完全被社交媒体等所取代。传统公共领域二元权力结构中媒体权力的信息发布权被自媒体意见领袖等瓜分，提供交流渠道的权利则被技术赋予了公共领域本身，这也是本节开头提到的公共领域开始具有媒介性质的原因。

政府的公权力方面，最明显的代表是强制性和公信力，虽然目前技术的发展尚未威胁到公权力的强制性，但随着媒体组织的信息发布权的分散，公权力对媒体权力的制衡使公共领域起到的良性平衡也变得相对脆弱，变相削弱了公权力在公共领域中的地位。此外，意见领袖崛起和民间话语权的放大，让政府和媒体的公信力下降，并转移到了民间话语权主体的身上。

由于传统公共领域中的二元权力分配主体都由于技术原因带来的变革而失去了很多他们拥有的权力，因此新媒体语境下的公共领域进行了一场权力的再分配。在原本的权力分配结构中，普通民众是很难拥有切实话语权力的，甚至他们的话语权都需要通过媒体才能产生作用，而媒介赋权给新媒体之后，他们对民众进行了二次赋权，传统的二元平衡权力分配格局瓦解，基于技术的民间意见领袖借助于新媒体兴起，在公共领域中形成多元并存的权力分配现状。

在新媒体语境下形成的公共领域中的多元权力共存的新格局，从正面效应来看，首先，网络公共领域在技术上降低了公共领域的准入门槛，让更多的主体和多元文化利益群体进入公众话语场中，在客观上促成了不同阶层利益群体之间的对话，缓解社会压力矛盾，并在对"交流"行为的赋权中推动了当代公共领域的参与主体即普通民众的理性与批判思维的形成，打下了话语民主的基石。其次，这种新的权力构架为网络公共领域的话语民主提供了非正式性的制度保障：虽然公共领域是一个松散开放的交往空间，但个体在其中活动的规范是以一种约定俗成的参与群体共同认可的不成文规定而存在的。①

网络公共领域是真正意义上基于群体意识和群体伦理而存在的公共空间，尽管在新媒体场域中会存在诸多不同主体的伦理失范问题，但总体上仍然受到社会传统伦理道德演化而来的互联网道德共识的管制。对内，这种由个体伦理道德意识共振形成的群体管制是一种良性的促进公共领域健康发展的自律机制；对外，这种非正式的制度是一种保护公共领域不受外界力量破坏的防范机制，即除非从技术层面上彻底摧毁公共领域这一当代基础设施的存在根基，否则很难真正动摇网络公共领域的现状。从这一角度来看，网络公共领域的非正式性自我约束和 20 世纪起源于美国的新闻社会责任理论有着相似之处。

但是从负面影响来看，短期来说，传统两极控制下的公共领域失控，多元权力主体在公共领域中产生交流碰撞甚至是冲突，造成了一定程度上的社会秩序的混乱，并在这种震荡中引发了社会负面情绪的共振。在公共领域权力再分配的过程中传播失范现象由于权力主体与责任监管的不明确而频发，甚至由此将公共领域中的对立与矛盾带入社会结构的内层，导致了公共领域的社会控制功能弱化甚至对社会控制产生负面作用。

因此，从网络话语民主的角度来看，公共领域的权力再分配对公共领域的构建有着长远的积极作用。但是从社会整体秩序和社会控制体系的视角出发，多元权力构架的形成仍然处在阵痛期。

---

① 熊光清：《网络公共领域的兴起与话语民主的新发展》，《中国人民大学学报》2014年第 5 期。

三　网络意见领袖：新的主导阶层？

意见领袖这一概念是拉扎斯菲尔德在《人民的选择》中提出的，他认为，大众传播并不是直接"流"向一般受众，而是要经过意见领袖这个中间环节从而形成一种二级传播模式。① 而在网络时代，传播秩序开始显现出去中心化和分众化的特点，从而直接导致了网络意见领袖这一特殊阶层的诞生与崛起。

罗伯特·K. 默顿（Robert K Merton）曾将意见领袖区分为两种不同类型：单型的（monomorphic）和多型的（polymorphic）。前者指某一专门领域中的意见领袖，其虽然是该领域的权威，但在另一领域只能充当跟随者；后者则可以在广泛的领域中影响许多人。② 而在网络场域中，具有较高影响力的个人大致可以分为以下几类：一是专业人士与公共知识分子。例如知乎的很多专业人士。这些人不仅有较高的专业知识修养，在自身领域具有很高的权威和影响力，而且本身或是对公共事务有着极高的参与热情，或者是与大众媒体有着良好关系的"知名人士"，他们拥有了优越的社会资本和话语权，有较强的传播能力和较多的信息资源，这一优势在社交媒体上得到继承和强化。二是具有资本优势的商界人士或是财经人士。他们代表了拥有强大经济资本的群体。由于他们个人事业上的成功而获得的社会知名度，加上有的从事科技信息行业、新媒体行业，因而他们在社交媒体上的言论也获得较高的可信度、权威性和影响力，在以重要节点为核心进行分布式链接的社交网络上能够形成特有的凝聚力，这是经济资本向文化资本转化的表现。三是文体娱乐明星。明星的粉丝群体可以说是互联网中规模最大凝聚力最强的群体，但是由于其自身的商品属性和商业利益集团的制约，大部分明星虽然具有很高的影响力，但大都是和自身以及粉丝经济有关，很少有关于公共事务的言论，具有较为封闭的

---

① ［美］保罗·F. 拉扎斯菲尔德：《人民的选择》，唐茜译，中国人民大学出版社2014年版，第207页。

② Merton, R. K., *Social Theroy and Social Stucture*, Glencoe：Free Press, 1957.

特性。四是由专门网络经纪公司运营管理的营销账号，这类账号本身甚至可能不是自然人，而是一个公司运营出的虚拟人设，通过段子和热门事件的营销来吸引粉丝，这类意见领袖呈现两极分化，影响力最高的营销账号在内容传播互动的数量上都不逊色甚至能超过明星，而小的营销账号互动范围则很窄。但是由于其庞大的数量，导致营销账号等所能传播的总范围同样庞大。①

网络意见领袖在网络传播的过程当中往往起到二级甚至是多级传播的传播节点的作用，但是他们不仅仅是传播来自信源的原始信息，他们通常会在传播中附加上自己基于自身价值判断或利益诉求的立场观点并以此有意或无意地影响舆论。他们在被网络赋权后进行传播行为的过程中，同样是在对自己进行再次赋权，将完整统一的被传统媒体掌握的媒介权力演化为碎片化、扩散化、多中心化的话语权和影响力。

也正因为新媒体传播的碎片化与裂变性，任何组织和个人都无法垄断对于公共事务的言论表达，我们经常可以看到这样一个现象，在某些特定的公共事件中，网络意见领袖总会基于某种价值判断和利益考量来发声，其言论通过粉丝群体的不断发酵扩散与互动，其内部的信息流动频率加剧，某一立场和言论不断重复，影响力不断扩大。与沉默的螺旋相比，这可以说是新媒体场域中的新型传播中心"网络影响力螺旋"。这种新型"传播中心"的形成实际上是新的传播秩序时代对话语权进行争夺的表现。

除了媒介赋权与自媒体意见领袖的自我赋权之外，普通民众在传统社会语境下的"失语"状况也是意见领袖崛起背后的重要因素。②传统型意见领袖与其最具有影响力的受众往往都处于同一阶层和利益群体。当普通民众利益受到损害时，意见领袖往往能行使他们不具备的话语权，意见领袖充当了一个阶层间的对话和发声渠道。进入互联

---

① 曹洵、张志安：《基于媒介权力结构的微博意见领袖影响力研究》，《新闻界》2016年第9期。

② 蔡骐、曹慧丹：《社会变迁中的传播赋权——网络意见领袖崛起原因探析》，《武汉科技大学学报》（社会科学版）2015年第2期。

网时代以来，虽然普通民众也被赋予了发声的权利，但民众话语的影响力仍然微不足道，需要通过意见领袖来放大声音，所以过去意见领袖所拥有的话语权利在新的传播秩序下非但没有像传统媒体一样被弱化，反而在迁移至新媒体场域的过程中得到强化和放大。因此，传统媒体影响力的衰弱和意见领袖影响力的崛起正是互联网时代话语权的流动方向，并正在成为一种新的话语权平衡，只是这种新的平衡是一种缺乏社会控制体系监管和指引的不稳定的平衡。

四　阶层固化与流动的辩证思考

前文已经对数字鸿沟及其带来的数字化差距、媒介赋权和媒介赋权引起的社会阶层变迁做了相关论述。综合来看，我们需要辩证地看待网络技术和媒介赋权带来的社会阶层变化。

网络社会阶层在当今技术发展和社会环境的背景下，很大程度上是现实社会阶层的延伸与继承，现实社会中的阶层壁垒和隔断虽然在媒介话语赋权下不再森严分明，但现实社会中不同阶层间的各种有形和无形资本的差距仍然在网络社会延续，现实社会中的精英阶层掌握各种资本优势转化为网络社会中的阶层优势和影响力，由于信息资本、信息技能、文化和社会环境等因素形成的数字鸿沟在网络社会同样造成了严重的社会分化和断层，精英阶层通过资本和技术手段巩固和利用数字鸿沟，使其成为在网络社会这个新兴公共领域中复合其自身阶层利益的新壁垒与界限，具体可表现为传统大众传播媒介组织在网络空间上的转型和附属组织，利用影响力和资本控制公共议程，引导舆论热点，从而使社会公共意识产生偏向于精英阶层。因此，网络社会的社会分层结构仍然具有现实社会中阶层的影子，在某种程度上网络社会仍然存在既有的阶层固化。

不可否认，网络社会依然有阶层固化的现象，但从客观上来说，媒介技术的赋权和网络社会的成熟对于强化社会阶层流动带来的正面作用大于其巩固阶层固化带来的负面效果。

首先，"阶层固化这一社会学范畴的含义是指对社会流动的一种反动，也可叫复制式流动，它是社会流动的一种特殊状态、一种非正常状态，既包括个人一生中的职业地位没有改变的代内流动状态，也包括子女一代同父母一代同年龄段比较职业地位没有改变的代际流动状态"①。虽然精英阶层利用媒介技术和资本巩固了自身的阶层地位和优势，一定程度上固化了现有的代内社会秩序和阶层结构，但网络和媒介技术的发展客观上拓宽了阶层流动的途径，使得阶层面上的通道多元化。从硬件和技术的角度来看，网络时代促成了以百度、阿里巴巴、腾讯这"BAT"三巨头为代表的互联网公司，这些互联网公司提供了大量的工作岗位，催生出一大批中产阶级。从媒介经济的角度来看，注意力经济在网络兴起，新媒体和自媒体催生出网红文化和网红经济链，让很多在传统社会秩序中默默无闻的普通人因为自己的某些特质成为具有影响力和消费号召力的名人或意见领袖。这些网络公司衍生出很多新兴产业和下游产业，例如电子商务和直播行业等，改变了现实社会中的经济和商业结构，很多出身于工人农民阶层的普通大众切实通过网络技术实现了阶层跃迁。

其次，虽然传统社会中的知识沟演化为新传播秩序中的数字鸿沟，但客观上，新媒体和自媒体促成了社会的信息共享，缩小了不同阶层间的信息资源差距，减少了传统社会中信息不对称这一阶层壁垒，从而在一定程度上缓和了阶层固化。在传统传播时代，不仅信息的发布具有延滞性，且信息的把关掌握在精英阶层手中，信息的获取行为本身也需要很大的成本，处在中下阶层的人很难及时获取到想要的信息，并且获取到信息的价值也与精英阶层有着差距，这种信息获取和信息价值利用上的绝对差距是旧的社会秩序中阶层壁垒的重要部分。而媒介赋权使得网络社会中自媒体兴起，信源渠道拓宽，同时移动互联网技术的发展使得普通大众获取信息的及时性和各种隐性成本下降，意见领袖对于信息的解读降低了获取信息价值必要的专业性。在这种意义上，媒介赋权帮助社会在网络中实现了信息平等，不同阶层都处在相对对称平等的信息平台上，保障了个体不同的媒介权利的

---

① 马传松、朱挢：《阶层固化、社会流动与社会稳定》，《重庆社会科学》2012 年第 1 期。

同时，也促使网络空间的社会阶层的扁平化发展。

最后，网络社会的匿名化和自发性促成了网络场域和现实场域的二元对立。场域是以不同社会关系联结起来的表现形式多样的社会场合或社会领域，人的每一个行为均被其所处的场域所影响。[①] 在现实社会中，个体有着既定的社会地位和阶层位置，个体的行为和话语表达被社会场域的多重因素所束缚。而在媒介技术赋权的网络社会中，个体不再是现实社会场域中被固定的一分子，虽然网络社会已经实现了实名制管理，但表达的匿名化，给予个体一个全新的身份，传统的社会场域被网络的匿名化解构。在网络场域中，个体的身份和角色不再属于被场域赋予的而是基于其意愿自发构建的，个体可以根据兴趣爱好寻求新的虚拟社会关系，这种新的社会关系不局限于传统的阶层，在传统社会场域中因为阶层壁垒和阶层利益而很难产生交集对话的不同个体在网络社会中基于个人意愿结成新的虚拟场域。

在现实社会中，社会场域的产生和个体在社会场域中的地位往往非个体可以自主选择，而是由经济条件文化环境社会背景所决定，而网络场域的构建虽然也会受到现实因素的影响，但个体的主观意愿仍然是最重要的决定因素。除此之外，网络社会场域由于社会束缚力的消弭从而不如现实社会场域稳固，但也因此导致个体在网络场域中的多元性，一个个体可以拥有多种身份，表达多种意愿，这种得益于消解现实社会压力的多重性和多元化同时也增强了网络场域相较于现实场域对大众的吸引力，并强化了大众对网络场域中社会身份的认同感。从上述论述可以看出，网络场域与现实社会场域虽然组成的社会成员相同，但由于网络社会自身的特点和媒介的赋权，从而产生了截然不同的构建形式和社会联结，因此形成了二元对立。但就像现实场域的社会因素仍然会对网络场域的构建形成影响一样，网络场域中阶层平等的交流方式与理念同样渗透进了现实社会，大众将阶层平等和自我意愿带入现实社会中，推动了现实社会场域中阶层的平等和社会

---

① 黄庆丰、宋健、宋娜：《新媒体时代下的阶层固化与阶层流动——基于社会分层与社会流动的视角》，《改革与开放》2017 年第 14 期。

多元化。因此，虽然网络社会与现实社会是两个二元对立的场域，但网络社会有着弱化现实社会阶层固化的作用。

媒介赋权虽然很大程度上促成了阶层间的平等与流动，但在一定程度上还是帮助精英阶层固化了其社会地位。而针对传播新秩序带来的阶层流动，研究者同样应该辩证看待。媒介赋权带来的阶层流动和网络社会中的平等多元化虽然赋予了弱势群体发声的权利，推动了社会进步，但也造成了社会群体意识和公共价值观的异质化和情绪极化。不同社会阶层因为媒介赋权在同一个公共领域和社会场域进行话语交流，他们的立场和利益在网络领域发生碰撞冲突，并传递至现实社会，在这种网络场域中势均力敌的对话进入阶层力量失衡的现实社会，就会产生引发社会风险的可能性。因此，如何管理网络场域这一现实社会的安全阀、如何在网络社会阶层的异质与统一间取得平衡、如何在保持网络空间对阶层流动的正面作用的同时削弱其对阶层固化的强化作用，是网络社会风险治理的重中之重。

第四章 新技术革命与社会风险的形成

日新月异的新技术发展，一方面帮助人们解决了很多难题，极大提高了人们生活水平，但同时也滋生了许多挑战，诸如技术安全问题，技术问责问题等。事实上，社会风险问题在古今中外均有不同程度的呈现。但基于技术发展，尤其是信息技术或新技术发展后的社会风险，影响范围之广、程度之深是任何时期都无法比拟的。因而，对社会风险问题的研究是社会发展到一定程度的必然结果。换言之，各种新技术的发展进一步地促进了信息或媒介技术革新，引发了一系列的新型社会风险，进而导致了全球出现全域性"风险社会"的整体感知。基于这种全球性的风险社会感知，对我们当今时代的许多领域发展造成了困扰，甚至导致了许多已知或未知灾害的发生。新技术革命与社会风险的议题研究，无论是从国家的社会治理角度，还是从个人发展的角度，都是极为重要的。

第一节 新技术革命与发展

在谈论新技术革命之前，我们需要对"技术"进行一个概念的基本明晰。奥格伯恩认为："技术像一座山峰，从不同的侧面观察，它的形象就不同，大家从不同的角度去观察，都有可能抓住它的部分本质内容。"① 在《美国国家技术教育标准》中，技术却有着不同的定义："它可以指人类发明的产品和人工制品——盒式磁带录像机是一

---

① 邹珊刚：《技术与技术哲学》，知识出版社 1987 年版，第 227 页。

项技术，杀虫剂也是一项技术。它可以表示创造这种产品所需的知识体系，它还可以表示技术知识的产生过程以及技术产品的开发过程。有时，人们非常广义地使用技术这个词，表示的是包括产品、知识、人员、组织、规章制度和社会结构在内的整个系统，比如，谈到电力技术或互联网技术时，便是这种广义的含义。"①《自然辩证法百科全书》将技术定义为："人类为了满足社会需要，依靠自然规律和自然界的物质、能量和信息来源来创造、控制、应用和改进人工自然系统的手段与方法。"就目前对技术认识的深刻性而言，本书更倾向于前者"广义技术"的概念解释。

一　前三次工业革命及其影响

"技术是人类为了实现改造与控制自然以满足社会需要而创造的各种手段和方法，技术革命指技术在一系列的渐进过程中，由于技术原理的物化及技术的重大发明而形成的技术体系的本质变革。技术革命是在科学的应用研究和发展研究中取得的重大成果，发明了重大新技术，创造了崭新的技术装备或革新了传统的工艺，引起了社会技术结构的变革，建立了新的技术体系，推动了整个技术发展，促进了社会生产的飞跃，成为技术史上划时代的标志，并为社会生产力的重大变革和飞跃发展提供了前提。"② 在新技术革命到来之前，人类历史上经历了三次技术革命。第一次技术革命发生于18世纪60年代至19世纪40年代，几乎是与英国产业革命同时进行的。这场技术革命经历了三个历史阶段：第一个阶段是以纺织机械为代表的工作者的革命；第二个阶段是以蒸汽机的发明和革命为代表的动力革命；第三个阶段是以机器制造业的建立为代表，它奠定了近代机械化大生产的基础。第一次技术革命对整个人类社会的发展产生了极其深刻的影响，使人类实现了把热能转化为机械能，促进了整个社会生产力的巨大发

---

① 国际技术教育协会：《美国国际技术教育标准》，黄军英等译，科学出版社2003年版，第2页。

② 刘亚刚、刘世贵：《现代科学技术革命及其影响》，《西南民族大学学报》（哲学社会科学版）2001年第12期。

展。但另一方面，资本主义制度开始在全球蔓延，一系列对底层劳工的经济与自由剥削问题也日益凸显。第二次工业革命发生于 19 世纪 70 年代至 20 世纪初，其最主要的标志是电力的广泛使用。第二次技术革命大大促进了资本主义生产力发生又一次质的飞跃，在此基础上，资本主义生产方式由自由资本主义进入垄断资本主义即帝国主义阶段，对世界的殖民争夺与剥削也因第二次技术革命的出现更加激烈。

现代科学技术革命，也就是我们通常意义上所称的继近代历史上第一、二次科学技术革命之后的第三次科学技术革命。第三次工业革命兴起于 20 世纪四五十年代，最早发生地为美国，以原子能技术、航天技术、电子计算机的应用为代表。它包括人工合成材料、生物学和遗传工程等高新技术，第三次工业革命的核心是电子计算机的广泛使用。其特点主要包括：科学技术在推动生产力的方面起着越来越重要的作用，转化为直接生产力的速度加快；科学与技术相互促进；科技各领域间的相互渗透，相互促进更明显；其规模、深度、影响都远远超过前两次。其深远影响大体概括起来就是推动了社会生产力的发展，促进了社会经济结构与社会生活结构的变化，推动了国际格局的调整，世界政治、经济、文化、传媒等各个领域或行业全球化趋势加强，技术与人之间的紧密关系已经基本建立，形成了"你中有我，我中有你"的不可分割趋势。

二　新技术革命及其主要类型

现代新技术革命是指以科学技术的极大发展为基础，以无人化的智能技术、虚拟现实技术、量子信息技术等的研发与应用为核心发展的高新技术，其代表性特征是互联网产业化，工业智能化，工业一体化，代表应用包括人工智能产品、虚拟现实技术装备与设备、大数据算法等。

新技术革命是继互联网、万维网（WWW）、网络（网格）技术之后的第四大技术浪潮。网络技术出现了不同于前两个阶段的独特算法模式——网格计算，新技术革命的算法模式更是对网格技术的发展和超越。简而言之，网格计算模式是要把整个互联网整合成一个巨大的超级计算机，以便实现计算资源、存储资源、数据资源、信息资源、知识资源等资源的全面共享。① 应该说，新技术最大的特点即是两个"S"，一个是代表共享的"Share"，另一个则是代表搜索的"Search"。这两个特点不仅与媒介技术中的社会公器性质与议程设置功能有着极大的关联，还与新媒体时代的社会风险的产生与泛化有着极大的关联。安东尼·吉登斯和菲利普·萨顿曾在《社会学》一书中指出，推动互联网变革的是信息技术的发展，全世界的组织都可以彼此定位，很容易互相接触，并且通过电子媒介协调彼此的活动。② 常修泽这样描述新技术革命的潮流，"进入 21 世纪以来，被人们称为'新浪潮的第三次工业革命'迅猛发展，特别是在信息革命方面，人类社会的'先头部队'正在从工业社会迈向信息社会，包括'云计算''e 世界'等信息技术正以异乎寻常的速度爆炸性增长"③。从新闻传播角度来审视技术革命与风险的关系，本书更倾向于把新技术理解为一种以信息技术为基础的技术集合概念。

关于新技术革命中的主要技术类型，学者常修泽引用了大陆和台湾不同的归纳方法。他认为，"大陆科技界一般把此大势归纳为五个字：'云'（云计算）、'物'（物联网）、'移'（移动互联）、'大'（大数据）、'智'（智能化）。台湾科技界归纳为四个字，即'大'（大数据）、'智'（智能化）、'移'（移动互联）、'云'（云计算）"④。可以很明显地看到，大陆和台湾对于新技术革命浪潮中技术趋势的归纳大同小异，只是大陆基于物流业和电商业务的发展，多了物联网技术研发上的关注与应用。基于以上的趋势归纳和本书对于新技术革命概念的界定，本书认为新技术可以划分为五个类型，即大数

① 参见彭兰《网络传播学》，中国人民大学出版社 2009 年版，第 6 页。
② ［英］安东尼·吉登斯、菲利普·萨顿：《社会学》，赵旭东等译，北京大学出版社 2015 年版，第 815 页。
③ 常修泽：《世界三大潮流与中国混合所有制经济——基于全球视角的相关性研究》，《改革与战略》2017 年第 8 期。
④ 同上。

据技术类、人工智能技术类、移动互联技术类、云计算类和物联网技术类。

三　新技术的物理特征分析

国内学者芮明杰认为新技术革命是以智能化、信息化、数字化为核心的。[①] 而刘敏认为新技术革命浪潮是以信息化、网络化、智能化为主要特征的。[②] 不难看出，学界对于新技术革命主要特征的认识具有很大的共通特征，即从一些主要新技术类型中提炼出它们的共性。而本书认为，新技术的物理特征主要有以下几点：

（一）复杂性

新技术是产生在计算机技术极大发展基础之上的，而且呈现出不断前进的发展趋势。其发展受到了社会以及人文因素的重大影响，是一项极为复杂的工具呈现。从新技术的物质载体构成来看，它是由无数零部件组合集成的应用工具，各个零部件之间存在着相互联系。而从新技术产生的"虚拟性"环境来看，人文与社会因素是非常重要的。是否发展新技术，发展哪一方向的技术？这些都受到"虚拟性"环境的影响。因而新技术并非是完全客观存在的某种定性的物质，其间的复杂性是引发不确定性以及风险性的重要因素。

（二）创造性与颠覆性

技术的创造性也意味着对前有技术在某种程度上的"颠覆"。技术的发展一定离不开创新力的驱动。新技术是当今时代最核心的科技发展对象，需要极大的创新力才能让其得到不断的发展。正是由于这种站在时代前沿的创新思考与努力，才使得新技术更多时候是去探索与挑战未知。创造性与未知性之间存在着某种天然联系。自从文艺复兴和启蒙运动的"二元革命"之后，人们的人性和理性逐渐从"神性"和"封建愚昧"的束缚中突破出来。人们对于客观规律基础上

---

① 芮明杰：《构建现代产业体系的战略思路、目标与路径》，《中国工业经济》2018年第9期。

② 刘敏：《新技术革命对就业的多重影响及政策建议》，《宏观经济管理》2017年第3期。

主观能动性的强调，导致对未知探索的欲望也是日益增长。这种探索在现代环境中掺杂了越来越多的"杂质"，诸如市场因素、政治因素等，进而也就可能导致社会风险的产生。

（三）知觉的整体进化

人类通过计算机和传播链接起来形成的智能网络被地球脑学派的重要代表人物赫里芬形象地称为"地球脑"。它就像人类的大脑一般精密，能够组织起各个系统，协调各系统间有机运作。并以超强的运算能力，将社会运作代码化，处理信息、制定政策、协调关系，在这一过程中，机器产生了类似人类思想的东西，代码不再仅仅是计算的符号，而是社会运作的基本格局和思路。"它扮演了人类集体中枢神经系统的角色，受'地球脑'概念的启发，我们可以把全球社会看作一个庞大的'地球生物体'。如果说网络的信息处理系统组成这个生物体的'精神'，那么所有的人和人工制品（包括工具、建筑、汽车等）构成它的'身体'。它不仅有处理信息的神经系统，而且还有处理物质和能源的功能（如矿石、水、石油），通过加工处理转变为特殊的产品和服务，运输到需要的地方，循环利用，最后排泄。"[①]因此，新技术在知觉感知方面促使了知觉的整体进化。

（四）智能性

对"智能化"进行相关文献检索发现：目前学界对于"智能化"更多的是一种应用研究。例如金融行业如何实现智能化运作，农业行业如何进行智能化操作等。而对于其概念的界定很少，似乎"智能化"的理解成了一种通识性的社会共识。在搜狗百科上智能化是"指由现代通信与信息技术、计算机网络技术、行业技术、智能控制技术汇集而成的针对某一个方面的应用"[②]。此外，百度百科对于"智能"名称及其特点的阐释也可以帮助我们对这一概念进行更详尽的了解。"从感觉到记忆再到思维这一过程称为'智慧'，智慧的结

---

① 张雷：《从"地球村"到"地球脑"——智能媒体对生命的融合》，《当代传播》2008 年第 10 期。

② 2019 年 5 月 11 日，https：//baike. sogou. com/v716389. htm？ fromTitle = 智能化。

果产生了行为和语言，将行为和语言的表达过程称为'能力'，两者合称'智能'。智能一般具有这样一些特点：一是具有感知能力，即具有能够感知外部世界、获取外部信息的能力，这是产生智能活动的前提条件和必要条件；二是具有记忆和思维能力，即能够存储感知到的外部信息及由思维产生的知识，同时能够利用已有的知识对信息进行分析、计算、比较、判断、联想、决策；三是具有学习能力和自适应能力，即通过与环境的相互作用，不断学习积累知识，使自己能够适应环境变化；四是具有行为决策能力，即对外界的刺激作出反应，形成决策并传达相应的信息。具有上述特点的系统则为智能系统或智能化系统。"①

新技术普遍都具有智能化的特征，不仅仅局限于人工智能技术具有这种特征。本书对新技术所做出的特征分析，是基于绝大多数新技术类型都具有的共性梗概。这是因为在新技术革命浪潮下，尤其是以信息技术的极大发展为基础，所有的技术虽然在一定程度上受到了国家、地域、商业规则等因素的壁垒限制，但在全方位的全球化趋势下，各种新技术之间也不可避免地要进行合作与渗透，才有可能实现技术的全面性与社会普适性。新技术的智能化特征也可以从这样几个方面来理解：首先是智能化的感知能力。即能够根据需要去感知和获取信息的能力。其次是智能化的记忆和思考能力，即能够将感知和获取到的信息根据某种需求进行记忆和思考。再次是智能化的深度学习和适应能力。智能化的学习不是一种普通的学习，它是比之前互联网前三个阶段的机器学习更高级的学习状态，这种深度学习也是实现智能化的重要基础。此外，这种智能化还意味着离开或者较少依赖人工化的强大适应能力，进而能够对很多复杂情况做出一定的完善处理。最后是智能化的决策能力。智能化并不仅仅只是一个技术特征或技术现象的呈现，它能够帮助人们在操作相关新技术时更好地实现决策的科学化和人性化。

---

① 2019 年 5 月 11 日，https：//baike. sogou. com/v716389. htm？ fromTitle ＝ 智能化。

（五）全球性

新技术的全球性与技术的信息化和网络化是密不可分的。"全球化的概念近些年被广泛地用于政治、商业和媒体的讨论中。然而，早在 30 年前，全球化这个概念还是鲜为人知的。通俗而言，全球化强调的是所有因素流动过程的整体性与系统性，包含了全球范围内事物、人和信息不断增长的多方面流动。然而，尽管这个定义突出了当代世界持续的变移性或流动性，许多学者也认为全球化蕴含了这样一个事实，即我们都越来越多地生活在一个世界里，个人、公司、群体以及国家变得愈加相互依赖。"① 新技术的"全球性"可以从这样三个层面来理解。首先，生产的全球性。目前绝大多数国家都意识到 21 世纪是信息时代，都将新技术的发展作为自己的核心发展要素。对于新技术的研发与投入更是逐渐增加，呈现出全球发展新技术的盛景。其次，应用的全球性。新技术突破了传统社会中依赖时空进行生产与生活的限制，每个人都能与世界进行联系与沟通，真正地做到了"天涯若比邻"。再次，影响的全球性。新技术上的任何活动都可以产生广泛而深远的影响，甚至呈现了"你不关心网络，网络也会围绕你"的情况。最后，从新闻传播的效果角度来看，基于新技术进行的信息传播速度就像是"原子裂变"。"信息的运动不像流星一闪而过，而是像原子裂变反应，由一种信息扩充出许许多多联系；又从许许多多联系折射出不同形态的结构。信息的力量就产生于整个的裂变过程中。"② 传播效果的全球性会引起风险社会的全球化，对于人们的风险感知与治理都将是极大的挑战。

四　新技术的传播偏向

哈罗德·英尼斯认为，"任何媒介都具有时间或空间上的倾向性，偏向时间的媒介易于长期保存，但难以远距离运输；偏向空间的媒介

---

① ［英］安东尼·吉登斯、菲利普·萨顿：《社会学》，赵旭东等译，北京大学出版社 2015 年版，第 119 页。

② 王婧：《微博在网络与现实中共振》，《网络传播》2010 年第 8 期。

易于远距离运输，却难以长久保存。偏向时间的媒介实现了对时间（历史）跨度的控制，而偏向空间的媒介则实现对空间（地域）跨度的控制"①。在哈罗德·英尼斯看来，一切内容载体都存在着某种形式的偏向，而这种载体形式会对内容产生影响，进而对人与社会产生影响。他认为，"历史上的一切文明试图用各种方式控制时间和空间。当这两种关切平衡时，社会稳定就是必然的结果。过分偏重其中一个时，社会崩溃就必然产生"②。在英尼斯的这段论述中，揭示出了传播偏向与社会风险的某种关联。"媒介本身加上传播的形式，是社会倾向于用特定的方式组织和控制知识。"③"在英尼斯看来，一个文明里的主导传播媒介'偏爱'某些形式的空间取向和时间取向。……'时间偏向'的文明通常以社会等级制度为特色，等级制度使精英群体、巴比伦祭司和中世纪的天竺教教士组成强大的社会阶级，他们有知识垄断的特权。"④ 同时，他认为像广播、电视这类的电子媒介其实加剧了印刷媒介固有的空间偏向。他认为电子媒介只是在表面上使知识更加普及和民主化，而实际上是倾向于使知识的主导模式经久不衰。⑤ 而这种知识的主导模式，显然指称的是特定阶层或是统治阶级的知识主导模式。

本书所谈论的"新技术"，显然是比电子媒介还要高度发达的内容载体。除了延续英尼斯关于电子媒介加强印刷媒介空间偏向的论断，本书认为"新技术"的空间偏向主要应该从以下几个层面来进行理解。首先，以网络信息技术为代表的互联网新技术早已突破了信息传播在时间和空间上的界限。"无时无刻，无处不在"成为当今世界的一种时空状态。我们已经处在著名媒介环境学派的代表人物马歇尔·麦克卢汉所称的"地球村"里了。其次，"新技术"较以往技术

---

① 鲍立泉：《新媒介群的媒介时空偏向特征研究》，《编辑之友》2013 年第 9 期。

② ［美］林文刚：《媒介环境学：思维沿革与多维视野》，何道宽译，北京大学出版社 2007 年版，第 113 页。

③ 同上。

④ 同上。

⑤ 同上书，第 114 页。

更加偏向空间，因为"新技术"几乎在时间上实现了全时性，而在空间上依旧在实现不断的连接与突破。例如，新技术革命中的虚拟现实技术就是对现实空间的一种突破。

这种具有空间偏向的"新技术"不断营造了一种逼近"地球村"的技术景观，而且还将其中的风险发展为社会的内生特性。正如美国学者林文刚所说，"麦克卢汉的地球村不是高度和谐的乌托邦，而是人们互相深度卷入的地方，更加容易滋长冲突和恐怖"①。麦克卢汉也曾关注过地球村中的这种风险问题。"除非意识到这种互动，否则我们会立即卷入一个恐怖的时期，完全适合部落化、互相依存、互相叠加共存的那种小世界的时期……恐怖是任何口语文化的社会常态，在这样的社会里，一切东西都在同时影响着其余的一切东西。"②

更为重要的是，新技术以智能化为其发展方向，麦克卢汉在谈到"媒介是人的延伸"时同时也强调，"延伸意味着截除"。这就说明，一切技术所带来的便捷都会在人类自身当中产生难以估量的影响，这些影响让我们察而不觉，却又在我们清醒意识到的时候将改变铸就为定局。智能化意味着媒介对人类中枢神经系统的终极延伸，它让媒介自身拥有了思考的能力，而人类的思考能力却被放逐。未来的风险有可能是关乎于人类自身主体性的风险，人如何才是真正意义上的人？而非是"万物皆媒"中的"媒介"而已。

技术发展与人和社会的关系讨论，似乎是一个经久不衰的研究方向。的确，技术发展与人和社会的发展是辩证统一的，相互作用的，更是互相制衡的。也即是说，技术的发展程度、应用领域等方面都与人和社会密切联系。那么，新技术的运用，尤其是作用于人和社会的社会化运用又体现在哪些方面呢？下文将会逐一论述。

（一）网络技术的社会普及

网络技术，又称"网格技术"。"网络技术是从 1990 年代中期发

---

① ［美］林文刚：《媒介环境学：思维沿革与多维视野》，何道宽译，北京大学出版社2007年版，第149页。

② 转引自［美］林文刚《媒介环境学：思维沿革与多维视野》，何道宽译，北京大学出版社2007年版，第149页。

展起来的新技术，它把互联网上分散的资源融为有机整体，实现资源的全面共享和有机协作，使人们能够透明地使用资源的整体能力并按需获取信息。"① 而国内学者彭兰认为"网格技术"可以被看作网络计算技术的一个新发展。"网格技术将把整个互联网整合成一台巨大的超级计算机，实现计算资源、存储资源、数据资源、信息资源、知识资源、专家资源的全面共享。当然，也可以利用它构造地区性网络、企事业内部网络、局域网网格甚至家庭网格或个人网格。网格的根本特征不是它的规模，而是资源共享，即对资源孤岛的消除……传统互联网实现了计算机硬件的连通，www 实现了网页的连通，而网格试图实现互联网上所有资源的全面连通。"②

1969 年 9 月 2 日，当两台计算机第一次被连接在一起就构成阿帕网。阿帕网而后却发展成为因特网的基础。③ 如果从这个时间点算起，互联网技术的发展已经走过了将近 50 年的历程。中国科学院计算所所长李国杰认为，网格技术（网络技术）实际上是继传统互联网、万维网之后的第三大信息技术浪潮。④ 如今，国人的生活已经和互联网密不可分，从日常生活的衣食住行到虚拟社交的普及，再到思维方式的互联网化，技术已经不单纯是社会的参与者，它还在形塑社会，引领社会未来发展的方向。人们的现实生活和虚拟生活呈现交叉交融之势，身在曹营心在汉的"彼在"状态是现代人穿梭于虚拟世界与现实世界的分身之术。快节奏的现代生活使人们更加娴熟地运用一个个缝隙化的时间，完成自我满足与实现。上班累了逛逛淘宝，聊聊微信，叫个外卖，这一切已然是现代白领的工作常态，没有人会在这虚实交替之间迷路或盲从，因为，对现代人而言，互联网织成的这张网不再是生活的旁观者，而是和社会生活紧密相连的一部分，甚至更多

---

① 2019 年 5 月 11 日，https：//baike. baidu. com/item/网络技术/480927？fr = aladdin。
② 彭兰：《网络传播学》，中国人民大学出版社 2009 年版，第 6 页。
③ 参见《因特网诞生时间说法不一》，1999 年 9 月 1 日，http：//tech. sina. com. cn/news/internet/1999 – 9 – 1/5493. shtml。
④ 参见李国杰《互联网的第三代应用：网格计算》，《通信产业报》2002 年 4 月 18 日。

的人认为，没有了这张网，生活将无法继续。

（二）虚拟现实对拟态环境的重构

"拟态环境"或称"似是而非环境"，这一观点最早由美国政论家李普曼在其所著的《公众舆论》一书中提出。简而言之，"拟态环境"其实指的是在大众传播活动过程中形成的"信息环境"。它不是客观环境的镜子式的再现，而是大众传播媒介通过对新闻和信息的选择、加工和报道，重新加以结构化后向人们所展示的环境。李普曼所处的时代是大众传播时代，因而他所揭示的"拟态环境"也具有那个时代的媒介活动特征。国内学者王越芬、季宇对互联网时代的"拟态环境"做了相关的描述。王越芬、季宇认为，"网络拟态环境是全球互联网广泛普及与传播格局深刻变革的必然产物。……当前，在网络拟态环境中的思想交锋、观点碰撞、价值冲突趋势也愈演愈烈，网络受众对价值观的认知和现实社会的感应不断碎片化、'偏移'程度加剧"[1]。在所有的新技术革命中，虚拟现实技术，诸如 VR 技术、AR 技术、MR 技术等，是与虚拟现实的建构最为直接的。虚拟现实技术是一种趋真实技术，它的出现表达了现代人对于真实、真相、现实等方面的无限追求。但技术，尤其是被社会化运用的技术，都不同程度地掺杂了商业逻辑、市场规则、人性欲望等形形色色因素的支配。它不是，也几乎不可能是现实世界的"镜子式"再现。虚拟现实技术所为人们和社会重构出来的拟态环境，虽然在内容的真实性上又进了一步，但反过来，正是因为这种高真实性，才更可能导致人们将其视为"完全真实"，进而去认识世界、作用世界。而这样的演变，显然会让风险变得随时都有可能出现。

（三）人工智能的人性化社会追求

美国学者斯图尔特·罗素和皮特·诺威格曾在其合著的《人工智能：一个现代路径》中将人工智能定义分为四类："像人一样思考（thinking humanly）；像人一样行为（acting humanly）；理性思考

---

① 王越芬、季宇：《网络拟态环境下社会主义核心价值观话语体系建构》，《社会科学战线》2017 年第 7 期。

(thinking rationally)；理性行为（acting rationally）。"① 其实我们可以暂时先抛开学术化的人工智能定义，反而可以更简洁地理解人工智能的通俗意义。"人工智能"其实是一个复合词组概念，即"人工"和"智能"的组合。"人工"指示出了这一技术的人为性和工具性。而"智能"指示的是智慧能力，这里的"智慧"一般而言也更多的是指"人的智慧"。简而言之，"人工智能"其实就是指人为地赋予技术或器物具有人的智慧能力。从这个简单的阐释来看，人工智能技术的技术倾向是非常明显的，即创造一些能够具有人的智慧能力的技术或器物，以帮助人在高效、便捷、娱乐等方面的精神或物质需要。人工智能技术指示出了现代人不断追求人性化的社会或世界的尝试和努力。

（四）算法提供个性化精准服务

算法是一个内涵丰富的学术概念，例如有加密算法、压缩感知算法、智能校验算法、SCE-UA 算法、HPSO 算法等各种各样的算法。新技术中的很多类型的技术都需要借助算法来实现对信息、交流、流程等方面的控制。国内学者蔡斐在分析算法推荐技术时认为，"在整个信息交流的过程中，都弥散着权力对信息交流的控制，由此也产生出人类对信息自由权的渴望"②。算法对于信息和交流控制的直接好处在于可以依据人的需要进行信息的挖掘、处理以及呈现。在现在商业领域越来越讲究垂直细分的时代，大众市场逐渐向小众市场进行转变。互联网时代的个体不再是混沌的、隐匿的状态。颇具商业气质的"用户"一词就揭示了个体信息已经被纳入到了市场的生产、分配和消费的环节中去。我们基于算法对用户的精准数据信息的挖掘和分析，可以对其实现个性化的精准服务。这也是当今商业领域为了追求用户黏度、商业利润而做出的技术上的改进。

（五）云计算与大数据技术对社会的数据重组

云计算和大数据技术都涉及了对技术的处理与运用。毫无疑问，

① ［美］马修·U. 谢勒、曹建峰、李金磊：《监管人工智能系统：风险、挑战、能力和策略》，《信息安全与通信保密》2017 年第 3 期。

② 蔡斐：《算法推荐技术或许埋下了隐患》，《深圳特区报》2018 年 11 月 27 日。

我们如今依然处在一个数字化时代，创造着数据，处理着数据，并享受着数据分析所带来的种种利好。值得注意的是，我们所谓的云计算和大数据技术所处理的数据应该是指一种社会化大生产中的"大数据"。英国学者维克托·迈尔·舍恩伯格和肯尼斯·库克耶认为，大数据与三个重大的思维转变有关，并且这三个思维转变是相互联系和相互作用的。这三个思维变革可以简单地概括为：第一是更多，即分析的不是随机样本，而是全体数据；第二是更杂，即更加注重数据的混杂性，而非数据的精确性；第三是更好，即更加注重数据的相关关系，而非因果关系。①

从上面维克托·迈尔·舍恩伯格和肯尼斯·库克耶对于大数据的理解来看，当今大数据技术和云计算技术对于"数据"的应对态度已经发生了很大的转变。尤其是在互联网技术和新技术革命的浪潮下，技术的普泛化使用所带来的社会数据越来越多，也越来越庞杂。这些分散在社会各个领域，全球各地的庞杂数据，通过大数据技术和云计算技术等发达数据处理技术实现数据的"重组"。再经过数据的挖掘、处理和应用等环节，这些"重组"数据将会给整个人类社会带来生活、生产等方面的巨大影响。

第二节　新技术与风险社会的逻辑关联

一　新技术对风险诱发的可能性与必然性

新技术所引发的人类生产、生活形态的改变是巨大的，它对另一个时空维度——虚拟网络时空产生着瞬息万变的影响与作用，同时又反作用于现实时空的相应领域的任何人与物。正如德国社会学家贝克所认为的，我们已进入到了风险社会，甚至经由全球化的进入裹挟进入到了世界性风险社会中。我们通常讨论风险时总会进入这样一个认知误区，即风险总是由那些外力作用产生的未知后果。谈到这里，我

---

① ［英］维克托·迈尔·舍恩伯格、肯尼斯·库克耶：《大数据时代》，盛杨燕、周涛译，浙江人民出版社 2012 年版，第 27—94 页。

们需要对"危险""危机""风险"这三个概念进行一个简单的区别。

危险是指可预见的必然的负面结果。由此可见，危险大多数情况于国于民而言都是一种"警告"状态，是不得不对其进行作为的"负面"对象。胡百精曾将危机定义为："事实损害和价值变异形成的威胁性、破坏性情境或状态。"① 而从与危机牵连较多的企业角度而言，"危机，是指企业因为某种非常因素引发的，对企业形象、声誉、生存、发展造成不良影响的非常状态"②。通俗来讲，危机其实就是指可预见的危险或机遇，其结果的好坏需要视应对的科学性与及时性而定。我们常见的危机议题"危机公关"，其实就是危机出现后遵照一定的行事原则进行的公共关系的维护，从而达到化危险为机遇的目的。

关于风险的论述，我们在导言部分已做详述，但这里，我们不得不提及乌尔里希·贝克和安东尼·吉登斯。其中以乌尔里希·贝克的风险社会理论最广为人知。乌尔里希·贝克认为："各种风险其实是与人的各项决定紧密相连的，也就是说，是与文明进程和不断发展的现代化紧密相连的。这意味着，自然和传统无疑不再是具备控制人的力量，而是处于人的行动和人的决定的支配之下。夸张地说，风险概念是个指明自然终结和传统终结的概念。或者换句话说，在自然和传统失去它们的无限效力并依赖于人的决定的地方，才谈得上风险。"③ 风险概念是一个非常现代的概念，"风险的概念直接与反思性现代化的概念相关。风险可以被界定为系统地处理现代化自身引致的危险和不安全的方式。风险，与早期的危险相对，是与现代化的威胁力量以及现代化引致的怀疑的全球化相关的一些后果"④。从通俗意义上来讲，风险就是发生概率极大的不可预知的危害。风险正是由于这种潜

---

① 胡百精：《危机传播管理的对话范式——事实路径》（中），《当代传播》2018 年第 2 期。

② 孔胜南、耿慧慧：《新媒体环境下企业危机公关研究——以三星 Note7 召回事件为例》，《经营与管理》2018 年第 1 期。

③ ［德］乌尔里希·贝克、约翰内斯·威尔姆斯：《自由与资本主义——与著名社会学家乌尔里希·贝克对话》，路国林译，浙江人民出版社 2001 年版，第 119 页。

④ ［德］乌尔里希·贝克：《风险社会——迈向一种新的现代性》，张文杰、何博闻译，译林出版社 2018 年版，第 19 页。

在性和模棱两可的状态，导致现在"泛风险"感知的情况越来越多。当然我们现在大多数讨论的社会风险情况，是对其结果影响程度有相对标准的。目前绝大多数研究与治理的风险议题，更多是针对那些于国于民，甚至是可能在全球性范围内产生重大不利影响的情况。

根据以上三个概念的辨析情况来看，它们之间的联系就是可以互相转换。而它们之间的区分标准主要包括结果的正负性、正负性结果的概率性与可预见性等。比如，贝克就曾分析了风险和危险之间的差异性。"危险适用于任何时期。人们认为，种种危险都不是人力造成的，都不取决于人的决定，而是由自然灾害造成的集体命运或者神的惩罚等等，并且认为这样的危险是不可改变的。与此相反，风险概念表明了人们创造了一种文明，以便使自己的决定将会造成的不可预见性行动以及相应的制度化的措施战胜种种副作用。"[1] 乌尔里希·贝克对风险的论述也是逐渐发展的。"在《风险社会》中贝克强调的风险主要是指'技术性风险'，而在《世界风险社会》与《'9·11'事件中的全球风险社会》中，贝克则开始强调'制度性风险'与'世界性或全球性风险'。在《世界风险社会》中，贝克将风险界定为预测和控制人类活动未来的结果，即激进现代化的各种各样、不可预料的后果的现代手段，是一种拓植未来（制度化）的企图，一种认识图谱。"[2] 讨论三个概念之间的微妙关系，主要是为了明确风险的不可预知危害与网络空间之间虚拟性之间的逻辑联系。

新技术本身不存在正负两个层面的影响或作用。技术作为工业革命以来的产物，是对封建社会的宗教以及神学的反力存在。当今时代，我们无不受益于工业革命以及后来的信息技术革命。正是科学技术在人类社会发展进程中充当了极为重要的作用，才引发人们对于科学技术近乎"全正性"的信仰，对科学技术以及创造科学技术的人与社会等因素的内在以及潜在的风险性、负面性问题几乎避而不想。

---

① ［德］乌尔里希·贝克、约翰内斯·威尔姆斯：《自由与资本主义——与著名社会学家乌尔里希·贝克对话》，路国林译，浙江人民出版社 2001 年版，第 120—121 页。

② 刘少杰、胡晓红：《当代国外社会学理论》，中国人民大学出版社 2009 年版，第257 页。

新技术所引发的一系列业态变革是巨大的，在其基础上直接形成的网络社会已经成为人们生产与生活的第二时空，甚至大有成为第一顺位的势头。在网络上，每个人是一个点，然后经过网络算法成为相互连接的点，点与点之间的连接是超越时空的、便捷的、低成本的，这将现实社会中的连接性变得随意和任意。从正效益角度而言，这有利于整个社会运作成本的降低，效率的提高。但就负效益而言，任何的风险与危害都将在网络社会中变得肆意与无控。这是任何技术都无法去避免的正负倾向，我们能做的是创造科学技术时倾向值的合理化与可控化。谈论新技术与风险社会的必然性，除了需要从之前那种对科学技术的盲目乐观情绪中脱离出来，还应及时看到如今人们对新技术所延伸出来一切形态的过度依赖，这种过度依赖是工具对人性深刻表达的必然结果，也会是对人性的无情吞噬。

二　新技术与风险社会的互动性

新技术与风险社会的互动，主要体现在网络互动方面。而网络互动与社会风险的关联性，在当今时代并不由具体技术直接中介，而是通过媒介来架起二者之间的关系桥梁。"关于互联网的可能性和危险的争论正在走向两极化。在怀疑者看来，互联网的交流，通常被称为计算机媒介交流（CMC），产生了在面对面互动中没有发现的大量新问题。"[1] 20 世纪 60 年代，美国社会心理学家米尔格伦提出了一个"六度分隔"理论，也称为"六度空间"或者"小世界现象"。这个理论可以通俗地阐述为："你和任何一个陌生人之间所间隔的人不会超过 6 个，也就是说，最多通过 6 个人你就能够认识任何一个陌生人。"[2] 该理论说明了全球化背景下受众的联系具有超越时空的紧密性，也说明了网络社会传播活动的广泛性、超时空性、全球性。在网络空间的参与下，"六度分隔理论"更加活跃，社会风险的泛化依赖

---

① ［英］安东尼·吉登斯、菲利普·萨顿：《社会学》，赵旭东等译，北京大学出版社 2015 年版，第 309 页。

② 谢镕键、何绍华：《基于六度分隔理论的乡村中学图书馆助建思考》，《图书馆理论与实践》2010 年第 1 期。

于人类交往行为的频次增加、欲望增强。而网络社会中的技术便捷化更使得一切交往行为变得常态化。其次，从社会风险的生产与新技术的关系来看，新技术具有一系列特征使社会风险的出现变得更加容易。正如安东尼·吉登斯和菲利普·萨顿所分析的那样，"CMC 技术无法阻止使用者捏造身份，这就容许了哄骗、欺诈、操纵、情感诈骗以及对儿童的性引诱。结果是相互信任的逐渐腐蚀，这并不只是在网络环境中，而且也扩展到了更广泛的社会中"①。

风险产生与感知的全球化与日常化让人们惊呼"风险社会"已经到来。追溯对"风险"的历史讨论与研究，我们不难发现大多数"风险时代"议题的讨论本身就是基于新技术下的全球化与媒介化社会的形成。哈罗德·英尼斯的媒介偏向论中关于时空偏向的论述早就随着互联网的发展变得不科学了。但他探究媒介偏向对于人类社会影响的这一方向，在任何时候都不会落伍。这一探究方向依然是我们今天去探究技术发展与社会生活之间关系的重点。而关于关系互联泛化，其实是对人们在网络空间中的关系网的交织状态的概貌性论述。基于新技术的发展，人与人、人与群体、群体与群体之间的交流在网络空间中变得更加随时随地，这极大地突破了时间和空间上的束缚。网络空间虽然有着基于兴趣、爱好、职业、年龄、性别等特征形成的"部落"或"圈层"，但新技术的使用门槛是较低的，几乎是面向所有人。这种交流既可能是随意的，也可能是固定的。这种交流的复杂性，以及由此而产生的错综复杂的关系网，非常容易产生某种不和谐的交流情况，进而导致社会不和谐或社会风险。

第三节 新技术革命浪潮下社会风险的生成与放大机制

风险并非是现代社会才有的产物，只是关于社会风险的论述与研

---

① ［英］安东尼·吉登斯、菲利普·萨顿：《社会学》，赵旭东等译，北京大学出版社2015 年版，第 309 页。

究在现代社会变得更为显性与重要。现代社会的风险诱发与生成因素复杂，绝非是唯因论能够阐释完全的。但基于新技术对于现代社会的生产与生活都产生着巨大影响，我们探讨新技术下社会风险的生成与放大机制将对我们认识社会风险的形成、演化与治理有着极大的参考作用。

一　社会风险的生成机制

网络社会以前所未有的开放姿态迎接新的生态环境的形成，个人或社会组织、群体在这里都能够生发出极为强大的生命力。去中心化作为网络社会最重要的原则之一，是使其爆发蓬勃生命力的重要原因。新技术的发展使得个人使用新技术的成本不断降低，网络社会的准入门槛也不断降低，使得原有的精英话语权独占格局被打破了。去中心化与个性化传播的叠加，使得网络社会呈现出如下一些风险诱发现象。

首先，信息传播速度的加快，信息量的爆炸使得信息传播的风险性增加了。当信息量在新技术的发展下呈指数级增长，对信息质量的把关以及人们对真相的思考就会被淹没在信息洪流中。在后真相时代，人们对于事实真相的忽视，对情感的极大诉求将会使信息传播变得越来越偏向感性化。什么是后真相时代？唐旭军曾指出"后真相"并非是一个新概念，其引用了《牛津词典》的对于"后真相"的解释。即"后真相"是"诉诸情感与个人信仰比陈述客观事实更能影响民意的一种情形"。① 后真相时代包括这样几个特征，真相的意义消退、说谎不再是可耻的事、片面取代了整体等。从"后真相"的特征中不难看出，事实与真相的价值与意义逐渐居于次要地位，那么与人性中追求真相的矛盾将会使得风险信息的传播更容易出现，风险感知无时无处不在。对于后真相时代人们信息关注重心从事实到情感的转变，唐旭军就曾使用 2016 年英国脱欧公投与 2016 年美国总统大

---

　　① English Oxford Living Dictionaries, "Word of the Year 2016 is...", https：//en. oxforddictionaries. com/word-of-the-year/word-of-the-year – 2016.

选的例子充分说明后真相时代的特征。英国脱欧公投经历了从英国首相卡梅伦于 2013 年 1 月 23 日首次提及脱欧公投，到 2018 年 6 月 26 日英女王批准英国脱欧法案允许英国退出欧盟。

其次，个性化的个人传播加速了多元化网络社会的形成，多元就意味着标准的不统一，差异化意见的碰撞大多数都会导致风险的出现。网络空间社会风险的生成原因多而复杂，一方面网络从诞生起就伴随着系统漏洞产生的系列风险，例如黑客袭击，网络漏洞、网络病毒等；另一方面网络空间作为第五空间，作为一个新的生态系统，它提供了信息活动的平台，由此发生了众多的网络犯罪活动。此外，由于网络空间受众（用户）易因价值观的高度认同而结成较稳定的群体，在意见表达的过程中，由于网络空间的一系列放大机制，使得我们如今对风险的感知与应对变得复杂而困难。

二 社会风险放大的沉默机制

风险放大目前而言有这样两种解释：其一是指风险演化过程中的风险操作，即因为有意或无意地将风险经由某些转介机制进行放大；其二是指风险演化后的结果，这种风险放大的结果可能是因为风险转介机制的放大或缩小等产生。无论是哪一种解释，风险放大都是需要极力遏制的。风险社会放大理论最初是在 1988 年由尼克·皮金和卡斯帕森提出。① 风险社会放大理论认为：一个风险事件被引发后，信息通过大众传媒、社会网络和其他使用各种"信号"或阐述性信息描述事件的机制流动。同时卡斯帕森还指出，社会放大将会造成一些事件有可能扩散到远远超出事件最初影响、甚至可能最终影响到过去毫不相干的技术和机构的次级和再次级后果的"涟漪"，这种影响方式称为"涟漪效应"。② 这种涟漪效应具有超越时间和空间的特征，最终甚至会影响到与初始事件毫不相关的阶层和社会群体。风险社会

---

① ［英］尼克·皮金：《风险的社会放大》，薛宏凯译，中国劳动保障出版社 2010 年版，第 17 页。

② 同上书，第 109 页。

放大理论的提出是在互联网技术没有普及的时代，而现阶段大众传媒这一风险放大过程的核心要素在技术赋权的条件下变得比过去具有更大的影响，因此风险放大也远比理论提出时更加值得关注。

在分析风险放大沉默机制之前，需要对风险放大机制在网络时代的作用条件进行简要的分析。第一，信息的超时空传播。互联网技术有三大骨干依托：数字技术、网络技术、移动通信技术。这三大技术共同的作用点是信息的超时空传递。① 这些对信息处理以及传输的技术在帮助信息传播速率加快、传播广度变宽的同时，也使得附着于信息上的社会风险扩散。信息的规范和控制变得困难，理论上，一个事件在发生之后就可以立刻传递到地球上任何的角落。

第二，受众在新媒体场域中的心理异化。在传统传播秩序时代，受众是一个个独立的个体，面对主流传播中心只能被动接受而无法传递自己的话语，并且受众间的人际传播并不紧密，风险信息的流动和改造就非常缓慢甚至在传播过程中逐渐消解。而在新媒体时代，传受间壁垒瓦解，社交媒体将每个人变成了新的信息源并且将独立的个体连接成传播网络。而受众或因缺乏媒介素养，或因媒体出于各种目的的引导，对风险信息不加以甄别就带着自己的感情二次加工并且传播，在舆论场中引发某种程度的共振，导致受众心理极化，阶级对立情绪加深，简单地将立场分为"人民"和"敌人"，在这种二元对立的思想的影响下，社会风险和社会矛盾被放大。②

第三，多元发声导致利益冲突激化。过去占据发声权的群体大都处在同一阶层，有着同样的利益需求。而新媒体技术将话语权割裂分化给了普通大众阶层和中间阶层，过去被把控的传统议程设置作用不再明显，信息在新媒体场域中变得杂乱，话语和舆论导向由于不同发声主体的不同利益需求而在公共领域中产生冲突。虽然可以将其看成民主政治进步的一种表现，但在客观事实上，这种现象导致了社会风

---

① 蒋晓丽、邹霞：《新媒体：社会风险放大的新型场域——基于技术与文化的视角》，《上海行政学院学报》2015 年第 3 期。

② 汤天甜、李杰：《传播偏向、群体极化与风险放大——城管污名化的路径研究》，《西南交通大学学报》（社会科学版）2016 年第 5 期。

险的增加。①

在传播学上对信息传播的沉默早有研究，而信息的沉默其实蕴含着巨大的风险。"沉默的螺旋"是政治学与传播学结合下对于群体传播行为的一种理论阐释。虽然"沉默的螺旋"是在大众传播时期的研究成果，但在"开放式、去中心化"的网络社会不仅没有消失，反而对于一些网络现象的阐释显得更为契合。1973 年，在考察了德国大选中的舆论情况后，伊丽莎白·内尔－纽曼发表了《重归大众传媒的强力观》一文。纽曼发现，大多数人在表达意见前，会对周围的意见环境做出预判，如果他认为自己的意见和大多数人一致，就倾向于大声表达自己的意见，如果他认为自己属于少数派，就会倾向于沉默或者附和其他人的意见。从而造成强势意见更加强势，弱势意见变得更加沉默。"这个过程不断把一种优势意见强化抬高、确立为一种主要意见，形成一种螺旋式的过程。"② 纽曼得出这一结论是依据人的社会属性，她认为人类都有惧怕社会孤立的心理，因此会追逐趋同行为。之所以"沉默的螺旋"现象在网络社会存在得更加明显，就是因为圈层社会的兴起，意见领袖的引导更加便捷快速。在传统社会里，人们由于传播工具的类型不同，人际沟通的心理与地理距离相对较远，导致沉默的螺旋形成周期较长，影响范围较小，故而对于整个风险的监测与治理成本都相对较小。但是在网络社会中新技术的占有变得普及，圈层社会群体认同的强化，使得风险的"沉默螺旋"变得高频发生，风险信息快速传播。

三 新技术特性引发"泛风险"感知

在新技术的所有特性中，开放性与封闭性无疑是与社会风险联系最为紧密的。网络社会是一个前所未有的开放性社会，每个人和每件事都可以在其间相对自由地遨游。风险在网络社会中大多以信息传播的形式进行蔓延，网络空间的开放性会让网民们接收到数以万计的

---

① 刘丹凌：《论新媒体的风险放大机制与应对策略》，《中州学刊》2010 年第 2 期。

② 郭庆光：《传播学教程》，中国人民大学出版社 2011 年版，第 200 页。

"爆炸级"信息，逐渐淹没在信息洪流中，从而对信息产生麻木的感觉。新技术的代表性应用，诸如 VR 技术、人工智能、大数据等，都试图建立一个技术与人之间的交流场景。在这个场景中，信息对于人的传递是直接的。当个体在一个封闭又开放性极强的矛盾空间中，面对海量信息，大多数都只能依靠自身能力去接收以及反馈。一个人对于信息的接收量应该是有一个接收饱和度的。信息量一旦超过这个饱和度，就会引发一系列未知的后果。

新技术以信息推送和接受的个性化为主要特征，以沉浸技术建构信息场景，以视像化为信息表现的主要方式，以多媒体传感为信息感知的主要途径。那么，在新技术引领下，风险的虚拟化和符号化在一定程度上会超越风险的客观存在。风险，在极大程度上将成为由虚拟符号诱发的真实感知的景观物。媒体在现阶段的风险感知过程中发挥了巨大作用，经由媒体提示、呈现、建构的风险会更容易被公众察觉和感知，尤其是那些在新媒体渠道由网络媒体自我呈现和建构的风险，在公众层面激起的风险回应会更强烈。新技术的推广和运用，个体的风险感知会发生一系列的变化，尤其是当多媒体传感设备和沉浸技术在风险感知环节的运用，具象而直观的风险体验甚至会先于客观实在的风险进入人类的感知层面。再加上新技术倡导的个性化，将使公众的信息接受陷入"信息闭环"之中，这样极易触发公众的"泛风险"感知。就如今的信息传播来说，开放性和封闭性对于信息传播环境的规约无疑就是潜在的风险源特征。当每个人接收到的风险信息量超过承接量，再加上封闭式自我应对，就会产生"泛风险"的感知。

四　主体复杂性引发风险感知放大

"网络空间指的是由组成互联网的全球计算机网络所形成的互动空间。在网络空间里，我们并不能确切知道个人身份的细节，是男性还是女性，也不知道他们在世界的哪个地方。"[①] 网络信息技术的发

---

① 〔英〕安东尼·吉登斯、菲利普·萨顿：《社会学》，赵旭东等译，北京大学出版社2015年版，第737页。

展，使得每个人在网络空间的身份的多重性以及转换的频率要比现实空间多得多。我们的社会经历了从"熟人社会"向"陌生人社会"的转变。在"熟人社会"中，我们在一定时空范围内对于人和事物的了解程度较高，因此具有稳定性的环境认知与感知。"我们大部分人，所谓芸芸众生，还是期望自己的自我相对稳定地存在，至少在一定时期一定文化环境内，可以作为各种表意身份的依托。我们也意识到自我会在它采取的身份压力之下变化。一旦自我不能相对稳定，人就会很痛苦。"①

当我们的认知、感知与行动的空间由"现实空间"变成了"网络空间"，我们所要接触和处理的人与事物都将以指数级增加，除了量上的直接增加，还要面对网络空间对于网络社会化的需要进行无数身份的转换。

网络空间的自由门槛只是不拒绝任何一个有能力进入的人，但在网络空间中依然有它的生存的法。做一个"自顾自"的人，在网络与现实的社会化要求下几乎是不可能的。首先我们是现实世界的社会人，需要社交谈资以便进行社会交往，这就需要我们在现实世界无法超越时空限制时在网络信息海洋中无尽探索。其次，网络空间的圈层文化固然兴盛，但是每个人都有选择权利自由进出每个圈层，而且不需要像"熟人社会"那样进行无奈选择，因为重新选择的代价微乎其微。每一次在圈层的进出都意味着身份的转换，意味着新的环境接触与适应，这种自由必然充斥着不确定性的"未知感"，这也是自由的必然代价。

---

① 赵毅衡：《符号学原理与推演》，南京大学出版社 2016 年版，第 344 页。

第五章　新技术革命中的风险具象

　　新技术革命的浪潮席卷了全球，国家、政府、企业、民众等主体都在对其进行不同程度的认知与应用。新技术的出现是必然性和偶然性综合作用的结果。一方面，它反映了整个人类社会的技术水平的极大提高，也将为各行各业和人类生活提供以往技术难以企及的便捷、高效、智能、精确的服务。另一方面，通过前文对新技术的风险生成和放大机制的分析来看，它也存在着随时随地迸发风险的隐患。下文将对新技术革命中的具体风险问题进行论述。

第一节　大数据技术风险

一　大数据技术及其引发风险的可能性

　　习近平总书记在党的十九大报告中明确指出，要深化供给侧结构改革，推动互联网、大数据、人工智能和实体经济深度融合，支持传统产业优化升级。随着信息技术与社会生活方方面面的融合，大数据已成为当下以及未来社会的基础资源。汇集了一个国家、组织、群体涉及政治、经济、文化、消费等各方面的数据资源，在此背景下，数据安全是国家治理非常重要的一环。伴随着互联网的发展，尤其是移动互联网时代的来临，社会治理模式也遭遇新的挑战。传统单向的管理模式逐渐向双向互动的治理模式转变，开始注重网上网下共荣和谐发展。"国务院于 2015 年印发的《促进大数据发展行动纲要》也提出，推动大数据发展和应用，打造精准治理、多方协作的社会治理新模式。因此，我们要深刻认识大数据在社会治理中的作用，不断强化大数据思维，重视大数据的作用，利用大数据扁平化、交互式、快捷性的优势，推进社会治理精准化。"① 运用大数据分析对风险治理决策提供支撑，可以提高决策的科学性。

　　早在 1980 年，著名未来学家阿尔文·托夫勒便在《第三次浪潮》一书中，将大数据热情地赞颂为"第三次浪潮的华彩乐章"。不过，大约从 2009 年开始，"大数据"才成为互联网信息技术行业的流行词汇。维克托·迈尔·舍恩伯格和肯尼斯·库克耶在编写的《大数据时代》一书中指出，"大数据是指不用随即分析方法这样的捷径，而采用所有数据的方法"②。"大数据是人们在大规模数据的基础上可以做到的事情，而这些事情在小规模数据的基础上是无法完成的，大数据是人们获得新的认知、创造新的价值的源泉；大数据还为改变市场、组织机构，以及政府与公民关系服务。"③ 大数据的特征也随着环境发展有了新的解读。原来的特点主要是指大量（Volume）、高速（Velocity）、多样（Variety）、价值（Value）。如今随着互联网环境的进一步发展，特点更多是指大体量（Volume）、高效率（Velocity）、多样化（Variety）、真实性（Veracity）。正如"大数据之父"维克托·迈尔·舍恩伯格所预见的那样，大数据"开启了一次重大的时代转型"，将从根本上改变我们的生活、工作和思维方式。当前，大数据已不再仅止于一种技术分析和利用，更成为了一种重要的思维方式，被广泛应用于社会各个行业。风险研究与大数据应用作为当今世界最为瞩目的两个研究对象，一个是社会现象，一个是社会工具，两者在这个时代的碰撞有着结合的必然性。而这种结合的利弊则需要具体审视，最好的结合毋庸置疑是"取其精华，弃其糟粕"。我们整理了 2017 年全球八大比较经典的数据泄露案例，足见当今数据风险的广泛性与常态性。（见表 5 - 1）

---

　　① 岳少华：《社会治理精准化需要大数据思维》，《经济日报》2016 年 12 月 15 日第 4 版。

　　② ［英］维克托·迈尔·舍恩伯格、肯尼斯·库克耶：《大数据时代》，盛杨燕、周涛译，浙江人民出版社 2012 年版，第 39 页。

　　③ 同上书，第 9 页。

表 5 - 1　　　　　　　2017 年全球八大数据泄露案例

始发时间	涉事机构/企业	事件
2017 年 11 月	美国国防部、亚马逊	美国五角大楼 AWS S3 配置错误，意外暴露 18 亿公民信息
2017 年 11 月	Uber	Uber 隐瞒大规模数据泄露，还给黑客 10 万美元"封口费"
2017 年 11 月	Uber	趣店数百万学生数据泄露，称或遭内部员工报复
2017 年 10 月	雅虎	雅虎 30 亿账号或已全部泄露，政监机构参与调查
2017 年 9 月	Equifax	美国信用机构 Equifax 遭入侵，近半用户信息泄露
2017 年 10 月	Dracore Data SCIENCES	南非史上最大规模数据泄露，3000 多万客户信息被公开
2017 年 7 月	Bithumb	韩国加密货币交易所被黑客攻击，3 万客户数据泄露
2017 年 10 月	Accenture	埃森哲服务器未加密，或引发大量敏感信息泄露

资料来源：微信公众号（数据派 THU）。

麻省理工学院传媒实验室的创立者尼古拉斯·尼葛洛庞帝曾在他的《数字化生存》一书中，分析了数字化数据在目前通信技术中的极大重要性。任何信息，包括图片、图像以及声音都可以转换成"比特"。数字化时代的到来，意味着信息流通的载体和形态发生了改变，这些信息将成为我们大数据技术研究的对象，信息对象的集合就成为了通常意义上的"大数据"。大数据具有大量、高速、多样、价值等特征，数据之间更多的是呈现相关性而非因果性。从风险的应对角度来讲，数据的因果性便于厘清风险的因果，进而"对症下药"。而新技术发展后所传播的信息量巨大，数据之间相互交错，风险信息的处理就变得"毫无头绪"。大数据技术的风险性主要存在于其对风险信息数据的处理上。大数据技术与大数据的讨论经由近几年的发展，讨论焦点已经从"概念"层面转移到"应用"层面。

数据在"应用"层面的风险还在于，客观数据有可能成为"后真相"的另一种推手。根据《牛津词典》的解释，后真相意味着"客观事实的陈述往往不及诉诸情感和煽动信仰更容易影响民意"。尽管《牛津词典》在解释"后真相"一词时强调的是情绪等对客观事实的

"超越"，但后真相成为一个显性的问题，还与 2016 年一些民意调查机构对美国大选等结果预测的失灵有关。因此，正如学者蓝江所指出的，"后真相时代是因为原来在支撑真相的两大基础都崩溃了，即作为普世性的理算性原则（以及与之相伴随的演绎推理逻辑，甚至连哈贝马斯所提倡的协商和交往理性也一并被质疑），以及作为经验性数据收集、统计、分析的客观性结论"①。后真相现象提醒我们，数据与算法这些看上去客观的手段与方法，并不一定能带来更多真相，反而可能走向它的反面。

数据往往被视为描述客观事物，揭示真相的一种手段，但数据应用本身有一套规范，如若不遵守这套规范，或者在数据应用过程中出现人为或客观疏漏，将会导致未来我们被更多貌似客观数据包围的假象。而从数据生产和应用的过程，每一个环节都存在导致假象的因素。

（一）数据样本的偏差

进入大数据时代，数据给人最大的错觉就是"全样本"。但实际上，现实中能够获得所谓的"全样本"并不是一件容易的事情。今天的互联网数据被少数平台所垄断，出于商业利益或其他目的，平台并不愿意公开这些数据。在使用技术手段"挖掘"数据时，也会受到相关技术的反制，从而在一定程度上影响数据的完整性。平台本身也会因为各种原因未能保留全样本的数据，比如社交媒体中的删帖行为必然会破坏数据样本的完整性。除此之外，行业数据本身的保留状态在历史上就是不完整不全面的，很多行业本身就缺少系统的、完整的数据积累，能提供的常常是残缺的数据，或者是传统的小样本分析，样本的规模和代表性等方面的质量也越发令人担忧。另外，在数据获取的方式上，也存在着不规范、不严谨的操作导致所获数据存在偏差的现象。

（二）脏数据带来的污染

所谓脏数据是指那些缺失的数据、重复的数据、失效的数据、造

---

① 蓝江：《后真相时代意味着客观性的终结吗》，《探索与争鸣》2017 年第 4 期。

假的数据等。尽管数据在分析之前都会被清洗一遍，但并非所有的数据经过清洗都能避免污染。脏数据的问题，是数据样本不全面所带来的连续反应，因此，要解决这一问题，必须解决所谓"全样本"的获取问题。除了客观原因外，有些数据分析师因为各方面的原因会无视脏数据的存在，甚至还有一些违背职业道德而故意制造一些脏数据，使得在客观数据的表象下暗藏风险。

（三）数据分析模型带来的方向性错误

完整、准确的数据是数据分析的前提，要利用数据科学、客观地分析事物还需要建立一套能够科学阐释事物的模型。但是一些基于数据的实证分析，由于分析者自身的种种原因，建立的模型是有偏差的，有些数据应用者，甚至为了得到自己希望的结果而对模型进行人为的"拟曲"，这些必然都会导致结果的偏差。

二　大数据技术管理的疆域性风险："被遗忘权"问题

提及"被遗忘权"，最经典的案例来源莫过于发生于 2014 年 5 月的谷歌与一名西班牙男子的官司。在这场官司中，一位名为 Mario Costeja Gonzalez 的西班牙男子在使用谷歌的搜索引擎检索自己的名字时，相关链接指向了 1998 年刊登于西班牙《先锋报》上的一篇文章。文章报道了这名男子未能缴纳社会保险，其住房遭到拍卖的事实。然而他认为其债务问题早已解决，与他现在的生活无关，但在搜索结果中仍然出现了这一信息，对自己的名誉造成了损害，要求谷歌应该删除这些信息，并将谷歌状告至欧盟法院。最终原告的请求得到了欧盟法院的支持。早在欧盟 1995 年颁布的《个人数据保护指令》"被遗忘权"中就有了相关的规定。"《个人数据保护指令》第 12 条 b 款规定，会员国应当确保每个数据主体皆能处理不符合本指令规范的资料，尤其是针对资料本身不完整或不正确的资料，有更正和阻绝的权利。但由于《1995 指令》属于法规框架，欧盟各会员国需要依据该指令，将相关规定国内化，因而导致各欧盟会员国之间个人资料保护法规范及保护管制做法不同，各国的保护程度参差不齐，已经不能解决互联网时代，隐私不断受到侵犯和隐私保护需要加强的矛盾。因此，欧盟于 2012 年 1 月提出了《1995 指令》的修正草案——《一般数据保护条例立法提案》。委员会对'被遗忘权'做了进一步的加强，在第 17 条中规定，被遗忘权的实施包括两种情况：一是数据主体在数据控制者无正当理由进一步处理其个人数据，或违反本规则处理其个人数据时，数据主体享有要求数据控制者删除其个人数据的权利。二是在数据控制者在已将数据主体的个人数据公开的情况下其有义务采取所有合理措施通知正在处理该数据的第三人，请求其删除与该数据的任何链接、原件和复制品。"① 从欧盟 2012 年颁布的《个人数据保护指令》来看，数据的"被遗忘权"的贯彻与否已经成为数据主体的潜在风险问题。由于除了欧盟成员国之外的其他国家和地区，对于数据保护的关注和重视程度不一，导致数据保护的意识在各个国家和地区的表现亦有不同。在全球化时代背景下，数据保护没有根本保障。

三　"信息茧房"效应下数据时代的个体困境

"信息茧房"这个概念是由美国学者凯斯·桑斯坦提出的，也称"信息茧室"。他认为网络化虽能带来更多的资讯选择，整个社会看似更加民主自由，但在"个人本位"的影响下，势必蕴藏着对民主的潜在破坏。"信息茧房"是以"我的日报"的形式呈现的。伴随着新技术的快速发展、信息的剧增，人们可随意选择关注的话题，依据自己的喜好量身打造一份"我的日报"。② 在"信息茧房效应"的作用下，还容易产生"回声室"效应。蔡斐认为，"回声室效应，是指在信息过滤机制（包括算法推荐）下，使用者只会关注到自己认同的声音，这些声音在不断叠加后，会形成信息窄化并让使用者认为就是事实的全部"③。换而言之，当用户长期大量只接触一类信息时，

---

① 周丽娜：《大数据背景下的网络隐私法律保护：搜索引擎、社交媒体与被遗忘权》，《国际新闻界》2015 年第 8 期。

② ［美］凯斯·桑斯坦：《网络共和国》，黄维明译，上海人民出版社 2003 年版，第 1—2 页。

③ 蔡斐：《算法推荐技术或许埋下了隐患》，《深圳特区报》2018 年 11 月 27 日。

或者只听他们自己被放大了的回音时，就会导致视野的偏颇或狭隘，以及思想的封闭、僵化甚至极化。

在中国新媒体发展中，依靠大数据技术向受众进行精准信息推送的互联网媒体莫过于"今日头条"。"今日头条是一款基于数据挖掘的推荐引擎产品，它为用户推荐有价值的、个性化的信息，提供连接人与信息的新型服务。"① 今日头条基于个性化推荐引擎技术，根据每个用户的兴趣、位置等多个维度进行个性化推荐，推荐内容不仅包括狭义上的新闻，还包括音乐、电影、游戏、购物等资讯。

基于大数据技术的信息推送所产生的信息茧房主要是会产生"同温层"效应的信息风险。"同温层"一词来源于气象学，是指大气层中的平流层，在平流层里面，大气基本保持水平方向流动，较少有垂直方向的流动。在大数据技术的帮助和主观的选择下，人们往往会选择与自己观念相近的信息，而排斥立场相反的信息，信息的流动方向就与同温层大气非常相似，这就是信息传播中的"同温层"现象。

大数据技术对于用户信息习惯与喜好进行记录，进而推送给用户更加喜闻乐见的信息，做到信息推动的"精确化"和"人性化"，提高信息接收效率，这无疑大大提升了信息传播的效果。但是对于用户而言，虽然实现了接收与自己信息阅读倾向更加黏合的信息，但同时也意味着与其他种类的信息失去了联结的可能性。

以"今日头条"为代表的新闻聚合平台都会出现以下几个方面的负面作用：首先，仅以用户兴趣为内容衡量标准会造成隐含负面价值取向的内容被大量推送；其次，可能会为用户造成"很多人都有这种价值取向"的刻板印象；再次，一旦依赖用户兴趣进行信息服务，就会产生误区，那些符合正面价值意见的沉默使得负面价值意见增加，从而不利于整个社会价值观的形成；最后，在"信息茧房"的"回音室"效应中，信息可能陷入恶性循环，带坏社会风气，从而迷失正当的价值追求。在全球化时代，信息的"部落化"固然更加有利于实现"圈层"交流，却与全球化时代社会对个体的"全信息"要求

---

① 2019 年 5 月 11 日，http://baike.sogou.com/v58468289.htm。

相悖。这种信息之间的差异会导致所谓的"知识鸿沟"。

四　数据时代的权利让渡：隐身权与隐私权

高速发展的信息和网络技术使得大数据成为当前学术界和许多业界的研究热点，数据的爆炸式呈现给人类与社会带来了极大的机遇与挑战。基于大数据的处理、分析已共享等技术与应用可以为人类社会谋取福利。但是大数据隐私风险已经成为大数据应用领域迫切需要解决的重要问题。最常见的担心就是数据一旦被别有用心者用作不当领域，将会带来不可估量的负面影响。通过梳理大数据应用领域出现的隐私问题，大概可以归为这几个方面：

其一，隐私问题在大数据环境下变得复杂化，传统隐私保护技术无法适应复杂环境下的大数据隐私问题。

其二，网络空间的开放性使得大数据的呈现是多样性的，多源数据的低"把关"性使得隐私泄露风险大大增加。

其三，针对大数据隐私问题的应对大多数是依靠数据管理者与监督者的自律。此外，数据生成者参与隐私保护意识不强，在市场盈利的主要运营原则下隐私保护机制的建立还不够健全。

"从数据和技术两个角度可以将大数据架构划分为两层：大数据生命周期和大数据平台。大数据生命周期包含收集、存储、使用、分发和删除各环节。数据通过收集进入大数据平台并进行存储，通过使用发掘其潜在价值，通过分发传递和共享数据或分析结果，最后删除不再需要的数据。因此，可以说大数据生命周期是数据转换为价值的过程。大数据平台提供大数据生命周期各环节所需的基础设施、存储和处理平台以及数据分析的算法等，是整个大数据架构中的技术支撑。"[①] 数据的隐私权应该是在主体的隐身权基础之上实现的，但现在越来越多的大数据技术对于用户的"精确画像"，使得网络的匿名性变得越来越"透明化"。从数据和技术的应用来看，数据隐私问题

---

① 陈兴蜀、杨露、罗永刚：《大数据安全保护技术》，《工程科学与技术》2017 年第 5 期。

出现的概率非常大，而且在各个不同应用阶段和平台都会出现不同程度的后果。例如在大数据商业用途的营销阶段中，一般都是先通过用户画像技术分别从线上行为和线下消费进行偏好分析，发现和把握蕴藏在细分海量用户中的巨大商机。大数据营销尽管有可能带来种种商业利好，但是其在对用户进行个人信息与身份特征的收集时，难免不被商业所利用，也有可能产生诸如用户信息泄露等风险。

此外，诸如国内知名的人工智能公司字节跳动（Bytedance）旗下基于个性化资讯引擎推荐的主要产品——今日头条，在 2017 年 12 月 29 日连同凤凰新闻手机客户端因为持续传播色情低俗信息、违规提供互联网新闻信息服务等问题，企业负责人被纷纷约谈，责令企业立即停止违法违规行为。① 对此，今日头条也及时进行了调整，在当日 18：00 至次日 18：00 期间，停止部分信息栏目的更新，进入维护状态。从这一业界案例中可以看到，定位为人工智能公司的字节跳动，在依据数据进行个性化服务的时候，一方面会引发不良信息的泛滥；另一方面，个人数据可以肯定的是遭到了企业的追踪与商业利用，要不然信息的个性化服务就无从谈起。那么，面对这些数据，用户隐私的保障又该何去何从？至今数据隐私保护都只是用后期补救的方式进行处理，前期对于数据生产者、管理者、监管者的保护边界与举措似乎还处在"真空"状态。

五　数据的"非科学性"：预测与评估风险

数据是否具有客观性或者科学性，依据大数据技术所做出的预测与评估又是否完全具有科学性呢？答案是否定的。比如，依据大数据技术所建构出的信息环境就间接助推了"后真相时代"的剧烈性。一般而言，预测风险主要是指基于数据所进行的预判与现实走向出现了偏差，从而引发了一系列不良影响。目前比较多的基于大数据的预测与风险管理领域有自然灾害、恐怖袭击、癌症、网络病毒等。不可

---

① 祁星晨：《今日头条遭遇最严整改　一年被约谈四次》，2017 年 12 月 30 日，慧聪 IT 网（http：//tech. sina. com. cn/roll/2017 - 12 - 31/doc-ifyqchnr7648142. shtml）。

否认的是大数据的预测将会为人类的生产生活带来前瞻性的指导，最典型的就是天气预报。但是，基于先进气象技术与长期观测经验所做出的天气预报，也会有失误的时候，其所造成的风险也给人们带来过负面影响。但是我们今天依旧在采用天气预报这种基于技术检测与数据分析的方式来进行天气的预测，是因为它的技术已经日臻成熟，出现误差的情况是较少的，所可能造成的负面影响与所带来的利好相比可以忽略不计。但是目前大数据技术在其他大多数领域的应用上，都处于市场化的研发阶段，技术不成熟，风险应对机制亦不健全与完善。

另一方面，大数据评估的风险在各行各业都逐渐增加。以传媒行业为例，体现最多的莫过于在媒体平台中以收视率或点击量来判断其"生死"的情况。在传统媒体时期，媒体渠道资源匮乏，节目的"生死"必须依赖收视率。在互联网时代，传统媒体接收端的节目资源依然受限于时空环境，广电的频道资源，报纸的版面资源依然使得他们必须通过筛选的方式来实现资源的"优胜劣汰"。但是在互联网发达的今天，媒体资源在消费主义的市场风向下，有着更为激烈的"优胜劣汰"。节目或栏目的制作单位只是依据自身不完善的数据统计来确定节目的"生死"。正如我们前面分析的数据中可能掺杂着"作假"成分的情况，这种依靠表象大数据进行节目评估的方式必然有失偏颇。因此，在各个行业还没有建立合理而完善的大数据评估系统时，行业风险无时不在，无处不在。

第二节　算法风险

算法与大数据技术存在着极大的联系。算法可以被看作大数据技术的基础，因为算法是大数据技术的处理"工具"，而数据是大数据技术的处理"原料"。毫不夸张地说，是算法赋予了大数据技术处理的数据更高的价值。我们如今所看到的大数据技术所依赖的现代算法，其实经历了古代的计算，到近代的算法，再到现代算法的发展与演进过程。"算法的英文名称'algorithm'，来源于中世纪的拉丁语单词‘algoritsm’，这个词是为了纪念波斯数学家花拉子米（AI-Khwariz-mi），他最早在数学上提出了算法的概念，人们就把他名字的音译作为算法的名称，意思是‘花拉子米提出的运算法则’。"① 关于算法的定义也是众说纷纭。例如有人将算法定义为"一系列的计算步骤，用来将输入数据转换成输出结果"②。维基百科上的算法是指，"在数学（算学）和计算机科学之中，为任何定义的具体计算步骤的一个序列。常用于计算、数据处理和自动推理。精确而言，算法是一个表示为有限长列表的有效方法。算法应包含清晰定义的指令用于计算函数"③。百度百科将算法定义为"解题方案的准确而完整的描述，是一系列解决问题的清晰指令，算法代表着用系统的方法描述解决问题的策略机制。也就是说，能够对一定规范的输入，在有限时间内获得所要求的输出"④。现代算法远远要比高斯数学那样的简单算法复杂得多。而雷·奥兹曾说："复杂性杀死一切。它把程序员的生活给搞砸了，它令产品难以规划、创建和测试，带来了安全挑战，并导致最终用户和管理员沮丧不已。"⑤ 当今时代，人们对于算法的痴迷，主要是因为借助各类算法我们能够发掘数据中的关联关系，寻找用户或客户的特征，预测事物的未来态势，从而为公司营销、管理、运营提供各类帮助，甚至是决策依据。⑥ 对于计算或算法的重要性论述，尼葛洛庞帝早在《数字化生存》的前言中就曾写道："计算不再只是和计算机有关，它决定我们的生存。"⑦

人类本想利用算法重塑一个更加客观的现实世界，但事与愿违，

---

① 徐恪、李沁：《算法统治世界：智能经济的隐形秩序》，清华大学出版社 2017 年版，第 10—11 页。

② 同上书，第 11 页。

③ 2019 年 5 月 11 日，https://w. bk. wjbk. site/baike – 算法。

④ 2019 年 5 月 11 日，https://baike. baidu. com/item/算法/209025？fr = aladdin。

⑤ 徐恪、李沁：《算法统治世界：智能经济的隐形秩序》，清华大学出版社 2017 年版，第 32 页。

⑥ 2019 年 5 月 11 日，https://www2. deloitte. com/cn/zh/pages/risk/articles/algorithmic-risk-in-big-data-era. html。

⑦ ［美］尼葛洛庞帝：《数字化生存》，胡泳、范海燕译，海南出版社 1997 年版，第 15 页。

改善问题的系统，却反过来使问题更严重，算法"黑箱"、难以审查等内在缺陷引发的偏见与歧视备受指责，社交媒体中的算法操纵、算法武器化催化的假新闻泛滥让民众忧虑不已，数据科学家凯茜·奥尼尔称之为"数学破坏的武器"。随着算法在政治领域的广泛应用，算法在给予政治系统便利与福利的同时，算法偏见、算法操纵也对政治公平正义造成侵蚀，从而极易触发意外未知风险。大量实例已经表明，算法偏见加剧现有不公平现象的问题已不容忽视——尤其当它们用在本就存在歧视的政治社会系统中时，模型支撑着幸运和惩罚，为民主创造了一杯"有毒鸡尾酒"。

一　算法的底层数据风险

算法作为大数据技术的运算工具，其运算资料为数据。为什么说算法的底层数据具有风险呢？主要是因为现在的大数据技术还处在一种基于具有误差性"客观数据"的运算状态中。"与传统风险不同，算法风险存在隐藏的'偏见'、缺乏可验证性及复杂的解决方案三大特点。"[①]"算法可能有隐藏的偏见，不是来自人为的任何意图，而是来自于提供的数据本身。这些偏差可能不会作为一个明确的规则出现，而是被考虑到成千上万个因素之间的微妙交互中。"[②]例如现在很多的企业，它们的市场研究以及营销方案等运营工作都依赖于用户数据进行决策。但是这种数据一般而言是不全面或不完善的，即使是用大数据技术也只是智能化地选取了最大化的"样本"，也并非全部。从决策的科学性上而言，只要存在着样本的"不周全性"，那么这个决策就存在着不同程度的风险问题。

二　算法的程序风险

关于算法的程序风险问题，我们可以从前文的算法定义中找到些

[①] 2019 年 5 月 11 日，https：//www2. deloitte. com/cn/zh/pages/risk/articles/algorithmic-risk-in-big-data-era. html。

[②] 同上。

许证明。简单而言，算法是按照某种计算指令或者步骤而得到一个输出结果。这种计算指令或者步骤显然是人为的"安排"。而这种"安排"则受到了算法操作的主客观环境等因素的制约，例如技术发展水平、人们的技术认知与认知水平等。也就是说，当摒除其他非不可抗力因素影响的可能时，如果我们的计算指令或者步骤存在着程序上的"完美性"欠缺，也是会出现风险的可能性的。新技术中的很多类型的技术都需要借助算法来实现对信息、交流、流程等方面的控制。曼纽尔·卡斯特尔曾在《交流权》一书中写道："权力立基于对交流和信息的控制，不论是国家和传媒企业的宏观权力，还是各类组织的微观权力。"① 学者蔡斐在分析算法推荐技术时认为，"在整个信息交流的过程中，都弥散着权力对信息交流的控制，由此也产生出人类对信息自由权的渴望"②。可见算法的程序并非是一个完全"自然"状态的运行，其中掺杂了许多权力、商业等人为的或社会的复杂因素。

三　算法的结果风险

算法的结果风险主要包括"信息茧房"效应、"回声室"效应、"过滤气泡"效应、群体极化现象、后真相风险等几个方面。但鉴于此前章节中对一些风险问题已经做过详尽论述，下文仅针对其他未论及或未深度讨论的算法结果风险进行论述。

网络平台中社群的内容是由群体成员来共同书写，从某种意义上讲，风险也是由网络社群共同书写。社群中群体成员间的相似性和情感的共通性，使信息在书写中会逐渐走向一致。网络开放使任一网民都有机会发声，一旦焦点形成，围绕该焦点社会各界都会参与到信息的传递中，最终发展成为舆论事件。接下来将回顾"红黄蓝"事件来说明算法技术呈现下群体极化后的网络舆论的演进过程及其危险。

2017 年 11 月 22 日，网络传闻北京市朝阳区管庄红黄蓝幼儿园新

---

① 转引自蔡斐《算法推荐技术或许埋下了隐患》，《深圳特区报》2018 年 11 月 27 日。
② 同上。

天地分园有"爷爷医生、叔叔医生"猥亵儿童，并有涉军相关内容。红黄蓝幼儿园虐童事件最先在微博扩散，后该事件被逐渐披露。

2017 年 11 月 23 日，多位明星在微博发声，众多网络大 V 以及公众号都对此事件发表了意见，此事成为全网关注的热点，进而受到媒体关注，并对该事件进行报道。当天，人民日报微信公众号发表《虐童事件再现，"幼有所育"的底线不容击穿》的文章，央视新闻也以《北京红黄蓝幼儿园被指虐童　孩子疑似被针扎、喂食不明药片》为题进行报道。

2017 年 11 月 24 日，红黄蓝幼儿园的多位家长聚集其孩子所在的红黄蓝幼儿园门前，有多位家长接受采访。其中家长提及的"打针、叔叔阿姨医生、衣服脱光光"等信息掀起了新的舆论高潮。此时开始出现涉及军队的谣言，网上传言该幼儿园园长是老虎团干部家属。

2017 年 11 月 24 日，"老虎团"政委就涉及部队传闻答记者问，表示网上传言的干部已转业到地方工作，网上流传该园长是其所属团现役军人家属与事实不符。对此，人民日报、澎湃新闻、环球时报等都进行了报道。

2017 年 11 月 25 日，红黄蓝虐童事件搜索指数达到 45814。当天，警方通报红黄蓝涉事教师被刑拘。

2017 年 11 月 28 日晚，北京市公安局朝阳分局官方微博@平安朝阳通报红黄蓝新天地幼儿园事件调查结果。经专家会诊、第三方司法鉴定中心对家长提出申请的相关涉事女童人身检查，均未见异常。网传涉事幼儿园"群体猥亵幼童"等内容，经查，系刘某、李某某二人编造传播。刘某被行政拘留，李某某被批评教育并在微博公开致歉。

2017 年 12 月 29 日，北京市朝阳区人民检察院通报，经依法审查，对北京市朝阳区红黄蓝新天地幼儿园教师刘某某以涉嫌虐待被看护人罪批准逮捕。此后舆论逐渐平息。

从该事件来看，舆论的引爆主要来自明星、网络"大 V"和当事人母亲三方。明星和网络"大 V"在微博的转发使该事件成为全网关注的焦点。当事人母亲的采访视频涉及儿童被性侵的内容则直接引发了地震式的效应。而舆论的壮大则是不同网民共同书写的结果。无论是最初明星的附和发声，还是跟随事件发展调查进展，他们在网络中就该事件发表自己的意见、提出质疑或转发家长采访视频，这都引发了更多的讨论和追问。虐童事件的风波甚至引发了民众对警方办案能力的质疑和政府包庇的风险。

该事件引发的舆论风险巨大，而网络平台的开放和匿名性，为网络中风险的群体性书写提供了便捷。开放的网络平台为具有相似的爱好和兴趣的人提供了集合的平台，并以群体的方式参与发声。网络的匿名性伴随着约束机制的缺失，造谣成本降低，最终导致风险的增加。网络中群体的约束力小，来去自由。一个人可以同时参与多个群体，信息也随之在不同社群之间传递。社群的核心是意见领袖，在风险传播中意见领袖可以起直接的作用。在红黄蓝事件中，因为大 V 的发声，直接推动了该事件被广泛关注导致风险爆发。

（一）后真相时代：情绪化风险

移动互联网技术使得信息传播更加快捷，但却不能保证信息内容整体真实客观，情绪的传递比事实更快，人们往往更关注表达自己的情绪，而不关注客观事实本身，网络事件多次出现"反转"，由此产生一种新的语境——第三种现实，即信息内容介于真实与虚假之间，不完全客观也不完全虚构，是一种情绪化的现实。① "第三种现实具有强占话语、轻视真相、崇拜戏谑、放大碎片信息等特征，它将新闻信息的传者和受众，卷入借助事实建构情绪和解读情绪的场域之中。"② 事实被人们抛诸脑后，诉诸情感引发更大的风险。受众看到和接受的只是他们所想看和想接收的，我们将其称为后真相时代。

其实早在 2004 年，美国传媒学者拉尔夫·凯斯就敏锐地捕捉到政治环境的变化，从而出版了《后真相时代》一书。该书阐释了西

① 江作苏、黄欣欣：《第三种现实："后真相时代"的媒介伦理悖论》，《当代传播》2017 年第 4 期。

② 同上。

方选举政治新动向：在后真相时代，相对于情感及个人信念，客观事实对形成民意只有相对小的影响。① 全燕认为后真相在社交网络中民族主义、民粹主义、保守主义等西方思潮勃兴的背景中诞生，并在英国脱欧公投、美国总统大选等重大政治事件中走向极致。② 江作苏、黄欣欣认为西方学者主要从两个方面来阐释后真相的含义：一是情感大于事实；二是消解事实成为自媒体的常态。③ 代玉梅指出自媒体的本质是信息共享的即时交互平台。自媒体的每一个用户都可以在平台上发布内容，自媒体无疑成为情绪书写的绝佳场所。④ 个体的情绪化的行为所导致的极端结果可能是群体极化。差异意味着风险，极化意味着风险的最大化。个体的极化导致网络暴力的出现，最终会以群体极化的形式和作用展现出来，并反映到现实社会中。美国麻省理工学院的学者 Marshall V. Alsty Ne 和 Erik Bry Njolf Sson 在著名的 *Science* 杂志上撰文指出，以 Internet 为代表的计算机、信息通信技术未必会带来一个"统一的"赛博空间；相反，他们认为，在信息技术成功消除地理壁垒、扫清地理巴尔干的同时，不可避免地形成了逻辑空间上的巴尔干。⑤

巴尔干化最初是一个带有贬义的地理政治学术语，用于描述地域四分五裂的很小的国家，而且这些国家之间还互相敌对或者彼此之间没有合作。由于这样的特性，在学术领域就直观地把某种"分裂为若干对立微小部分"的状态，称为"巴尔干化"。⑥ 2004 年，罗森布拉特和莫比乌斯研究表明：越来越低的交流成本会造成个人之间以及群

---

① 刘学军：《后真相时代社交媒体对美式民主的考验与挑战》，《新闻战线》2017 年第 3 期。

② 全燕：《"后真相时代"社交网络的信任异化现象研究》，《南京社会科学》2017 年第 7 期。

③ 江作苏、黄欣欣：《第三种现实："后真相时代"的媒介伦理悖论》，《当代传播》2017 年第 4 期。

④ 代玉梅：《自媒体的传播学解读》，《新闻与传播研究》2011 年第 5 期。

⑤ 陈冬、顾培亮：《信息技术的社会巴尔干因果分析》，《科学学研究》2004 年第 1 期。

⑥ 同上。

组分离的程度加剧。① 但随着大数据技术的发展，精准化的信息推送一方面能够满足不同受众的特定需要，另一方面，机器对信息的机械化过滤和偏好设置，将会导致人们沉浸在狭窄的信息接受范围内，个体之间、群体之间的间隙会越来越大，我们对除了我们所在全体之外的信息知之甚少甚至一无所知，网络巴尔干化的一个显著的影响是舆论极化。舆论的极化意味着风险的极化，并且可能引发现实的危机。福岛核泄漏事件发生后，网上铺天盖地地流传着核污染扩散入我国境内，碘盐防辐射的舆论，我国很多民众受到网络舆论的影响，引发了各地食盐的抢购风潮，最后国家有关部门不得不出面才平息了抢盐风波。

　　后真相时代，社会的极化在西方国家政坛显现得尤为明显，其影响也是全球性的。真正让大家意识到后真相时代来临的美国大选和英国脱欧提供了有力的现实依据。以美国为例，2016 年，唐纳德·特朗普在竞选期间以 "Make America Great Again"（让美国再次强大）为竞选口号，并多次强调 "America first"（美国优先），抓住了美国民众对现行制度的不满。不但如此，特朗普在竞选期间，针对气候问题、经济、少数族裔等领域发表的讲话无一不在贯彻其美国优先、白人优先的思想。最终特朗普当选，让世界跌破眼镜。同年 6 月 23 日，英国举行 "脱欧" 公投，脱欧派以总票数 52% 的比例战胜留欧派的 48%。2017 年 3 月，英国女王伊丽莎白二世批准 "脱欧" 法案，英国正式启动脱欧程序。唐纳德·特朗普当选美国总统，英国脱欧无一不是情绪裹挟的结果。值得注意的是，特朗普上台后一改竞选时的态度，竞选中所选的口号多次被其本人否认。而英国，到 2017 年 12 月份，根据参考消息的报道，有一半的英国民众想举行二次公投。在以情感为导向的 "后真相时代"，社会的风险因为事实人为地弱化而增加，因为情感本身就具有很多不确定性，尤其受到网络暴力、网络中各种虚假信息带来的不信任心理。在贝克看来，为应付社会风险的增

---

① 郭秋萍、任红娟：《信息空间巴尔干化现象探析》，《情报理论与实践》2011 年第 12 期。

多，也需要扩大信任的储备。① 网络暴力亦是网络情绪表达的极端方式，网络暴力已经成为网络治理的全球性难题。人肉搜索、语言攻击等方式是网络暴力的表现形式，网络暴力受害者所受的伤害实实在在作用于现实生活中。

2013 年，英国一位 14 岁少女因不堪忍受网络暴力在家中自杀。2016 年八达岭老虎伤人事件的受害者被谩骂，当事人不得不出面发声。2017 年 8 月作家陈岚在微博上曝光南京火车站猥亵女童事件，十几个小时内其在微博上就收到了上千条死亡、威胁、谩骂及诅咒的信息。"2013 年 5 月，在美国社交媒体用户中，69% 的人表示'曾在社交媒体上看到有人用刻薄恶毒的语言攻击他人'，这一数字在青少年用户群体中高达 88%。联合国儿童基金会 2017 年 9 月发布的一份报告显示，法国 6 岁至 18 岁的年轻人中，12.5% 的人曾有过在网上遭遇攻击的经历。"② 所有参与到网络暴力中的人们实际上也成为一个群体，他们是在个体基础上以群体的形式产生作用的。

（二）新闻生产的算法风险：拟态环境的"数学洗脑"

社会风险在本质上是属于人的主体性实践活动。算法风险的产生既与算法系统自身的局限有关，也与利益相关者对算法的态度有关。对某些专业知识的无知会成为人们信任某种技术的基础，同样也会带来风险。算法由于复杂和晦涩被视为"黑箱"，对于以文科知识背景为主的新闻从业者和没有相关专业知识的一般公众而言，算法常被视为中立的、权威的、科学的。一些媒体公司也以此为卖点，声称其算法系统没有价值观，公众对这些宣传信以为真。这种认为"利用算法、模型等数学方法重塑一个更加客观的现实世界"的想法被称为"数学洗脑"（mathwashing）。当"数学洗脑"成为社会共识后，人们便无视算法的潜在风险，甚至认为算法没有风险，这种错误认识便会成为算法风险的来源，最终使算法从人的"代理者"变成人的"控

---

① 全燕：《"后真相时代"社交网络的信任异化现象研究》，《南京社会科学》2017 年第 7 期。

② 田泓、王远、陈丽丹：《虚拟世界何以制止欺凌行为》，《人民日报》2015 年 5 月 13 日第 5 版。

制者"。

算法设计者和使用者之间存在一个难以弥合的"算法知沟"。算法所有者可能会利用这种"算法知沟"实现自己的某些意图。在新闻生产中，对算法风险的掩盖都是为了特定利益：一是免除自己可能要承担的责任。例如一些媒体标榜"技术中立"，声称自己的算法不存在缺陷，为的是赢得用户信任、免除可能承担的伦理和法律责任。二是为了获得更大的商业利益。如果媒体承认算法有缺陷、有风险，会导致用户流失，影响媒体品牌声誉。比如在新闻推送中，商业推荐所占的权重会更大一些，失范内容因稀缺性而产生的暴利也更容易被推送给用户，但是媒体却声称这是基于用户的数据，而非算法故意为之。

第三节　人工智能技术风险

1955 年，美国"人工智能之父"、计算机科学家、认知科学家约翰·麦卡锡率先提出了"人工智能"这一概念，但截至目前，学术界对这一概念的内涵和外延还缺乏统一认识。但这并未影响这一技术的快速发展。德勤公司于 2018 年 11 月 11 日发布的《人工智能产业白皮书》中指出，"计算力提升、顶层设计、资本支持、用户需求已成为当前阶段人工智能发展的核心驱动力"①。人工智能在人类生活领域越加广泛地被使用，不少大公司敏锐地嗅到了其中蕴藏的巨大商业潜力，比如目前世界知名的互联网公司谷歌、思科、亚马逊、百度等都纷纷将其作为重点投资对象。人工智能与人类在体育方面的脑力较量最典型的事件莫过于在 2016 年 3 月 9 日至 15 日，在韩国首尔进行的韩国棋手李世石与人工智能围棋程序阿尔法围棋之间的五番棋比赛。最终人工智能阿尔法围棋以总比分 4：1 战胜人类代表李世石，使得人们对于人工智能的关注达到了一个高潮。对于人工智能关注的

---

① 转引自蒋帅《德勤发布〈中国人工智能产业白皮书〉》，2018 年 11 月 30 日，ht-tp：//www. cet. com. cn/wzsy/qwfb/2103337. shtml。

焦点大致可以分为三种：乐观派、悲观派以及管理派。管理派就呼吁在人工智能的开发和运行中加强政府的监管，以免人工智能出现技术"异化"与伦理问题。乐观派则认为人工智能可以极大地解放人类的实践活动，将会提升整个社会的生产效率。而悲观派则认为人工智能很可能导致技术性失业和人类对其的不当使用。

人工智能思考的核心在于计算，最重要的是数据。人工智能应用目前可见的利益领域主要包括机器人在内的一系列智能体的发明与生产。例如针对目前棘手的网络安全问题，微软利用自身的平台优势，打造了安全智能知识图谱。知识图谱可以处理和利用大数据，集成专家的经验，取得较好的安全保护效果。微软的网络安全知识图谱得益于平台上积累大量的数据，包括每分每秒保护用户和网络攻击做对抗过程中产生的数据，利用人工智能把数据后面真正的大数据价值榨取出来，产生很多可以重复使用和可扩展的安全防御模型。人工智能的出现，让以往的幻想逐渐变成了现实，但是，现今的人工智能还不够完善，存在着不少的薄弱点。

美国智库"新美国安全中心"最近发布《人工智能：每个决策者需要知道什么》报告，指出人工智能的一些弱点可能对应用领域造成巨大影响。

第一点，脆弱性。现如今的人工智能只能够在一定的场景和语境之下进行"思考"，一旦场景出现变化并超出一定的范围，人工智能将会停止"思考"。

第二点，不可预测性。对于人工智能而言，人类是无法预测它将来会发生的行为，故而，它有可能会给出与设计者初衷不同的决策。对于人类而言，这是存在一定风险的。

第三点，弱可解释性。人类每做出一项决策都会有他的理由，然而，人工智能帮助人类做出的决策，人类是不知道人工智能做出决策的理由的。举个例子，人工智能的图像识别能力可以发现图片中的校车，但无法解释哪些图像特征让它做出这种判断；而在医学诊断领域，诊断的理由往往是很重要的。

第四点，违反规则法律。人工智能注重结果，对于其中的过程不存在顾及人类世界的规则法律等。人工智能通过寻找到系统的漏洞，实现字面意义上的目标，尽管实现这个目标的过程与设计者的初衷不符。

第五点，系统事故。在算法不能共享的对抗性环境中，系统性错误很容易发生，导致做出无法估量后果的决策。比如，在国家安全领域，两种相互对抗的算法为了获得优势会采用某些导致毁灭性后果的行为，尤其在网络安全和电子战过程中，对抗性决策会非常迅速，人类几乎来不及叫停。

第六点，人机交互失败。为了解决人工智能的某些缺陷，一般的方法是，让机器提供建议，人类来做最后的决策。但是，人类决策者对于人工智能反馈的建议，认知能力不同，理解的程度也不同，所得出的决策也不同；故而，这种方法只是治标不治本。举个例子，2016年，特斯拉自动驾驶汽车撞毁事故，就是因为人类操作员没能理解人工智能系统给出的提示，而发生的。

第七点，机器学习漏洞被对手利用。在与对手对抗的过程中，对手会利用人工智能行为方式的某些漏洞或者释放有毒数据发起攻击，目前还没有抵御这种攻击的有效办法。[①]

人工智能目前还比较稚嫩，存在着诸多风险缺陷，在应用的层面，人类决策者还需要多多注意与完善，才能使得自身企业与人工智能共同发展。

一 人工智能技术与财富分配的"马太效应"

按照现在人工智能发展的速度，也许未来的穷人已经无法参与社会经济的运作，只能被统统"折叠"起来，他们连被剥削的价值都没有。在人工智能越来越发达的时代，社会财富的马太效应将会越来越大。"美国学者罗伯特·莫顿将'马太效应'归纳为：任何个体、群体或地区，一旦在某一个方面（如金钱、名誉、地位等）获得成

---

① 《人工智能来了，八大风险不可轻忽》，2018 年 8 月 28 日，中国机器人网（http://www.robot-china.com/news/201808/28/52861.html）。

功和进步，就会产生一种积累优势，就会有更多的机会取得更大的成功和进步。"① 举个简单的例子，在之前，我们的财富是跟劳动时间成正比的，比如，如果种一亩地需要花 100 小时劳动，最终产出 100 公斤粮食，那么要生产 1000 公斤粮食，就需要种 10 亩地，或者投入 1000 小时劳动。出现偏差只是在于：有的人勤快一点、聪明一点，或者天气好一点等。不仅农民种地如此，工人上班、司机开车、记者写稿等都遵循这种规律。现在是数字经济时代，互联网统治了一切，有一个东西彻底改变了社会的财富分布，它的名字叫"链接"。没有链接之前，社会组织是散落状态的，所以很多小的区域容易形成独立系统，在这个系统里会有很大的生存机会，比如张三在张庄、李四在李庄可各办一家商店，当然每个村庄都可多容纳几家商店。

但是因为链接的存在，可以使一件小事迅速引发一场传播和互动，瞬时抵达各个角落，人与人之间、组织与组织之间被彻底链接在了一起，让整个社会的资源和财富更加往极少数人手里集中。在中国著名的知识聚合性平台——知乎上关于人工智能曾经有过这么一段有趣的网民评论，一位网民认为人工智能正把世界分成三层，第一世界的人从一个社交场合到另一个社交场合，交换共享资源；第二世界的人工作之余，还要把时间用在技能培养和自我提升上；第三世界的人在充斥着各种垃圾信息的互联网上度过，用廉价的食品喂饱自己，又用廉价的社交媒体将其消耗掉。这就是未来世界，被分成了三层：顶层王侯，中层精英和底层劳工。类似于金字塔结构，越往下人越多。最让人遗憾的是，人工智能将世界分为的三个层级，并没有想象中的层级矛盾与身份交换。顶层的王侯将相们可能在未来将一个个微小的智能纳米机器人植入他们的身体，随时清理、修复和升级他们身体的各个细胞，同时对体内基因进行检测，及时更新和维护，用以延长生命、强化身体功能。其次，处于未来社会中上层的精英们，会利用掌握的知识和资源以及互联网工具，

① 周勇：《网络传播中的"马太效应"——关于华南虎照片真伪事件的实证研究》，《国际新闻界》2008 年第 3 期。

不断迭代自己的产品和技能，尽量把底层劳工甩开，努力向顶层靠拢。而最后的广大底层社会的劳工们，如果没有文化、不善于学习，人生只能越陷越深，毫无希望。尤瓦尔·赫拉利在其著作《未来简史》中提出了这样一个观点，即人工智能将造就大量"无用阶层"，这显然指的就是那些底层劳工。

二　人工智能引发的职业结构失衡

2017 年是全球人工智能商业应用元年。"人工智能＋"呈井喷之势出现在公众的视野当中。人工智能的发展是飞速的，本书分别记录了 2017 和 2018 两年的人工智能商业化的六大典型运用，以此来说明人工智能在商业和市场应用中职业结构的剧烈变化。

截至 2017 年 12 月初，当时国内人工智能的商业应用主要包括以下六个方面：一是无人餐厅的兴起。例如马云的"未来智能餐厅"无须钱包和手机，也没有服务员和收银员，全程智能点餐和支付。二是无人财务的兴起。在 2017 年举行的一场财务分享沙龙上，德勤公司的人工智能机器人"小勤人"几分钟就能完成财务几十分钟才能完成的基础工作，还能够不间断工作。[①] 三是无人物流仓库。2017 年 10 月 9 日，京东官方宣布已经建成了全球首个全流程无人仓，从入库、存储，到包装、分拣，真真正正实现全流程、全系统的智能化和无人化。[②] 四是无人加油站的兴起。例如马云宣称将在杭州建立第一座"阿里智能加油站"。"马云的加油站，与传统的加油站相比，有颠覆性区别：从你开车进入加油站—加油—付款—离开，没有一个服务员，没有一个收银员。也不用排队、不用下车、不用拧开油盖，一路都是畅通无阻。"[③] 五是无人超市。在无人超市中，没有一个售货

---

① 参见《新时代：未来已来，人工智能开启新时代！实业老板必看！》，2017 年 10 月 26 日，http：//www. sohu. com/a/200342422_809329。

② 参见《京东全球首个全流程无人仓曝光：看完给跪了！》，2017 年 10 月 11 日，https：//blog. csdn. net/Px01Ih8/article/details/78210288。

③ 参见《无人超市之后，马云的无人加油站来了！没有一个服务员、收银员》，2017 年 10 月 6 日，https：//blog. csdn. net/gh13uy2ql0N5/article/details/78168606？locationNum = 7&fps = 1。

员、收银员，扫码进场后，商品拿起就可以走。① 六是无人警局。例如 2017 年 11 月 12 日，在"武汉交警政务服务迈入人工智能时代"的发布会上，腾讯与武汉市公安局交通管理局宣称，将携手打造全国第一个无人警局，不久的将来就能投入使用。这个"无人警局"不但全年每天 24 小时不打烊、办理新车注册登记、直接刷脸参加驾照科目一考试，还能在模拟设备上模拟驾驶安全学习。② 2018 年 11 月 11 日，德勤发布的《中国人工智能产业白皮书》从人工智能行业综述、商业化应用以及中国主要人工智能产业发展区域及定位，详尽解读了当前中国人工智能产业的发展现状和未来前景。其中在人工智能商业化运用方面分为六大部分。一是数字政府，政策利好加速政府智能化变革；二是金融，人工智能变革金融经营全过程；三是汽车，人工智能正在重塑汽车产业生态；四是医疗，人工智能加速医疗技术革新；五是零售，人工智能应用从个别走向聚合；六是制造业：人工智能应用潜力被低估。③

　　本书所指的职业结构失衡风险主要指的是失业问题。失业其实是工业社会的产物，是近现代以后出现的社会现象。从本书所记录的 2017 和 2018 两年的主要人工智能商业化应用来看，技术水平在飞速提升，应用领域在迅速扩展。《未来简史》的作者尤瓦尔·赫拉利曾在"未来进化"论坛上表示，"人工智能迅速崛起，几十年后全球数十亿人将面临失业"④。不过，由于工作的复杂程度和技术含量不同，不同行业的从业者面临的失业的危机也有所不同。"没有人能预测，未来我们的经济生活领域将会掀起一股多么猛烈的自动化大潮。但即便是在今天，我们已经感受到了这股大潮来势汹涌。据报道，从

　　① 参见《中国首个无人超市正式开业！24 小时营业没有一个收银员，拿起就走！咋操作的？》，2017 年 7 月 10 日，http：//www. sohu. com/a/155929064_ 330235。

　　② 参见《全国首个无人警局要来了：24 小时不打烊》，2017 年 11 月 9 日，http：//www. yixieshi. com/98593. html。

　　③ 参见德勤《中国人工智能产业白皮书》（2018），2019 年 1 月 3 日，http：//www. sohu. com/a/292405155_ 499205。

　　④ 《人工智能来袭，哪类人将最快失业？！又该如何应对》，2017 年 7 月 19 日，http：//www. sohu. com/a/158278186_ 396999。

2014 年起，广东东莞市政府每年都安排资金推动那些劳动密集型的企业实施'机器换人'项目，预计可减少用工 7 万人；在美国，过去的两年间，自动化取代了 1.7 万个后勤部门的岗位。而这一切才刚刚开始，一项调查发现，未来 20 年里，自动化的普及可能将会导致美国 47% 的就业岗位被机器所取代，而在中国这一比例将高达 77%。毫无疑问，从制造业到服务业，数以百万计的工作岗位将会消失或者改变。"① 或许有人会说，机器取代人工也不是什么新鲜事了，当年工业革命的时候，不也导致了许多传统工作岗位的消失吗？然而并没有更多的新岗位来让我们就业。而且信息革命的特点就是发展速度极快，我们也不会像农业革命、工业革命那样有充分的时间适应新工作。

很多人还有一个认知误区，认为只有那些技术含量低的纯体力劳动才会被人工智能替代。但事实上，无论是体力劳动还是脑力劳动，凡是工作内容单调重复，不具备创造性和灵活性的，都极有可能被人工智能取代，因为人工智能可以快速学习这些职业的思维，获取有效程序，并且以更高的效率完成工作。也就是说，无论技术含量高低，机械和重复劳动在人工智能时代都将被完全替代。例如农民、建筑工人、司机、快递员和医生都属于被替代的高危行业，而警察、会计、程序员等职业也难免被人工智能所取代。虽然人工智能发展迅速，但现在说开始替代人类工作，引发社会大规模失业还为时尚早。从商业利益的角度出发，企业或工厂只有在人工智能的成本、技术、效率都完全优于雇员的情况下，才会采用人工智能替代人类的工作。而目前的很多人工智能研发和使用成本还相对较高，很难进行大规模使用。技术发展与社会改变的步伐都会越来越快，新的技术出现会给社会带来新的压力，人类需要不断学习新知识和新技能来增强自己的不可替代性。而我们讨论的人工智能所引发的社会失业是一种未来可能性风险，或者是一种小规模、低程度、少领域的失业情况。未来人工智能

① 《当人工智能逼迫我们失业之后》，2017 年 9 月 17 日，http://www.sohu.com/a/192516714_418353。

是否会引起大规模社会失业还要看人工智能的技术发展状况以及人们的学习能力如何。

三　人工智能的伦理风险

在科技越发达、人工智能越来越普遍的同时，人与人的差距越来越大，处于不同维度的人们，将熟视无睹地擦肩而过。原来，我们总以为世界最公平的就是生老病死：一个人成就再大、财富再多，最终都敌不过自然规律，走向死亡。然而在人工智能时代，这些都可能被修正，比如寿命、身体等。

近年来人们一直在思考一个问题，人工智能体，尤其是机器人是否是道德的载体？在讨论这个问题之前我们有必要先对伦理和道德进行一个概念界定和区分。"全球伦理又称世界传播伦理、普世伦理等，是一种以人类公共理性和共享的价值秩序为基础，以人类基本道德生活、特别是有关人类基本生存和发展的涉世道德问题为基本主题的整合性伦理理念。"[①] 尧新瑜在《"伦理"与"道德"概念的三重比较义》一文中曾经对伦理学基本概念和划界不清的问题进行了初步的梳理："其一，'伦理'概念是西方理性伦理学的核心概念；'道德'概念则是中国道德哲学的逻辑起点。其二，由于两种文化的起源和发展轨迹不同，中西语境下的'伦理'和'道德'概念打上了各自民族精神和历史文化的烙印。'伦理'概念蕴含了西方的理性、科学、公共意志等属性；'道德'概念蕴含更多的是东方文化情怀、人文、个人修养等色彩。其三，在当下中国学术话语中，'伦理'逐渐成为了伦理学中的一级概念，而'道德'则退居为伦理学中'伦理'概念下的二级概念。它们有着各自相对独立的概念范畴和使用区域。即，'伦理'概念适合用于抽象、理性、规则、公共意志等理论范畴，而'道德'概念适合于具体、情性、行动、个人修养等实践范畴。"[②] 其

---

① 万俊人：《寻求普世伦理》，商务印书馆 2001 年版，第 29 页。
② 尧新瑜：《"伦理"与"道德"概念的三重比较义》，《伦理学研究》2014 年第 4 期。

实简单来看伦理与道德的区别，道德是会受到不同文化、地域、风俗的影响，而伦理学探讨的是人类行为的对错或是非问题。伦理学分为一般性伦理问题（普世伦理标准）与专业性伦理问题（各行各业的伦理标准）。伦理在各个行业中的延伸从根本上来讲是为了保证该行业的长续存在，俗称"自保"。新闻传播行业的伦理准则是"客观、公正"，也是为了能够"自保"，如果站在某一个立场，就会很容易失去另一立场。而在人工智能领域进行伦理问题讨论，无非也是想要确立人类自身生存的"自保"途径探索。具体而言，当前人工智能有如下几个方面的伦理困境：

（一）算法歧视伦理问题

算法是人工智能的最重要组成部分之一。人类在做出决策时会因为本身的偏见、情绪等受外部因素影响。律师们经常开玩笑说，正义取决于法官早餐吃什么。算法看上去貌似公正，不会受到情绪的影响，但实际上，算法也正在带来类似的歧视问题。比如，一些图像识别软件之前将黑人错误地标记为"黑猩猩"或者"猿猴"。此外，例如 2016 年 3 月微软公司在美国的 Twitter 上上线的聊天机器人 Tay 在与网民互动过程中，成为了一个集性别歧视、种族歧视等于一身的"不良少女"。随着算法决策越来越多，类似的歧视也会越来越多。而且算法歧视会带来一系列危害。一方面，如果将算法应用在犯罪评估、信用贷款、雇用评估等关切人身利益的场合，一旦产生歧视，必然危害个人权益。另一方面，深度学习是一个典型的"黑箱"算法，连设计者可能都不知道算法如何决策，要在系统中发现有没有存在歧视和歧视根源，在技术上是比较困难的。

为什么算法并不客观，可能暗藏歧视？算法决策在很多时候其实就是一种预测，用过去的数据预测未来的趋势，算法模型和数据输入决定着预测的结果。因此，这两个要素也就成为算法歧视的主要来源。"一方面，算法在本质上是'以数学方式或者计算机代码表达的意见'，包括其设计、目的、成功标准、数据使用等等都是设计者、开发者的主观选择，设计者和开发者可能将自己所怀抱的偏见嵌入算法系统。另一方面，数据的有效性、准确性，也会影响整个算法决策和预测的准确性。"① 比如，数据是社会现实的反映，训练数据本身可能是歧视性的，用这样的数据训练出来的人工智能系统自然也会带上歧视的影子。再比如，数据可能是不正确、不完整或者过时的，带来所谓的"垃圾进，垃圾出"的现象。更进一步，如果一个人工智能系统依赖多数学习，自然不能兼容少数族裔的利益。此外，算法歧视可能是具有自我学习和适应能力的算法在交互过程中习得的，人工智能系统在与现实世界交互过程中，可能没法区别什么是歧视，什么不是歧视。更进一步，算法倾向于将歧视固化或者放大，使歧视自我长存于整个算法里面。算法决策是在用过去预测未来，而过去的歧视可能会在算法中得到巩固并在未来得到加强，因为错误的输入形成的错误输出作为反馈，进一步加深了错误。最终，算法决策不仅仅会将过去的歧视做法代码化，而且会创造自己的现实，形成一个"自我实现的歧视性反馈循环"。包括预测性警务、犯罪风险评估、信用评估等都存在类似问题。归根到底，算法决策其实缺乏对未来的想象力，而人类社会的进步需要这样的想象力。

（二）隐私伦理问题

很多人工智能系统，包括深度学习，都是大数据学习，需要大量的数据来训练学习算法。数据已经成了人工智能时代的"新能源"。这就会带来新的隐私问题。一方面，如果在深度学习过程中使用大量的敏感数据，这些数据可能会在后续被披露出去，对个人的隐私会产生影响。所以国外的人工智能研究人员已经开始提倡如何在深度学习过程中保护个人隐私。另一方面，考虑到各种服务之间大量交易数据，数据流动频繁，数据成为新的流通物，可能会削弱个人对其个人数据的控制和管理。当然，现在已经有一些可以利用的工具在人工智能时代加强隐私保护，诸如经规划的隐私、默认的隐私、个人数据管理工具、匿名化、假名化、差别化隐私、决策矩

---

① 曹建峰：《怎样应对人工智能带来的伦理问题》，2017 年 6 月 14 日，http：//mp. weixin. qq. com/s/-LVsMvZGvyu1LF9rA95eXw。

阵等都是在不断发展和完善的一些标准，值得在深度学习和人工智能产品设计中提倡。

四 主体性丧失风险与责任安全伦理问题

随着人工智能技术的高度发展，未来人类与人工智能的差异性会逐渐丧失。人之所以能够区别于其他物种或物体，很重要的原因就在于人类在整个生态环境中价值的不可替代性。随着人工智能技术所带来的人性价值的丧失或者扭曲，会产生一场"异化"灾难。而霍金、施密特等之前都曾在其著作或国际会议上警示人们人工智能或者超人工智能可能会威胁人类生存。但在具体层面，人工智能安全包括行为安全和人类控制。从 70 多年前艾萨克·阿西莫夫提出的"机器人三定律"到 2017 年阿西洛马会议提出的 23 条人工智能原则，人工智能安全始终是人们关注的一个重点，美国、英国、欧盟等都在着力推进对自动驾驶汽车、智能机器人的安全监管。此外，安全往往与责任相伴。如果自动驾驶汽车、智能机器人造成人身、财产损害，那么谁来承担责任？如果按照现有的法律责任规则，因为系统是自主性很强的，它的开发者是难以预测的，包括黑箱的存在，都很难解释事故的原因，则未来可能会产生责任鸿沟。人工智能问责问题现在还没有得到很好的解决，风险可能随时引发。

第四节 虚拟现实技术风险

一 虚拟现实技术的原理及其特征

虚拟现实技术主要是指"3R"技术，即 VR、AR、MR。"3R"技术的技术原理和特征决定了其在制造、军事、文化等领域具有广泛需求。其在不同领域的商业应用，成为了消费市场的热门追逐体验产品。但从目前绝大多数虚拟现实技术的开发与应用上可以看到，商业性和娱乐性的产品或设备占据绝大多数。这就极大地增强了产生风险问题的可能性。

（一）VR 定义及其原理

从 2015 年起，VR 概念蔓延全球，谷歌、索尼、Facebook 等科技巨头纷纷加入阵列推动市场。在产品的竞争中各家产品为了能够脱颖而出也是不断提出新的概念加入新的技术以满足用户需求。正是在这样一种良性的竞争之中，VR 产品的质量与水平得到了有效提高，整个行业的影响力开始升温。近几年，VR 概念在社会舆论中已经拥有一定的传播力度，但是社会对 VR 的准确定义以及整个行业的发展现状仍然较为模糊。根据互联网数据咨询聚合平台艾瑞网 2016 年 3 月 4 日发布的《2016 年中国虚拟现实（VR）行业研究报告》显示："虚拟现实（Virtual Reality），简称 VR 技术，也称人工环境。其原理是利用电脑或其他智能计算设备模拟产生一个三度空间的虚拟世界，提供用户关于视觉、听觉、触觉等感官的模拟，让用户如同身临其境一般。"① "VR 行业发展的历程大致分为四个阶段：（1）VR 概念萌芽阶段（1935—1961 年）。1935 年小说家 Stanley Weinbaum 在小说中描述了一款 VR 眼镜，以眼镜为基础，包括视觉、嗅觉、触觉等全方位沉浸式体验的虚拟现实概念，该小说被认为是世界上率先提出虚拟现实概念的作品。（2）研发与军用阶段（1962—1993 年）。1962 年，名为 Sensorama 的虚拟现实原型机被 Morton Heilig 研发出来，后来被用作以虚拟现实的方式进行模拟飞行训练。该阶段的 VR 技术仍仅限于研究阶段，并没有生产出能交付到使用者手上的产品。（3）产品迭代初期（1994—2015 年）。1994 年开始，日本游戏公司 Sega 和任天堂分别针对游戏产业推出 Sega VR－1 和 Virtual Boy 等产品，在当时的确在业内引起了不小的轰动。但因为设备成本高，内容应用水平一般，最终普及率并没有很大。（4）产品成型爆发期（2016 年起）。随着 Oculus、HTC、索尼等一线大厂多年的付出与努力，VR 产品在2016 年迎来了一次大爆发，这一阶段的产品拥有更亲民的设备定价，更强大的内容体验与交互手段，辅以强大的资本支持市场推

---

① 《2016 年中国虚拟现实（VR）行业研究报告》，2018 年 10 月 14 日，艾瑞网（http：//report. iresearch. cn/report_ pdf. aspx？ id＝2542）。

广，整个 VR 行业正式进入爆发成长期。从书籍到广播再到电视电脑，在漫长的历史发展中人类对具有更强表达力与沉浸性的画面展现形式一直有着一种与生俱来的诉求。因此，VR 技术所带来的具有极强沉浸体验的'虚拟世界'概念在短时间内就成功地在全球范围内迅速蔓延开来。"① 根据《2016 年中国虚拟现实（VR）行业研究报告》的显示，目前在国内 VR 用户期待度最高的内容板块是游戏娱乐场景中的 VR 应用，主要包括 VR 游戏、VR 影视、VR 演艺、VR 直播。此外，VR 技术的应用还包括生活服务场景应用，如 VR 社交、VR 教育、VR 旅游等；以及 VR 技术的商业服务场景应用，如 VR 交易和 VR 训练等。虚拟现实的实现方式主要包括两类，即基于计算机开发的虚拟现实三维环境和基于全景相机拍摄的真实全景视频。②

　　虚拟现实技术（VR）归根到底是一种趋向真实的技术。对于真实性的讨论，我们最早可以见于著名的传播学家李普曼所著的传播学奠基之作——《舆论学》。在这本著作里面讨论了三种真实情况：首先是客观真实，即实际存在、不以人的意志为转移的事物。其次是符号真实，也叫拟态环境或象征性真实，是对客观外界的任何形式的符号式表达，包括艺术、文学与媒介内容等。这种真实通常是由传播媒介经过有选择地加工后所象征或表现的。最后是主观真实，即由个人在客观真实和符号真实的基础上形成的真实。这种真实在很大程度上是以媒介所建构的"符号真实"为中介的，也就是受众从媒介上理解的"现实"。媒介提供的现实，是真实生活经验的"膨胀"，与客观真实之间存在着较大差异。因此，经由这样的中介形成的真实，不可能是对客观真实的"镜子式"反映，必然会产生不同程度的偏移。

---

① 《2016 年中国虚拟现实（VR）行业研究报告》，2016 年 3 月 4 日，艾瑞网（http：//report. iresearch. cn/report_ pdf. aspx？ id = 2542）。

② 徐召吉、马君、何仲、刘晓宇：《虚拟现实：开启现实与梦想之门》，人民邮电出版社 2016 年版，第 77 页。

（二）AR 及其特征

AR，英文全称为 Augmented Reality，即增强现实。《2016 年中国虚拟现实（VR）行业研究报告》中指出，"AR（增强现实）是一种实时地计算摄影机影像的位置及角度并加上相应图像的技术，这种技术的目标是在屏幕上把虚拟世界套在现实世界并机型互动"①。AR 技术与 VR 技术的区别主要体现在三个方面：一是虚拟物体与真实物体能否被区别。简单来说，虚拟现实（VR），看到的场景和人物全是假的，是把你的意识代入一个虚拟的世界。增强现实（AR），看到的场景和人物一部分是真一部分是假，是把虚拟的信息带入到现实世界中。再换而言之，AR 设备创造的虚拟物体，可以明显看出是虚拟的，比如 FACEU 打出的虚拟物品、Google Glass 投射出的随着人而移动的虚拟信息。而 MR 技术设备 Magic Leap，用户看到的虚拟物体和真实物体几乎是无法区分的。因为 AR 设备使用二维显示屏呈现虚拟信息，因此真假很容易分辨。但是 MR 技术设备直接向视网膜投射整个四维广场，所以用户从 MR 设备上看到的物体和看真实的物体从数字光场技术上来看是没有区别的，是没有信息损失的。二是交互区别。因为 VR 是纯虚拟场景，所以 VR 装备更多的是用于用户与虚拟场景的互动交互，更多的使用是：位置跟踪器、数据手套、动捕系统、数据头盔等。由于 AR 是现实场景和虚拟场景的结合，所以基本都需要摄像头，在摄像头拍摄的画面基础上，结合虚拟画面进行展示和互动，例如 Google Glass。三是技术区别。VR 设备往往是浸入式的，典型的设备如 Oculus Rift。VR 设备和我们接触最多的就是应用在游戏上，可以说是传统游戏娱乐设备的一个升级版，主要关注虚拟场景是否有良好的体验。而与真实场景是否相关，他们并不关心。AR 则是应用了很多 Computer Vision 的技术。AR 设备强调复原人类的视觉的功能，比如自动去识别跟踪物体，而不是手动去指出；自主跟踪并且对周围真实场景进行 3D 建模，而不是打开 Maya 照着场景做一个极为相似的。

_____

① 《2016 年中国虚拟现实（VR）行业研究报告》，2018 年 12 月 3 日，艾瑞网（http: //report. iresearch. cn/report_ pdf. aspx? id = 2542）。

（三）MR 定义及其特征

MR，英文全称为 Mix Reality，即混合现实。《2016 年中国虚拟现实（VR）行业研究报告》指出，"混合现实是虚拟现实技术的进一步发展，该技术通过在虚拟环境中引入现实场景信息，在虚拟世界、现实世界和用户之间搭起一个交互反馈的信息回路，以增强用户体验的真实感。尽管都涉及虚拟成像，但 VR 和 AR 在技术实现方面还是存在着如下具体区别：VR 的视觉呈现方式是阻断人眼与现实世界的连接，通过设备实时渲染画面，营造出一个全新的世界。AR 的视觉呈现方式是在人眼与现实世界连接的情况下，叠加全息影像，加强其视觉呈现的方式。MR 是虚拟现实急速的进一步发展，该技术在虚拟世界、现实世界和用户之间搭起一个交互反馈的信息回路，以增强用户体验的真实感"[1]。混合现实（MR）技术主要有三大特点：首先，它结合了虚拟和现实；其次，在虚拟的三维空间与虚拟的环境交互；最后，实时运行。

（四）虚拟现实技术的特征

由于 VR、AR、MR 三种新技术都涉及对真实性的追求，一般将其统称为虚拟现实技术。从之前对 VR、AR、MR 三种新技术概念及其特性来看，纵然新技术能够将虚拟世界与现实世界进行无限逼真的重叠，但是依旧不是真实。简而言之，虚拟现实技术的核心特征主要包括四个方面。

感知性。多感知系统除了目前计算机所能实现的视听感知之外，还包括触感、力感、味感、运动感知等，理想的虚拟感知应该囊括人类一切的感知。

沉浸感。真假难辨的环境临场感，主要用于环境或场景的建构过程，它使用户沉浸在虚拟数字技术、全息投影技术等符号系统当中，使周围一切环境在感知层面都达到和真实环境一样的体验效果。

交互性。是指用户通过与周围环境的互动来获得感知方面的反

---

① 《2016 年中国虚拟现实（VR）行业研究报告》，2018 年 9 月 21 日，艾瑞网（http：//report. iresearch. cn/report_ pdf. aspx？ id = 2542）。

馈，这种反馈同实体互动的感知效果是一样的。

再创性。再创性强调虚拟现实技术对环境的创造能力，它不仅仅是对客观世界的虚拟投射，更重要的是它能够利用已有技术发挥想象，创制出新的环境和社会。

二　敞开即遮蔽的真实性风险

"敞开即遮蔽"原是用来形容媒介技术的作用力，即媒介公开了什么，也就直接地将注意力引导向了什么，从而间接地遮蔽了"除此之外"的其他部分。虚拟现实技术除了在媒介技术的特点上去引导受众观看设备中的东西，另一方面还在于大多数时候佩戴虚拟现实技术的设备，这样就可能会隔绝现实环境。众所周知，虚拟现实技术目前绝大多数需要借助外部设备来进行体验，尤其是以眼镜装备最为常见。以 VR 眼镜为例，佩戴 VR 虚拟现实眼镜后最大的一个隐患，也是最不可避免的一点是眼睛会被完全蒙上了，看不到现实周围的情况。纵然这样使人沉浸在显示器中的虚拟世界中，使人产生身临其境的感觉，但是另一方面，如果一个人长期沉浸在虚拟世界中，回到真实世界时可能会产生某些不适应，甚至会出现心理失衡和精神焦虑。因而要警惕虚拟世界对真实世界的负面影响，避免技术给人的身体和精神带来的伤害。

三　虚拟现实技术的感官截除风险

在现实生活中，我们面对任何的人、事、物，都是基于多重认知感官系统所做出的决定。这种决定需要依据复杂环境来做出感性与理性相结合的思想判断与行为实践。在虚拟现实的感知方面，有关视觉合成方面的研究与应用占据了绝大部分，对听觉、触觉关注较少，真实性、实时性不足，基于嗅觉、味觉的设备基本还没有实现研发与应用。对于视觉能力的拓展固然值得肯定，但是要想凭借虚拟现实技术进行生产与生活实践的指导，还必须尽量研发出与人体相关的感知系统出来，与现实感知系统尽量地契合，这样才能使我们的感知与行为不会发生错位。但是目前国际国内的虚拟现实技术几乎还没有在多元感知系统方面出现应用成果，这也就导致了基于虚拟现实技术感知后的行为随时随地会出现风险的可能。

四　视觉刺激下的心理承受风险

正如前文所分析到的，虚拟现实技术目前主要是在视觉领域去做主要的研发与延伸。正如中国有句谚语"眼见为实，耳听为虚"。国人从来没有停止对于视觉感官上的极致追求，虚拟现实技术在视觉领域的应用比比皆是。例如将现实世界的真实场景尽量无差别地呈现在虚拟设备中，这样也会产生极大的风险。由于虚拟现实技术强调的真实性，就不可能将设备呈现的内容做像传统媒介技术那样的遮蔽或剪辑处理，如果遇到血腥、暴力、恐怖等场景画面，突出了视觉刺激后，难免也有可能对用户造成高压心理风险。

五　圈层情绪与理性退化风险

古斯塔夫·勒庞在《乌合之众》一书中曾提到，群体中的人在心理上相互接近，有共同的情感和思想，并且个性完全消失。群体的情感相互传染，越是感官的、本能的情绪越容易被传染，而冷静理智则在群体中丝毫不起作用，群体冲动、急躁、易怒，他们表现极端，没有理智。[1] 虚拟现实技术的特性有助于感性体验而非理性思考，例如在 VR 新闻中，虚拟现实技术一味地想要通过强调自身的视觉真实性，从而刺激受众的感官，达到情感共鸣的作用，而同时受众理性思考的能力就下降了。以前可能还需要群体聚集在某个特定的场景观看同一内容才能形成群体性的情感共鸣，而现在通过虚拟现实技术，只要我们佩戴相应的虚拟现实技术的设备，观看到同一内容，即使身在各方，也可以基于相似信息接收进而形成一种圈层文化，进行群体性交流与感性思考，铸建自己的理性与个性。应该说，虚拟现实技术进一步地降低了古斯塔夫·勒庞的"乌合之众"群体形成的成本，尤

---

[1] ［法］古斯塔夫·勒庞：《乌合之众：大众心理研究》，戴光年译，新世界出版社2012 年版，第 6 页。

其是在空间移动上的成本。

六　自由探索障碍的风险

古今中外，人们从未停止对自由的向往。最经典的莫过于匈牙利著名的爱国主义战士和诗人裴多菲·山陀尔在《自由与爱情》中抒发的对自由的向往之情。我国著名诗人殷夫将这首诗译为："生命诚可贵，爱情价更高。若为自由故，二者皆可抛。"蒋永福认为网络信息自由主要包括了网络信息的表达自由和获取自由两个方面。他认为互联网技术给网民带来巨大自由的同时，也存在着挑战官方意识形态，虚假信息泛滥，色情信息横流，污蔑性信息大行其道等威胁社会安定的隐患。[①]

而在虚拟现实技术中，每一个拥有虚拟现实技术设备的个体，都可以自由地选择观视设备中的内容。以 VR 新闻为例，传统媒介终端技术呈现的内容都会囿于呈现终端的局限性而对内容做引导式处理，例如新闻写作上一般会按照倒金字塔的结构，在版面呈现上会将重要内容安排在版面最为突出的地方等。而在 VR 新闻的终端呈现上，受众戴上 VR 设备，里面的内容是全方位、多层次的，受众甚至不知道哪一部分内容是最重要的，为了不错过重要信息，受众可能会注意力极度集中，甚至反复观看才能找到重点。因此，有内容观视的自由而没有引导也会使信息的高效传递出现障碍，如果稍微不注意，就会错漏信息，进而产生认知或行为上的风险。

第五节　技术控制的局限性风险：
以"暗网"为例

本章谈论了一些具体新技术的风险问题，以便为后面的风险治理提供具体的"对症"之处。虽然新技术革命浪潮下人类的技术发展

---

① 蒋永福：《信息自由及其限度研究》，社会科学文献出版社 2012 年版，第 248—267 页。

又得到了进一步的提升，但我们也应该清楚地认识到任何技术都具有认知、应用等方面的局限性。换句话说，即使在新技术如此高度发达的今天，我们也依然没有完成对技术的全部认知和探索。当然，基于当前人类对技术认知与应用具有局限性的情况，我们是无法穷尽罗列的。本节将着重对一种已经被认知到却几乎处于"失控"状态的技术——"暗网"及其风险问题进行论述，以期能在一定程度上去窥探一些由技术控制局限性所带来的潜在风险隐患。

一 "暗网"的由来及其应用

"暗网"又被称为深层网络，是指目前搜索引擎爬虫按照常规方式很难抓取到的互联网页面。搜索引擎爬虫依赖页面的链接关系可以发现新的页面，但是很多网站以数据库的方式存储内容，很难有显示链接指向数据库内的记录，所以导致常规爬虫无法索引这些数据，相比较于普通的可以直接链接的网站，这些深层网络好像隐藏在互联网的表层之下，所以称为"暗网"。[①]

暗网最初起源于军事领域，也仅仅被运用于军事目的。1996 年 5 月，美国海军研究实验室资助 3 位科学家在英国剑桥大学发表的名为《掩藏路由信息》的论文中，提出"暗网"技术原型，2003 年 10 月，该项目开源，称为 Tor（洋葱路由），由非营利性组织电子前线基金会（Electronic Frontier Foundation，EFF）管理。但到 2011 年，其资金仍有 60% 来自美国政府。一般认为，Tor 构建了"暗网"的基石和秩序。[②] 最初暗网这种隐蔽性和封闭性极强的技术被专业机构应用于对网络安全要求较高的领域：一是对通信安全要求较高的军事领域，可以有效防止机密数据被分析和跟踪，这对通信安全和军事安全起到重要的作用；二是在电子商务中，暗网技术能有效保护商业机密和用户隐私；三是在云服务领域，使用暗网帮助用户建立加密通道，保护

---

① 王佳宁：《"暗网"对国家安全的危害》，《网络安全技术与应用》2016 年第 9 期。
② 赵志云、张旭、罗铮、袁卫平：《"暗网"应用情况及监管方法研究》，《知识管理论坛》2016 年第 2 期。

云服务使用者的隐私。

暗网技术由军用扩散至民用之后，其技术特点和优势并没有改变，即接入简单和匿名性强。只需要简单地运用 Tor 软件工具就可以进入暗网。除了准入门槛低，暗网最大的特点就是匿名性和封闭性极强，暗网采用多层次、多节点的数据访问方式和多层数据加密，数据在进入网络前被层层包围就像洋葱一样，任何服务器都难以获取原始数据，也无法获知数据的起点和终点，这决定了任何人都可以在暗网上随意上传和获取任意信息而不受监管和制约。

二 "暗网"的三种风险及其表征

据统计，目前整个互联网中流通和存在的数据有96%都是存在于暗网中，这就导致除了常规的网络内容之外，还有海量的非法信息和犯罪行为在暗网中正大光明地存在着。虽然各国都对暗网及其背后的违法犯罪行为进行了严厉的打击，但是目前仍然没有针对性的技术手段来对暗网进行管制与监控，暗网仍然是犯罪活动猖獗的法外之地。暗网对国家和社会而言主要有以下三种风险。

第一，犯罪和违法信息泛滥。从 2006 年第一个公认的成熟的暗网"农夫市场"（The Farmer's Market）的建立开始，暗网的交易平台就开始井喷，而暗网中贩卖的物品主要以毒品枪支等管制品为主，也包括了网络黑客服务和雇用犯罪等。此类交易导致社会产生了极大的动荡。除了这些非法物品的交易，违法信息也在暗网中泛滥成灾，例如儿童贩卖、比特币洗钱、致幻剂和大麻销售、赏金黑客等，暗网平台虽然只是给这些不容于社会的信息提供了交易的渠道，但客观上却纵容诱导了相关犯罪行为的滋生。2013 年被美国政府查封的"丝绸之路"交易网站是迄今为止最大的暗网中非法交易平台，其两年的交易额高达百亿美元。① 由此可见整个暗网中非法交易市场的庞大。

第二，不同意识形态的侵蚀和恐怖主义的活动。民间的暗网很多本身就是由自由主义者和无政府主义者建立的，很多政治组织和民间

---

① 黄伟：《暗网世界的黑色犯罪》，《检察风云》2017 年第 23 期。

团体在暗网的论坛上进行激进的政治讨论甚至策划反政府游行和暴动等。2011年"埃及革命"、突尼斯"茉莉花革命"、席卷中东和北非的"阿拉伯之春",这些动摇国家意识形态和根本政治制度的社会运动有很多就是在暗网上策划进行的。更为严重的是,暗网在很大程度上为"伊斯兰国"等恐怖组织提供了相当大的便利;以"伊斯兰国"为代表的不少恐怖组织都在暗网上发布信息进行宣传,并且募集资金招募恐怖分子,除此之外,他们还利用暗网作为恐怖活动策划和联络的媒介,由于暗网难以监管的特性,给各国反恐部门造成了很大的行动阻力。

第三,利用暗网的新型网络攻击。暗网的绝对匿名性不仅仅使它成为非法活动的安全媒介,更是可以成为网络攻击的武器。网络黑客可以通过Tor匿名网络对名为Skynet的僵尸网络进行控制,对目标发动DDos攻击。不法分子通过"暗网"传输非法信息和图片等,还采取利用匿名的SMTP产生垃圾邮件等方式进行蓄意破坏。另外,匿名"暗网"服务器,网上其他一些非法活动的托管服务器也使得网络黑客利用暗网进行破坏和攻击行为更加有效且更难追捕。

暗网造成的这些对国际社会的危害,除了基于暗网绝对匿名性和自由性的特点之外,还有一个重要的促成因素,就是随着信息技术发展而盛行的数字货币。在暗网上进行的众多交易间,如果由现行的银行货币系统进行结算就很容易被追踪监管到,而以比特币为代表的数字货币则以跟暗网技术天然匹配的匿名性和隐私性受到暗网使用者的青睐。比特币的诞生和运作基于一种叫作区块链的技术,区块链是一种分布式的记账技术,区块链就像一个账本,每一笔交易都会记录在上面,每一个接入区块链的都会有这个账本,所以比特币本身又具有一定的透明性,因为每个人都有这个交易记录。虽然比特币钱包有唯一的编码标识符,但它并不指向交易者当事人的身份,因此我们无法知道背后的交易者究竟是谁,也就无法追踪在暗网上利用比特币等数字货币进行非法交易和犯罪活动的主体。[①]

---

① 黄伟:《暗网世界的黑色犯罪》,《检察风云》2017年第23期。

虽然目前许多国家都意识到了对暗网进行监管的重要性，但由于技术的限制，仍然很难找到针对暗网的有效技术手段。目前几乎所有被抓获的暗网犯罪分子都是因为他们在表层互联网即"明网"上留下了线索而非经过暗网本身最终追查到犯罪分子。因此，现在各国政府对暗网的重视除了让他们投入巨大代价进行匿名技术突破之外，更多的是从立法和对通信行业加强监管的角度进行。一向重视隐私和言论自由的西方国家纷纷开始要求通信公司提供更多的用户信息和隐私权限来防止暗网中的犯罪活动蔓延。目前也只有对暗网之外的通信行业加强监控这一种手段来预防暗网带来的危害，但这仍然是一种治标不治本的无奈之措。

小　结

新技术的发展趋势难以预测。本章之所以只谈论了大数据技术、算法技术、人工智能技术、虚拟现实技术这四种新技术与"暗网"的风险，是因为这几种新技术已经有了很清晰的生成形态与业态应用，且其应用领域是广泛的，全球影响力是可见的和巨大的。如今，区块链技术、比特币等新事物又在全球兴起一股热潮，由于其概念与形态都尚不完善，故这些新技术此书就暂未做讨论。我们认为，新技术革命既是有特定内涵的，但其技术形式又是不断延伸和拓展的，人类既享受了科技进步带来的便捷与高效，也要注意它们带来的新的风险。

第六章　网络社会风险治理

我们正处在一个急速变革的时代，而对当代社会重大变迁的审视，一个突出表现就是对国家与社会风险症候的关注。在一个不确定性日益增强的现代社会中，风险治理已经成为多国政府优化施政策略、控制决策失误、维护国家安全稳定的重要方式。随着技术发展和社会进步，人们对网络的认识也与时俱进，在经历了从"技术时空"到"新媒体"的转向之后，我们越来越重视网络的"亚社会"特征。网络社会的风险治理，基本目标是实现社会成员行为的有序化与合秩序，实现网络自由与社会秩序的均衡状态。① 结合前文有关网络社会风险的分析，本章将从制度层、传播层和技术层三个维度对网络社会风险治理进行探讨。

第一节　网络社会治理的制度化建设

20 世纪中叶以来，网络技术的生成发展、得以广泛应用并且日渐产生全面而深刻的社会影响，已经无可置疑地成为人类文明进步历程中的一大标志性事件。在当今的人类社会生活中，互联网所触及和影响的领域，不但涉及社会的信息传播形态和人们的社会交往形态，同时也涉及社会的经济运行形态以及公民的社会参与和政治参与形态，而且还将涉及社会生活的深层组织架构和内在运行机制。可以认为，在当代信息化发展的时代背景下，网络平台的普及应用、网络行

---

① 何明升：《中国网络治理的定位及现实路径》，《中国社会科学》2016 年第 7 期。

为的多样呈现、网络社会的整体形构、网络生活的秩序要求以及社会变迁发展当中的矛盾处理、关系调适与和谐促进等诸多社会因素，共同构成了网络社会生活的基本图景。① 随着网络社会生活中行为失范、利益侵害、秩序失调等诸多问题的与日俱增，如何推动网络社会治理的制度化建设，规避网络社会风险，实现网络社会生活的有序运行和健康发展，无疑已成为学界和有关职能部门的重要职责。

一　网络社会治理的"共在"思维

一国对网络社会属性的不同定位和网络社会风险的不同认知，会导致不同的思维模式并体现为相应的治网逻辑和制度化建设。有学者认为，对当下中国而言，有效的网络治理模式要契合网络社会存在机制，嵌入现实社会治理体系，并融入法治中国进程。② 按照这一观点，网络社会存在机制是治理有效性的内在基础，应沿着"共在"思路对网络社会做更为深入的思考。因为一定的人类历史上的每一项重大技术进步都是其肢体或心智的延展，都可以带来摆脱自然界束缚的又一次飞跃；而前一次飞跃，又成为再一次延展人类肢体或心智的前置基础，从而渐进地确立社会存在的不同形式。③

网络社会存在机制的"共在"模式，主要体现在两个方面：第一，从技术层面来看，网络社会的生存方式，是一种人—机交互的方式，互联网已不再是人类之手的简单延伸，而是人类之脑的扩展和增容，互联网的"工具性"发生了革命性变化，从而奠定了网络社会存在的技术基础。这种人网合一的嵌合结构使人的生活形态和合作模式出现了明显的共生性特征。第二，从社会层面来看，网络社会生活，客观上来讲是一种共同体的公共生活，无论个人、群体还是社会组织，无论在什么样的社会历史条件和文化背景下，都置身、参与并融入其中，发展共荣，风险共担。

---

① 李一：《网络社会治理的目标取向和行动原则》，《浙江社会科学》2014 年第 12 期。
② 何明升：《中国网络治理的定位及现实路径》，《中国社会科学》2016 年第 7 期。
③ 同上。

　　那么，基于网络社会存在机制的"共在"模式的网络社会治理，从技术层面来看，需要根据技术的发展来考虑治理的切入口和内容。比如，Web 1.0 时代，我们的治理主要围绕网站来展开，主要基于把网站作为媒介来管理的治理，那么制度的设计也主要体现在"资质审批"和"内容管理"上。Web 2.0 时代，社交网络的发展，线上与线下的打通，传者与受者界限的消失，网络治理就不再只是简单的"媒介管理"的问题，而是复杂的系统工程，而是注重多元共治的"社会治理"思维的制度化建设和行业、网民的自律的问题。有学者认为，我们已经进入了互联网的下半场，未来的网络社会治理，是基于Web 3.0、Web 4.0 的网络换代技术下的人机"共在"的治理，治理体系的安排，更需要我们在制度与政策方面的创新。

　　"共在"思维下的网络社会治理，需要把握好以下几个原则：

　　（一）彰显文明原则

　　网络社会治理，往往需要采用某些技术的和非技术的具体手段来实施，但治理的终极意义与真正关涉，其实还是针对作为网络行为活动主体的人，施以必要的行为规约、习惯孕育以及文明教化的问题。网络社会发展过程中，无论是"线上"与"线下"、现代与后现代的观念碰撞，还是网络互动方式、新型社会关系的层出不穷，都是既有法律难以及时应对的，网络公序良俗就成了调整网民行为的基本原则，它可以应对因网络法滞后而不可能预见到的那些损害国家利益、社会公益和道德秩序的行为，弥补禁止性规定的不足。因此，需要建构与传统民族文化相契合的网络交往善良习俗，形成用以维系网络社会基本秩序的文明道德准则，使网民省察和自控自身的网络行为，从而形成良好的网络秩序和网络生态。

　　（二）依法治理原则

　　法治是国家治理的基本形式，法治模式是网络社会治理的必由之路。法治理念的核心要求在于，现代社会生活中的任何个人、群体、企业、社会组织以及团体机构等，都依法享有平等参与社会公共生活、表达利益诉求和维护合法权益的权利，同时，无论是公共参与，还是利益诉求表达和合法权益维护，又都应当充分敬畏法律的尊严，要在严格守法的框架内展开一切行为活动。在网络社会共同体生活当中，网络社会治理的推行，需要涉及方方面面的网络行为主体，这些行为主体又要在各个不同的网络社会生活领域展开社会治理的行动。网络法律法规，是网络社会治理过程中所应遵循的章法和规矩，当然也是各类网络行为主体应予践行的基本行为尺度。①

（三）协同治理原则

同现实社会治理一样，网络社会治理同样需要多方力量的协同参与，才能实现共建共享的治理目标。协同治理，需要构建多主体治理结构。协同治理的主体和核心是政府，网络企业，网民等主体的参与，有利于共同面对和处理网络社会中各类公共事务与社会问题，有利于形成一种多方协作、整体推进的网络社会治理格局。毫无疑问，这种多主体参与的网络治理结构，其治理效果明显比现存科层体制具有更大的优势。

（四）跨域协作原则

网络社会具有高度的复杂性，从其社会属性来看，其复杂性体现为具有突变性、不确定性、非中心性等特征，参与主体多元，缺乏稳定的权利中心，跨越时空和国界。这些属性，决定了我们的治理需要跨域协作。跨域协作，主要从四个方面来展开：其一，跨越技术领域与非技术领域的合作；其二，网上虚拟空间和网下现实空间的合作；其三，行政部门与非行政部门的合作；其四，不同国家之间的合作。

二　网络社会法制化

伴随网络社会向更深、更广向度的发展，社会问题和社会风险日益严峻，网络社会治理正在成为时代难题。法治作为规则之治，是现代国家治理的基本形式和最佳选择。网络社会法制化，旨在运用法治思维和法治方式对其进行治理，这是对现代文明的有益汲取，也是基于传统非技术归因而来的治理模式自身设计存在缺陷的考虑。

网络社会的法制化，其核心是要加强网络社会治理的法治建设。

---

① 李一：《网络社会治理的目标取向和行动原则》，《浙江社会科学》2014 年第 12 期。

习近平同志多次强调，要依法治网、依法办网、依法上网，加快网络立法建设。2015年12月，习近平同志在第二届世界互联网大会上发表主旨演讲时明确指出，"网络空间不是'法外之地'。网络空间是虚拟的，但运用网络空间的主体是现实的，大家都应该遵守法律，明确各方权利义务。要坚持依法治网、依法办网、依法上网，让互联网在法治轨道上健康运行"①。2016年4月19日，习近平总书记在网络安全和信息化工作座谈会上的讲话中强调指出："要加快网络立法进程，完善依法监管措施，化解网络风险。"②

网络社会不是法外之地，但界定网络行为是否合法、惩处网络违法行为法律条例的制定远不及网络本身发展及其应用速度，立法滞后是不争的事实。实现网络社会法制化是实现网络治理的基础性工程，网民有参与网络传播的权利，也必须受到法律的约束。与现实社会一样，民众没有绝对的自由，只有在法律规范下的相对权利。

随着互联网的日益发展和网络风险的不断涌现，我国已经形成了初步的互联网治理的法律法规体系，由法律、行政法规和部门规章三层规范标准组成。内容范围包括网络营运监管、网络内容监管、网络版权监管、网络经营监管、网络安全监管、网络经营许可监管等。近年来，我国出台了一系列关于网络治理的相关法律法规（见表6-1）。

表6-1　　　　　　　中国出台的关于网络治理的法律法规

时间	法律法规	立法主体
1997年	《计算机信息网络国际联网安全保护管理条例》	公安部
2000年	《计算机信息网络国际联网保密管理规定》	国家保密局
2000年	《关于维护互联网安全的决定》	全国人大常委会
2000年	《互联网信息服务管理办法》	国务院

① 习近平：《在第二届世界互联网大会开幕式上的讲话》，《人民日报》2015年12月17日。

② 习近平：《在网络安全和信息化工作座谈会上的讲话》，《人民日报》2016年4月20日。

续表

时间	法律法规	立法主体
2002 年	《互联网上网服务营业场所管理条例》	国务院
2004 年	《中国互联网域名管理办法》	信息产业部
2005 年	《非经营性互联网信息服务备案管理办法》	信息产业部
2007 年	《信息安全等级保护管理办法》	四部委
2008 年	《公安机关信息安全等级保护检查工作规范（试行）》	公安部
2010 年	《通信网络安全防护管理办法》	工业和信息化部
2012 年	《关于加强网络信息保护的决定草案》	全国人大常委会
2013 年	《信息网络传播权保护条例》	国务院
2014 年	《外国机构在中国境内提供金融信息服务的规定》	国务院新闻办公室等
2014 年	《网络交易管理办法》	国家工商行政管理总局
2016 年	《互联网广告管理暂行办法》	国家工商行政管理总局
2016 年	《中华人民共和国网络安全法》	全国人大常委会

　　虽然我国在网络监管方面的法律法规建设取得了初步成就，但可以看出存在很多不成熟的地方：第一，缺少顶层设计，立法层级有待提高。主要集中在国务院及相关部委，迄今为止狭义上的专门法律也只有 2016 年颁布的《中华人民共和国网络安全法》。第二，网络重点监管领域的法律法规落后，特别是在网络信息犯罪惩治方面。第三，我国关于网络治理内容的法律条文还散见于《反恐怖主义法》《保守国家秘密法》等，但刑法、刑事诉讼法等所涉及的网络治理方面的内容更新进展缓慢。第四，关于微信、微博等新网络媒体形式监管方面的立法建设不足。"法律是治国之重器"①，是保证国家秩序的重要手段。网络社会虽然与现实社会相比具有虚拟性，但网络社会中从事活动的主体是客观实在，其行为产生相应的现实影响。

　　因此，推进依法治网迫在眉睫，必须借助健全的法制以维护网络

---

　　① 《中共中央关于全面推进依法治国若干重大问题的决定》，《人民日报》2014 年 10 月 29 日，2019 年 5 月 13 日，http：//cpc. people. com. cn/n/2014/1029/c64387 - 25927606. html。

社会安全、治理和防范网络社会风险。

三　治理资源转化

在宏观层面的网络社会中，风险治理的主体是国家，国家对网络信息的管理与规制又是国家治理中不可缺少的一环。网络社会的国家治理是一种顺应网络社会结构特征与网络技术特征，充分整合国家资源、社会资源的多元治理模式。中国的网络治理，主要是在党的领导下规范网络社会各种行为，制定网络空间各项规章制度，使整个网络社会运行朝着健康、有序、和谐的方向发展，从而实现网络社会中多元参与、多向互动和多制并举。以国家为治理行为的主体，就要发挥国家的主导作用，对社会进行必要的监督，同时也要考虑给予社会充分的空间，在治理结构上实现均衡和协调。

国家实现治理目的的方式，依赖于国家治理资源的运用和转化，这也体现出一个国家的治理能力。网络社会中的国家治理，要求国家综合利用在网络社会中的整体资源来协调和管理网络空间事务。为了更加清晰地了解国家治理资源，按其性质的不同分为硬性资源和软性资源。硬性资源主要指相关制度规定、利益结构、技术格局等；软性资源则包括个人价值、道德信念、心理感知等方面，主要体现在网络文化、集体意识、心理适应等层面。从以上资源的分类可以看出，网络社会的国家治理资源与风险治理有着共同之处，既产生和影响于现实社会，又基于现实价值向网络发生投射。

网络社会中的国家治理资源无疑是庞大复杂、丰富多样的，如何将"无序"的治理资源状态转化为"有序"，从而使"资源"转化为"能力"？基于资源性质的分类，网络社会治理资源的转化主要有以下三种方式。

首先，国家的基础性治理。网络社会中，网络媒介是其重要基础，而信息内容的传播，是网络社会风险管控的核心。建构信任的网络文化范式，是国家网络社会治理的基础性治理。网络社会内，人的言论和行为，只有在信任的基础上才能形成良好的沟通、交流、合作、竞争的秩序。所以，网络社会的软性资源是和现实社会类似的有着弹性的基础性资源。它可以利用伦理道德的规约、集体意识的示范、社会资本对人际互信的支持、心理调适对治理成本的降低等来实现网络风险治理。

其次，国家的渗透性治理。除了前文所列举的能够直接转化为国家网络社会治理能力的资源外，还有一些网络社会资源并不能直接转化，这些可能出于潜在性、羁绊性等多种原因。它们需要一种间接的渗透性机制才能发挥全部能量，如价值引导、责任结合、规范内化等。所以，"国家的渗透性治理就是指在遇到网络社会资源无法直接转化为网络社会治理能力的情况时，国家通过间接的、婉转的、分线性的手段运用网络社会资源来实现网络社会治理的过程"①。受限于网络社会中的各种利益因素和复杂的风险结构，这种治理方式可能会出现成本高、用时长、控制难的情况。因此，要注意扬长避短，提高风险治理的针对性和效率。

最后，国家的介入性治理。网络空间中和谐的秩序并不会仅仅依赖于基础性治理自然形成，而依旧会存在大量的不雅行为、不当行为、失范行为、侵犯行为和违法行为。在具体实践中，政府要主动介入网络社会，"舆论、法律、信仰、社会暗示、宗教、个人理想、利益、艺术乃至社会评价等，都是社会控制的手段，是达到社会和谐与稳定的必要手段"②。国家治理的着力点要从硬性资源出发，包括网络制度对违法行为的规制、行政命令对失范行为的规范、网络监督对不当行为的调节、利益结构对侵犯行为的束缚、技术措施对不雅行为的净化等。

总之，国家对网络社会中的风险治理要主动出击，引导与规制并举，以基础性治理为基础，辅之渗透性治理和介入性治理，充分调动硬性资源和软性资源的相互转化以及其与治理能力之间的转化。在网络社会中保证各种制度相互嵌合、多元主体积极参与、各方力

---

① 阙天舒：《中国网络空间中的国家治理：结构、资源及有效介入》，《当代世界与社会主义》2015 年第 2 期。

② 郭玉锦等：《网络社会学》，中国人民大学出版社 2009 年版，第 315 页。

量相互制约，才能实现网络社会的结构平衡与稳定，防范风险到危机的转化。

四　风险评估与应对机制的科学化

风险社会成为近年来的热点议题之后，有学者提出根据当代复合风险的作用机制，建立起对于风险的复合评估体系，来对技术风险进行预警和治理。其主要框架为：

（1）对风险的潜在影响因素进行系统识别，把风险潜在网上的各个节点以及它们之间的联系找出来并给予标识。建立一套指标体系，以尽可能地反映复合风险潜在因素的网络。将指标体系分为两层，第一层设为主体组织体系、意识观念体系和宏观环境体系；第二层为第一层三个体系下的各子因素。

（2）分析各层次内每一因素在风险形成中的作用与影响，并按照层次分析法打分，以确定各层次风险因素的权重。

（3）给第二层的风险因素确定分值，首先根据每个风险因素的性质将其分为定性和定量因素，对定性因素采用模糊统计法，按预先划定的标准给评价因素划分等级并赋予数值，然后依次统计风险因素属于某个等级的频数，进而计算出风险因素对该等级的隶属度（频数/总人数）。最后各等级数值与相应等级隶属度的乘积之和便是该风险因素的数值。对定量因素可以应用数理统计等方法对已有的数据进行处理。

（4）第二层相应风险因素数值与各自权重的乘积之和便为第一层三因素的数值。将该三个数值再乘以相应的权重就得到了技术风险综合数值。

（5）根据技术风险数据库中的信息结合技术成功可能产生的经济、社会效益，技术失败可能导致的损失程度等因素确定风险临界值。技术成功产生的经济效益越大，损失程度越小，风险临界值越大，即容许更大的发生风险的可能性。

（6）比较技术风险综合数值与风险临界值，从而判断该技术是否可能引发技术风险。①

在建立起完善全面的风险危机评估体系和预警体系之后，还必须制定和规范面对此类风险时的应急处理程序与措施。目前我国现行的危机事件应急处理措施有以下几点需要改进的地方：

（1）应急管理机制不健全，我国现行的应急管理法规大都是根据各部门的相关规定和条例转化而来，缺少针对性强的社会风险管理法规。

（2）应急预案死板过时，缺乏实用性：现行的各地方和部门应急预案大同小异，未能因地制宜，标准差异大，缺乏实际操作性。

（3）应急管理体制割裂，缺乏协调性。处理社会突发风险时各部门之间没有沟通和统一性，综合管理指挥缺失，削弱了面对风险时官方的整合力度。②

针对以上几点我国现行风险应对机制的缺陷，对风险的复合治理应当建立起"社会风险管理""突发事件应对""公共危机管控"三位一体的复合风险应对和动态治理机制。

首先，要以政府官方为主导，建立起全社会的风险意识，对风险的危机意识决定了全社会面对突发社会风险时的抗挫能力和稳定程度，只有对社会风险保持高度的敏感性，才能加强对风险的预测和防范以及应对风险和突发危机的能力。

其次，社会风险发生时，应当建立以政府为主导的多元管理体系。在社会风险中，政府作为社会公共权力的主要机构，是整个社会体系的主导者，官方对社会风险的态度、措施和管理手段对全社会面对风险时的反应起到决定性作用，在官方发挥主导作用的同时，要激发民间组织例如企业和社会团体的作用，充分调动民间力量的积极性，由政府牵头保障好风险时期社会安定的同时让民众自发维护社会秩序。

---

① 郭瑜桥、王树恩、王晓文：《技术风险与对策研究》，《科学管理研究》2004 年第 2 期。

② 刘晋：《"社会风险—公共危机"演化逻辑下的应急管理研究》，《社会主义研究》2013 年第 6 期。

最后，要使应急预案更加科学，并加强政府部门对应急事件处理的实践能力。在制定应急预案和处理法规时要注意时效性和适用性，细分预案的内容，落实负责主体与职责，加强各能力主体之间的整合与协调以及应急管理预案的可操作性，定期进行应急演练，使得政府部门应对突发社会风险时更高效。

除了以上三点之外，对社会风险更为治本的措施就是促进社会结构优化，形成良好的社会上升通道，消除不同收入群体间不平衡感和愤懑的情绪，缓解社会矛盾，只有建立起健康的阶层流动机制和制度，才能从根本上维持社会的稳定与和谐，从源头消除社会风险。

第二节　传播层的风险治理

网络信息传播的过程也是风险传播的过程，信息传播是风险实现传播扩散的基础。依托于信息传播过程的管控能够实现风险的管理。

一　传播主体：风险治理多元化参与

（一）主体实名制及素养教育

实名制是网络社会法制化过程中明确责任主体、追溯行为轨迹、进行法律规范的首要环节。

在网络化社会背景下，传播主体多元化是网络风险治理的一个显著困境。从网络社会的结构来看，网络中的传播主体涉及政府、媒体、社会组织、个人等诸多行为者，这些行为主体通过互联网获得传播信息的途径，对社会各个领域的信息进行生产、加工和传播。在匿名状态下，由于互联网遮蔽，传播主体对自身的责任意识认知不够明晰，容易出现对自身言论不负责任、传播虚假信息的行为，进而加重社会焦虑、引发社会矛盾等问题。

随着电脑和移动上网终端的普及，入网传播信息变得更为容易便捷，降低了信息传播门槛。低门槛也就意味着网络传播者的素养参差不齐，不可避免会出现越轨行为，这些行为不能仅依靠传播主体的自律得以改善，外部规范和惩罚机制才能有效规范网络传播主体的行为。

从传播主体责任建构的逻辑来看，需要统一网络中多元主体网络身份与现实身份，从而实现行为主体自我约束、自我净化，也有利于网络安全管理部门的依法追责。明晰网络社会行为主体责任，网络实名制是最为科学有效的方法。目前，我国正在践行这一方法。相对大型的互联网企业在用户注册时实施了实名制，但某些规模较小的网络公司，某些从事非法活动的平台、社群以非实名制作为激发用户兴趣或者寻求网络庇护的一种手段。实名制建设需不断深化，促使媒体、社会组织以及个人实现网络自律，从源头上减少风险信息的生产和传播，从源头上净网。

"法律完善，条例清晰是前提。法律制定的滞后留下了一些模糊地带，让违规者有空可钻。互联网法律需要对传播者行为进行清晰的界定，并严格执行。加大违规行为惩罚力度是关键。将传播者的违规行为按照影响力及危害程度分级，对传播主体的网络行为留底，建立网络巡查机制。出现违规行为，一律严肃对待，执法必严，违法必究。对违规情节较轻的传播主体，给予警告、提醒、公开批评等，情节稍重的处以权限降低、有限期禁言、罚款等惩罚，情节严重的进行'封杀'处理，同时传播还需要承担相应的法律责任。"[①]

除此之外，通过立法将网络素养教育常态化也至关重要。网民网络素养的提升有利于实现传播主体行为的自我约束，从源头上减少网络社会中虚假信息的传播以及信息污染。

"网络素养简单来说就是网络用户有效使用网络的一种能力，网络中传播主体的网络素养包括对信息技术的掌握能力、发现及处理信息能力、生产和传播信息能力、筛选有效信息能力等，这些要素相互联系、相互作用。"[②] 网络中充斥着虚假信息，如果传播者没有信息处理和筛选能力，就可能将信息垃圾，如虚假信息、错误信息和危险

① 吴桐：《网络直播违规现象原因分析及对策研究——以网络直播平台为视角》，《黑龙江省政法管理干部学院学报》2017年第2期。
② 陈华明、杨旭明：《信息时代青少年的网络素养教育》，《新闻界》2004年第4期。

信息等进行病毒式传播，从而造成大面积的信息污染，危害网络安全。提升网络素养的对象则是网络中多元的传播主体，政府、媒体、社会组织及个人，要培养它们对信息的处理及质疑能力。

网络孕育及壮大了受众"自反性"，传播主体这一特征成为区别于传统时代受众的重要特点。

风险文化理论的建立者斯科特·拉什在《自反性现代化：现代社会秩序中的政治、传统与美学》一书中，同风险社会理论的论述者贝克和吉登斯就"自反性现代化"的概念和应对提出各自相异的观点。相比于贝克和吉登斯的制度主义，拉什以审美自反逻辑进行改革的观念更加具备适用性和包容性，产生了一种基于信息和社交基础上的"自反性社群"。拉什认为，"这种社群有利于降低个体单独面对危机时的恐慌感，提高了个体化社会成员的本体性安全感，并以亚政治运动为手段，传播现代性危机的应对风险的文化，并以此反抗带来现代性危机的文化"①。拉什的自反性社群通过以组织群体这一风险传播的主要参与者为切入点，提供了风险治理新的视角。它强调了应对风险时主体的自我能动性与反思能力，通过实际价值而非程序性规范传播，以符号而非规则为治理形式，提出风险治理要依靠高度自觉的风险文化意识，即对风险社会的自省与反思。

在网络社会中，组织群体的力量更为显著。近些年来我国网络的群体性事件不断发生，为社会秩序的维护造成压力。群体性事件在西方被称为"集群行为"或"集合行为"（Collective Behavior）。1921年，美国学者帕克出版著作《社会学导论》，从社会学的角度将群体性事件定义为：在集体的推动影响下发生的一种个人行为下的情绪冲动。在学者们的普遍认知中，群体性事件的特征大多是非理性、自发性、无组织性、非常规、行为者相互依赖和影响、人数众多、社会影响较大等。

由于网络匿名性、无序性等特点，"集群"现象更加普遍。网络

①［英］斯科特·拉什、王武龙：《风险社会与风险文化》，《马克思主义与现实》2002年第4期。

集群又被称为"网络围观"或"网络群体性事件"，一般是指网民自发或有组织地在网络空间聚集，进行网络表达的行为。网络集群是把双刃剑：一方面看，集群有利于降低个体单独发声的不安与恐慌，为其找寻本体安全提供依据，由此使多元化的意见更好地表达。另一方面，它可能造成网络中群体性盲目、冲动的行为，从而触发危机事件的爆发，造成网络秩序的混乱乃至现实社会中的损失。因此，要建构合理的、相对稳定的自反性社群来促进风险文化教育，传递正确的风险观，以此抵抗可能带来的危机风险信息传播，这样才能发挥集群行为的正面效应。

（二）媒体传播行为规范

贝克指出："全球风险社会各种灾难在政治层面上的爆发将取决于这样一个事实，即全球风险社会的核心涵义取决于大众媒体，取决于政治决策，取决于官僚机构，而未必取决于事故和灾难所发生的地点。"① 在贝克眼中，全球风险社会的核心含义首要取决于大众媒体。大众媒体将局部性和个体性的风险进一步公开化和社会化，甚至改变原有的客观实在，可以说大众传媒在风险事件中的表现成为决定风险事态发展方向的关键因素之一。

媒体在网络社会的风险建构中扮演着重要角色，媒体是风险的预警者、建构者和沟通者。媒体能够将风险信息引入公共领域，引起群体极化与蝴蝶效应。因此可以看出，媒体在风险传播中起到了作为传播渠道的作用，重视媒体对风险信息与公众意见的引导并发挥效用是风险治理的关键。尤其在网络社会中，媒体的种类、形态和数量更加庞杂，在了解风险生成演化逻辑的基础上，利用媒体及时、准确、全面地传播和沟通风险信息，营造有利的舆论氛围，才能促进风险问题或危机事件的解决。但媒体作为一个社会实体，也具有自身的利益诉求，媒体的形态是什么样的，媒体如何在社会责任和自身利益之间寻求均衡点、做好媒体自律并控制主流风险信息传播，这些都是在网络

---

① ［德］乌尔里希·贝克：《9·11事件后的全球风险社会》，王武龙译，《马克思主义与现实》2004年第2期，第72页。

社会的风险治理中需要思考的问题。

传媒社会责任论是与新闻自由主义相对的，新闻业的自由竞争导致思想市场被资本所垄断，少数人掌握了这种自由的同时，意味着大多数人失去了自由表达的机会和权利。于是美国新闻自由委员会于1947年推出了《一个自由而负责任的新闻界》，传媒的"社会责任理论"由此诞生。媒体社会责任论诞生的20世纪四五十年代，网络还未发展起来，传统媒体时代，社会责任相对而言是一种新闻媒体人的从业操守，带有一种精英立场，当时只有少数受过教育的知识分子才能从事信息生产和传播的工作。媒体从业者自身素质的保障及媒体组织在信息生产及传播上的成熟运作模式最大程度确保了信息的真实性。

但是网络技术高度发展的今天，"人人都有麦克风"成了现代人在信息生产中的现实描述。新媒体的产生，让自媒体人找到了生长和发展的沃土。随着信息共建与"共享时代"的到来，内容生产成为互联网用户们日常生活和工作的一部分，网络社会的信息流动活跃，也出现了信息过载的现象。传统的传者与受众的界限变得模糊。在Web 3.0时代，网络社会的用户，既是信息的接收者，也是信息的生产者和传播者，传者与受者之间是一种信息交互的关系。这种"去中心化"的传播模式，消解了传统概念中媒体的权威性，传播主体的多元也就意味着传播责任主体的多元化。

技术进步，带动了媒体外部社会环境的变化，媒体逐渐发展成为一个信息聚合平台，从"把关人"的角色转变为公众思想的整合人。公众参与信息的创造、传播，同时也就负有相应的责任，在媒体即公众的媒介素养教育中，既要强调媒体的社会责任，也要让公众了解生产和传播信息也需要承担相应的责任。同时政府需要完善立法，明确传播主体的行为规范以及需要承担的相应责任。

2019年2月21日，咪蒙微信公众号显示账号已注销。随后，多个平台陆续宣布永久关闭。2月1日，咪蒙曾在微博宣布，咪蒙微信公众号停更2个月、咪蒙微博永久关停。在这次账号注销事件前，咪蒙不止一次被人民日报等媒体点名批评其炒作及渲染社会焦虑的做法。而这次账号注销则是源于咪蒙旗下微信公众号"才华有限青年"在 1 月 29 日发布的《一个出身寒门的状元之死》。状元、寒门、死亡三个关键词就已经足够吊人胃口。文章内容围绕寒门子弟通过高考成为状元实现人生逆袭，工作两年就小有成就，出入上流社会，最后患病去世的经历。此文一出立即引爆舆论，该文一天之内达到百万阅读量。但随后质疑接踵而至，最终该文章被众多网友扒皮，文章通篇造假。

咪蒙本人曾在传统媒体就职，在面对自媒体的巨大利益时选择了利益，抛弃了对事实和真相的坚守。写作的专业素养成为她迎合公众、制造爆款的最佳助力。人民日报就发文指出自媒体不能搞成传销精神，在自媒体的浪潮中咪蒙倒下了，但是千千万万个"小咪蒙"依然活跃在网络中，游走在底线边缘。

"在严酷的市场竞争环境中，媒体的经济效益成为媒体生存与发展的关键，媒体究竟是一个负责任的公共信息传播者还是一个以市场为主导的经营者，这不仅是新闻传播学界争论的问题，更是新闻传播实践中的矛盾之一。"① 媒体迎合受众喜好，提供其感兴趣的信息，获得可观的阅读及关注量，进而可以获得更大的经济效益。当前自媒体在信息生产传播中呈现出强势状态，受众阅读对象逐渐从传统媒体转移到微信公众号等自媒体上。在缺少约束和管控的状态下，一些媒体账号编造虚假信息、炒作焦虑，放大并加剧了社会风险。

媒体的社会责任和经济效益并不是一个简单的二元问题，二者择其一很难实现，大多数情况下，媒体是在这二者之间摇摆。在媒体飘忽不定无法抉择时，政府需及时在其中扮演平衡调控的角色，引导媒体在注重经济效益的同时，明确自身的社会责任，在考虑企业长远的经济效益的同时，也要将一个社会的长远发展作为综合考量的因素。同时，媒体也要清楚在风险治理中的定位，在风险应对中发挥正面功

---

① 涂光普、吴惠凡：《传媒"社会责任理论"的现实困境》，《武汉理工大学学报》（社会科学版）2010 年第 6 期。

能，积极参与风险预警、风险信息公开与调控、社会动员与参与、舆论监督等环节。

（三）专家知识的主导作用

风险传播的参与主体是多元的，国家、社会组织、公众都会成为网络社会中风险信息的传播者，其中国家这一具有管理功能的角色占据主导地位。美国学者米尔顿·米勒在论著《网络与国家》中提到，"假如国家不参与互联网治理，那么问责制度将不复存在，私人权利也难以得到保障"①。现实社会中，政府行为一般以强制手段（国家暴力）为后盾，具有凌驾于其他一切社会组织之上的权威性和强制力。政府肩负的特殊职能和拥有的强制手段，决定了政府同时是网络社会的治理核心。在网络社会的风险治理方面，政府也应发挥主导作用，引领风险传播的正确方向。

在风险传播中，影响人们风险认知的最重要方面来自于专家知识。吉登斯在《现代性的后果》里指出现代社会的脱域性特征，"脱域"（Disembedding）机制作为一种抽象体系包括象征标志（Symbolic Tokens）和专家系统（Expert System）。对于普通社会大众而言，虽然他们的生活依赖于这些抽象体系，但他们对其运作机制知之甚少甚至完全无知。而现代社会风险的产生更多的与这些抽象体系的运作密切相关，是人类社会人为建构出来的。这体现出风险的高度知识依赖性，也映射着专家知识系统在风险治理中的关键性角色。

网络中的媒介赋权催生了新传播秩序的出现，传统的阶层秩序与话语权力已逐渐被新的流动性阶层所取代。在我国网络社会中，相较于传统媒体所代表的管理层面的国家政府，由公民专家甚至是草根群体发展起来的网络意见领袖更容易获得权威性与影响力。在专家知识系统结构愈加多元化的今天，有关政府部门应更加开阔眼界，将长远的目光投向这一类型的传播主体，利用专家知识树立网络社会中的风险权威，引导公民不断改善风险认知结构。

① 刘石磊：《网络空间治理已成全球共识》，2017年12月14日，http：//www. xin-huanet. com/2017－12/04/c_ 1122056430. htm。

二　传播内容：风险治理的管控核心

（一）线上公共领域的风险反思

现代社会治理体系向来与公共领域秩序相互联结。无论组织机构或是普通个体，若想要维持在公共事务方面的良性互动，则必须拥有一种发端于国家公共领域的治理形式。风险治理作为国家治理的一个面向，风险信息的流通是核心环节，质言之，民主的风险沟通和有效的公共参与必不可少，而公共领域在很大程度上承担起了这种职能。

公共领域（Public Sphere）的理论根源最早可以追溯到英国致力于恢复共和主义传统的汉娜·阿伦特（Hannah Arendt）。她把人的活动分为劳动、工作、行动三种，其中劳动的目的是维持生命，行动和工作是人类之间的互动关系。劳动和行动属于私人领域，而工作属于公共领域。在阿伦特看来，公共领域意指一个共同的政治空间，在这个空间里，共同体成员（公众）不是作为私人领域的成员，而是作为公共空间的成员参与政治讨论。①

在阿伦特的基础上，尤根·哈贝马斯（Jurgen Habermas）更加全面系统地思考了这一概念，他给了公共领域更加规范的定义，即"指政治权力之外，作为民主政治基本条件的公民自由讨论公共事务、参与政治的活动空间"。这一定义至少包括如下内涵：（1）公共领域是在一定历史条件下形成的特殊社会空间；（2）公共领域是介于国家和社会之间承担调节功能的领域，在这一领域中，公共意见得以形成；（3）公共意见的表达和交锋形成公共舆论，其主题是具有普遍利益的公共事务；（4）公共领域存在于国家公共权力之外且监督和制约着国家公共权力，社会公民在此得以自由地讨论公共事务、参与政治生活。②

相较于传统线下方式，互联网并不一定能够增益更为良性的公共

---

① Hannah Arendt, M., *The Human Condition*, Chicago: The University of Chicago Press, 1958.

② ［德］尤根·哈贝马斯：《公共领域的结构转型》，曹卫东译，学林出版社 1999 年版，第 32—33 页。

领域，换句话说，网络社会中的公共领域并不总是良性的信息传播和意见互动，线上公共领域存在着先天性的结构性风险。首先，虽然互联网本身为开放式参与提供条件，但没有引导与规制的大量意见突然涌现会造成舆情对冲的结果，混乱的网络意见撼动着官方权威性与网络社会秩序。其次，网络社会中多元主体的表达必然形成多元文化，主流文化和亚文化的并立使线上公共领域存在包容性风险，同时也会受限于审查因素。再次，线上公共领域使不同的利益团体的冲突更加明显，一方面演变为企业广告与公关活动的展演平台，另一方面充满高度党派偏见。最后，网络社会的沟通对话并不能替代现实社会中的交流传播，碎片性、即时性、海量性等特征使深度性的内容和批判性的讨论缺席。

可见，传统的公共领域理论并不能描述网络社会中的情境，线上公共领域甚至向政治范畴之外的领域持续扩张，存在着相当明显的特殊异化与结构风险。面对日益成长的线上公共领域，风险治理的关键不在于具体的、单一的网络风险事件，而取决于线上共同体的生产实践如何建构新的意义争论，各类参与主体在遭遇不断解构中的传统认同符号的过程中，如何再制网络中各个类型的文化，形构线上互动的未知图景，以规避线上公共领域本身的结构性风险、促进公共协商与民主风险治理。在风险传播中，受众对风险信息的接受程度和反馈效果与对传播者的信任程度密切相关，信任关系的建构直接影响着风险沟通、风险决策、风险感知等治理环节，如何在网络社会中建构信任的文化范式，将是一个非常重要的议题。

（二）建构信任的文化范式

社会学认为信任是组合社会关系的一种重要因素，它可以简化组织和个人间的合作，提升社会效率，也是人际互动中非常重要的一种依赖关系；因此，很多从事风险研究的学者都把"信任"作为风险研究的重要对象，比如卢曼、贝克和吉登斯，他们都认为"信任"是风险研究的核心变量。风险文化理论的创始者玛丽·道格拉斯将不同文化、道德、政治背景下的社会群体的风险责任归咎于他们所不信任的群体，人们所面临的问题是如何重新建构依赖于新型社会关系的信任文化。

在风险传播中，非专业公众必须理解既定风险议题大量信息背后的含义和相关关联。不同主体存在着不同的风险感知，这些风险感知的差异来自于不同主体对其发生可能性的预判和结果的审视，也迫使主体对这些风险格外关注。公众通过判断信息的重要性和准确性、来源渠道的真实性，来理解信息的全部含义，判断风险发生的可能性和危害程度。在这一过程中，传播者的"信誉"和受众的"信任"是两个重要的变量。信誉即指传播者提供公开、准确、完整、公正、可信的风险信息；信任是指受众建立在传播者客观公正、坚守、关注边缘群体等品质的基础上的能力感知。在风险传播研究中，不对称原则表明传播者获取受众的信任是件非常困难的事，但是一旦获得信任，信息传播的有效性就会大大提升，信任的维系是一个动态过程，削弱和增强都得花费大量的社会成本。相反，如果没有事先建立的信任或者信任关系较弱，负面风险信息则很容易影响传播者与公众之间的信任关系，在面对无法接受的风险信息时，受众的信任是促成完整风险沟通的主要因素。

建立这种信任关系，或者说建构信任文化来加强情感共鸣是件费时费力的事，甚至有可能被不断打破以至于不断重塑。在网络社会中建构这种信任的文化范式，加强风险治理的有效性，需要提升网络信息的综合管理水平，具体可以参照以下几种途径：

第一，解释风险信息。在危机发生时，针对危机采取的应急方案和解决措施是不会马上与公众建立起信任关系的，只有在危机成功解决后会生成信任的情感联系。所以，传播者要在第一时间向受众解释风险，解释危机应对行为或风险预防手段，在风险程度和减轻危机策略方面取得一致意见。在这个过程中，传播者需要具备人文关怀、专业知识、诚实公正等信任建立的要素，并掌握倾听和交流的技能、准确反应的速度及敏感性。

第二，减少风险争论。风险信息的争论在某种意义上是现实社会中组织和政府的利益冲突引发的，比如在工厂工作的工人在进行去留抉择时，是应该选择清新的环境和人身安全，还是选择合适的就业岗位和优厚的财产保障。往往专家组织间的争论和辩驳不仅不会降低风险转变为危机的不确定性，反而会使有争议的结论误导非专业的受众，增加对风险感知的不确定性、降低风险信息的可信度，从而影响了公众对组织专家的信任。一旦受众不信任风险传播者，受众就很难接受其对风险的建构，很难信任其传播的风险信息。社会信任的储备降低了，那么网络中所传播的很小的风险事件都会被过度解读甚至发生完全背离事实的建构，引发舆论的旋涡。

第三，增加信誉信息。传播者的信誉越高，受众越容易接受他们传播的风险信息，尤其是在有传播阻碍或者受众情绪波动较大的情况下。信誉信息的传播应该在组织或政府采取危机应对行动之前。最能提升传播者信誉的要素就是体现对受众的人文关怀，维护普遍群体的利益。同时，也可以通过提高社会群体或草根领袖的知识和技能，来增加组织或政府的信誉。因为他们都关注相关领域的问题，且他们的承诺更容易被公众所接受。综上，传播者在风险传播的内容环节，要特别注意针对受众需求精心设计自身相关信息，提升信誉、赢得信任。

第四，统一风险认知。正如前文所述，风险传播的参与主体是多元的，正如现实社会中存在着个人、政府、企业、非利益团体、大众媒体等各种各样的主体，网络社会中爆炸式的信息传播只会使意识形态和文化更加丰富复杂。在风险治理中，各式主体由于各自所处的立场不同，对风险的感知和认知各异，因而即便是同一客观风险，也会产生不同的风险应对。因此，要采取一定的风险沟通策略加强多元主体间的交流，统一风险认知，取得相互信任，建立起信任支持网络。尤其要注意检视亚文化的传播与边缘群体的信念建构，排除其自身存在的风险。

（三）内容把关

内容把关是信息面向公众传播之前的审查和筛选机制，网络中把关人缺失是虚假信息泛滥的主要原因，对风险的治理首先要实现把关，尤其是对自媒体等内容进行审核，对网络平台信息进行检测预警有利于抢占风险治理先机。

特定信息的自动检测是有效阻止风险信息在网络中传播的前提，通过设定禁止传播内容、利用人工智能大数据检测，截断风险信息在网络中的扩散与传播，维护网络社会的风清气正。以往研究中关于网络不良信息的分类并不明确，学者刘永丹、曾海泉、李荣陆等将其分为两类，"一类是主题性文本，另一类是带有情感倾向的文本"[①]。我们所叙述的特定信息，包含暴力、色情、不文明用语、诈骗、异常交易数据、垃圾信息等，涵盖分类较广，检测主要是对包含这些特定信息的主题或关键词进行定位。"以往研究中多为语义分析、统计方法、语义框架分析等，设置信息过滤墙，无论是细粒度还是粗粒度的信息过滤，都会影响信息的传播以及检测的准确性。"[②]信息自动检测端应该在各个网站或平台的信息发送端设置一个防火墙，将算法语言写在信息转播协议中。将特定语言提前预设，当传播者编辑发送信息时，机器自动检测识别相应信息，安全信息可以发送，有害信息将被聚焦，可以直接判断有害的信息被屏蔽，难以判断的信息再进入语义分析阶段。进入语义分析的信息，需要判断内容的情感倾向，符合主流意识形态的态度、情感、观念表达，可以进入传播层，但其传播会受到数据检测，与主流意识形态相背离的信息则会被屏蔽，根据言论的危害程度，传播者将会受到不同级别的惩罚。

随着互联网技术的发展，网络内容的形式也越来越多样化，除了文本、图片之外还有音频、视频、特殊符号等，这无疑加大了互联网内容传播安全的治理难度。建立数据过滤防火墙，细粒度的文本分析都难以达到过滤风险信息的要求。网络内容过滤不仅要考虑文本信息的过滤，还要包括图片识别、音频、视频解析、特殊符号跟踪解析等。图片识别在早期是对图片中的文本进行锁定分析，但图片内容丰富，文字能够表达的内容不一定是图片全部的内容，所以还需要对图片中特定人物的外貌等进行提前预设，阻止其传播。音频内容的筛

---

① 刘永丹、曾海泉、李荣陆等：《基于语义分析的倾向性文本过滤》，《通讯学报》2004年第7期。

② 刘梅彦、黄改娟：《面向信息内容安全的文本过滤模型研究》，《中文信息学报》2017年第2期。

选，与文本内容相似，只不过多了一个步骤，即将音频文件转换为文本，目前这项技术已经慢慢发展，在国内主要针对普通话的识别，对方言的识别度较低。视频内容的筛选过滤的难度非常大，目前国内很多视频平台多是聘请大量廉价的劳动力进行人工视频审核。视频内容筛选的难度在于，一个一分钟的视频在通常情况下相当于1500至3000张图片，特殊情况下，这个范围会有所扩大。

对于计算机而言，审核一个视频所花费的成本过大，所以目前还是采用人工审核的情况较多。大多数视频内容都有备案号，无论是直播视频还是上传至网络平台中的视频都会被保留一段时间，一旦发现风险，就会被予以删除，并且主要传播者会受到相应的处罚。

（四）内容监测预警

网络社会风险内容预警的研究相对较少，然而对这一风险的预警却是十分必要的。在特定信息检测及网络传播内容筛选机制中难免会有机器判断失误的情况，有些信息看似不会引发大面积的社会影响，但实际在传播过程中的风险危害程度是难以掌控的，因此要对一些可能引发风险的信息进行预警。

根据学者朱烨行等人对网络内容审查过滤的研究，可以运用于网络风险治理。"对风险信息的数据源进行记录，建立风险信息传播的完整安全日志，形成传播周期数据图表，针对风险传播数据，建立有效的现代分析系统，把握风险信息传播规律。"[1] 人工智能系统基于大数据的不断学习和深度思考，形成风险预警。风险预警这一专有名词在财务、金融机构中比较常见，也有较长时间的研究，相关学者也在该领域建构了预警系统。但是传统的风险预警系统无法适应网络全面风险管控，同时也无法适应电子商务银行复杂的风险管控。学者陆静等提出采用贝叶斯网络，建构商业银行全面风险的拓扑结构，多维度分析风险产生的机制，将各种各样复杂的风险诱因归纳到因果关联的贝叶斯网络结构中，测算各个维度对最终的风险结果的影响程度，

---

[1]　朱烨行、戴冠中、慕德俊、李艳玲：《基于内容审查过滤的网络安全研究》，《计算机应用研究》2006 年第 10 期。

并且通过预警系统直观感受风险因素对商业银行的风险影响，从而采取相应措施化解风险。① 贝叶斯网络的优势在于能够利用条件概率较好地展现不确定的关系，这种关系主要是因果关系。

我们在网络内容风险预警上面也可以采用这种模型进行分析，将不同内容进行划分，找到不同类别内容在传播过程中的规律，并根据类别不同，划分不同传播内容在传播过程中的影响因素，了解这些因素在内容传播中与最终风险形成的影响作用的大小，从而在其中适度控制某些指标，而不是一味地切断信息传播路径，或许更有利于网络社会风险治理。

第三节　技术层的风险治理

一　技术的应用尺度与责任伦理

1953 年，海德格尔在德国慕尼黑理工学院发表了《技术的追问》的演讲，对技术的本质问题进行了探讨。他认为，"技术既不是某种合乎目的的手段，也不是某种中立的事物"②。技术究竟是不是中立的，需不需要对技术所带来的风险承担相应责任，关于这个问题的讨论在学术界一直争论不休。从"技术工具论"的观点出发，"技术是不依赖于社会现实而存在，不受政治、经济、文化所支配与影响的纯粹的工具，具备完全的价值独立性。技术是超越时空限制的，是具备普适性的，并最终以缩短社会必要劳动时间、提升生产效率为目的"③。但技术是否能够做到只作为纯粹的工具之用，还有待论证。技术背后，不仅仅是简单的一个工具，还有工具的生产者以及使用者，三者之间的复杂关系是否能够完全地被割裂开呢？

技术与人之间的复杂关系是难以割裂的，因此技术本身虽是中

---

① 陆静、王捷：《基于贝叶斯网络的商业银行全面风险预警系统》，《系统工程理论与实践》2012 年第 2 期。

② ［德］萨弗兰斯基：《海德格尔传》，靳希平译，商务印书馆 1999 年版，第 525 页。

③ 杨庆峰、赵卫国：《技术工具论的表现形式及悖论分析》，《自然辩证法研究》2002年第 4 期。

立，但技术背后的人要拥有守门观，也就是规避风险的责任，以及承担风险造成损失的责任，这也就是技术中立所产生的替代责任。因此在技术的生产和使用过程中，需要注意技术"守门观"，使用技术的方法和手段，控制技术的应用尺度，去规避技术所带来的风险，从而营造一种健康、积极的网络社会环境，在网络使用技术不断发展的同时，网络安全技术、网络检测技术、网络风险评估技术也要跟上其发展的速度和节奏，从而防范网络风险的爆发，降低风险带来的损失。

同时也需注意，技术的背后少不了人为的参与，技术服务的提供者在获得技术带来的利益的同时也要承当相应的替代责任。在网络社会中，常见的问题和风险有版权纠纷、传播内容媚俗化、网络安全等。针对版权问题风险，美国《数字千年法案》（DMCA）在网络版权保护方面产生了深远的影响，2017 年 4 月，国家版权局发布的报告中指出，"技术手段将成为未来解决网络社会中侵权问题的重要手段"[①]。网络技术服务提供者有义务在事前采取行动，减少网络侵权事件的发生，学者叶亚杰提出"网络服务商版权内容过滤的设想，也研究了其实现路径，从国家立法到监管部门再到服务提供商的多元合作来解决这类问题"[②]。对于互联网内容提供商而言，要承担保护网络环境的责任，对网站上的低俗、暴力、血腥、色情、有害内容进行屏蔽；对内容生产账户进行监管，出现有违规行为的账户，需要关停其内容上传功能，严重者可以进行封号处理等；内容传播的网站审核人、主管人员负有重要责任；技术服务提供者提供的所有内容服务需要通过内容审核并且做好备案。用户在使用技术服务商产品的过程中，如果遭受了损失，技术服务商需要根据事前的安全协议和用户协议等，进行相应的赔偿。权利与义务两者是相互依存的，技术提供商通过技术获得权利和利益的同时，应当承担相应的责任与义务，更要明确自身的责任与义务。

---

① 《2016 年中国网络版权保护年度报告》，国家版权局，2017 年。
② 叶亚杰：《网络服务商版权内容过滤的基本设想与实现路径》，《编辑之友》2018 年第 9 期。

二 大数据技术下个人信息安全、隐私界限反思

大数据技术在近年来得到广泛的运用，大数据思维推动了商业模式的更新，也促使互联网相关行业得到升级与更新，但大数据也蕴藏着不可忽视的风险。大数据本身的风险认知是网络社会中必备的风险素养，在国内外大数据使用中，常见的风险有数据技术风险、数据诈骗风险、数据泄露风险、数据的法律伦理风险等。数据本身的风险需要我们有一个清晰的认知，同时也需要我们利用技术的手段来应对这些风险。针对大数据技术的风险治理，笔者主要从两方面进行讨论和建议：首先是大数据技术的信息安全保障，其次是在个性化定制中隐私信息的边界。

大数据信息安全不仅仅关系到个人用户的安全，与国家、社会和企业的关系则更为密切，在大数据的运行过程中，国家信息安全、行业参与者以及个人用户都不可避免地存在信息安全隐患。如何保障大数据信息安全？

首先，要增强大数据的法律约束能力，完善法律法规，让用户和企业的合法权益能够得到保障，减少法律的滞后性，学习美国和英国等欧洲国家在大数据方面的法律，完善个人隐私保护，对侵犯隐私的行为予以打击。

其次，互联网大数据公司应当注重企业社会责任，不能为了商业目的，肆无忌惮地利用多种途径窃取用户信息，需要这些网络公司自觉遵守行业规定。

再次，大数据技术所产生的信息安全隐患，最终还是需要依靠更新技术来解决。数据在产生、加工、存储、使用等多个阶段都存在数据泄露和信息安全隐患，由于大数据的数据量大、数据源广、传播复杂、价值密度低等特点，使得数据安全保护技术变得复杂且缺乏规律性，在信息安全技术的开发和创新方面需要更进一步的研究。

最后，数据信息安全保障离不开用户、企业等大数据行业主体的自我保护意识，在网络社会中，需要网络中的行为主体具备良好的网络素养，这其中就包括了信息安全意识与隐私保护意识，要求个人、

企业和行业行为主体，甚至国家，在互联网技术的使用过程中，注重防范数据风险。①

　　大数据技术近年来随着网络技术的发展而越来越受到重视，成为企业实力的标志之一，拥有广阔的商业前景，也正是在商业利益的驱使下，出现了诸多的风险问题，大数据行业规范管理刻不容缓。首先，填补行业监管空白，设立监管部门。按照行政区域自上而下形成监管架构，运用互联网思维，实现企业信息同步审核、信息互认、实时监管，明确监管部门的职责、内容和问责机制，引导大数据行业的市场秩序，对于非法经营的数据公司根据法律和相关管理条例进行制裁，扶持和运用优质的数据公司，促进行业良性运转。其次，构建数字政务管理系统，由政府与企业合作，建立数字生态，形成智慧城市网络，监管数据流动，阻截异常数据，打击非法数据掠取行为。再次，明确大数据公司营业资格及范围，将数据行业准入门槛提高，并对进入该行业的公司进行分类，方便监管，对于境外人员在国内开展大数据相关活动的企业和个人加强监管，排查涉及企业、政府以及国家信息安全的风险，并做好风险预警工作。最后，要建立大数据行业行为准则。建立大数据行业行为准则不是一个政府或者一个国家的事务，大数据行业涉及全球多个国家，这一项行业行为准则应该是具有普适性和全球性的，在联合国的框架下，来制定大数据行业行为准则和规则，对违反行业准则的行为予以严惩。

　　个性化定制是利用大数据技术提高用户体验的"专属"服务。但是当前用户信息被过度收集成为不争的事实，个人隐私的边界不断被侵犯。近年来，有关网络隐私侵犯的案例所造成的损失让人瞠目结舌。"究其缘由，一方面互联网通过 cookies 存储用户个人信息数据、行为数据和偏好数据，或是对用户数据搜集、挖掘、分析，以实现商业价值；另一方面，用户在强关系网络中发布的私密信息未经同意被二次传播，造成信息在传播中的边界渗透，隐私被侵犯。"② 此外，透

---

① 陆岷峰、汪祖刚：《大数据本源风险治理研究》，《政策研究》2017 年第 7 期。
② 钟瑛、刘利芳：《信息传播中的隐私侵犯及保护》，《新闻与写作》2018 年第 2 期。

过特朗普选举策略可以发现舆情机构利用大数据技术推送特定信息，操弄舆论，实现政治目的已经使大数据技术的争议扩展到国家层面。

大数据技术如何被使用，能够在哪些范围使用都值得思考。

三　人工智能反思

人工智能技术从以往的工业机器人为主发展到现在进入人类的日常生活中，给人类带来便利的同时，也可能对人类造成伤害。人工智能造成的安全问题分为人类参与和机器自身产生两种情况。[1] 第一种情况主要是人类利用智能操作发起的对人类的伤害行为，例如黑客攻击、勒索病毒等；第二种情况主要是由于智能系统本身设定或者故障对人类造成的伤害，例如信息茧房问题、人类长时间使用网络游戏程序猝死等。

对于人工智能造成的伤害，需要对伤害行为进行判断并确定责任方。而在风险产生之前，可以对人工智能系统进行限制，并提前设置安全运行协议，在机器故障时能够及时终止机器的运行。一方面是对人工智能系统进行限制。在未来人工智能发展方面，需要明确人工智能可以涉及的广度以及可以涉及的深度，建立防火墙，保护人类的安全和权益。例如，人工智能的基础——大数据——在记录人类活动的各项数据时，应当保护人类的隐私权，不仅让人类拥有被遗忘的权利，在涉及隐私相关的信息时也应该有不被记录的权利。另一方面是设置人工智能系统安全问题。人工智能在众多场景中的使用所带来的安全问题是需要重视的，比如黑客攻击、勒索病毒、信息盗窃等风险问题对人类造成的损失，需要有提前预设的安全协议，当系统监测到这些问题时，及时阻止，以减少风险的危害面积和降低其危害程度。

四　虚拟现实技术的多元主体治理

随着虚拟现实技术的发展，沉浸式的虚拟现实让用户能够更好地

---

① 吴汉东：《人工智能时代的制度安排与法律规制》，《法律科学》（西北政法大学学报）2017 年第 5 期。

感知周围的环境，感受空间的变换以及更好地表达情感，这种接近现实或者说超过现实的体验往往会让人们迷失在虚拟与现实之间。[①] 德国学者 Gerd Bruder 等人对头戴式虚拟现实技术进行了实验，在他们的研究报告中显示，"实验对象在反复佩戴头戴式虚拟现实设备之后，对虚拟世界和现实世界产生了疑惑，难以分清虚拟的距离和现实中的距离"[②]。

虚拟现实技术的风险不局限于对人体产生影响，同时也存在现实的安全风险和沉迷于虚拟世界的风险。Gerd Bruder 教授的实验结果所示，如果人们在使用虚拟现实技术之后对现实事物产生了混淆和疑惑，难以分辨虚拟与现实中的距离，那么对于运输、建筑行业的从业人员而言，是一件极为危险的事情。对于虚拟现实技术的风险治理，需要人们理性面对这一项技术，并且对真实保持一种理性的追求。在网络社会中，真实是一种相对性的存在，虚拟现实技术无法做到完全的真实，也不需要刻意去还原真实。

"虚拟现实技术的风险治理可以从三个方面来说，虚拟现实技术的个人用户、虚拟现实技术行业发展规范及政府监管部门三者多元主体，共享共治。对于虚拟现实技术用户而言，要有一定的风险意识，了解这一项技术可能带来的风险，并且在运用的过程中注意防范，特别是低龄用户需要在成人的陪护下使用，注意保护人体功能，防止由技术造成的人体损伤。对于虚拟现实技术行业的从业者而言，不能仅仅为了获得商业利益，而大肆生产这类产品，并且为了广告效益，避重就轻，企业及技术的提供者需要向消费者表明这类产品可能带来的风险和危害，并且要承担相应范围内的责任。对于行业监管部门而言，需要对技术运用、道德伦理和法律法规等进行详细的界定，推动

---

① Angelica B. , "Ortiz de Gortari: Empirical Study on Game Transfer Phenomena in a Location-based Augmented Reality Game", *Telematics and Informatics*, Vol. 12, No. 15, 2017, pp. 382 – 396.

② Gerd Bruder, Frank Steinicke, Benjamin Bolte, Phil Wieland, Harald Frenz, Markus Lappe, Exploiting Perceptual Limitations and Illusions to Support Walking Through Virtual Environments in Confined Physical Spaces, Displays, 2013, pp. 132 – 141.

虚拟现实技术与各行业融合的同时，注重虚拟现实技术行业的健康有序发展。"①

五　新技术革命下国家风险治理新方向

大数据、算法、人工智能等网络新技术解放了人类大脑，将人类从重复机械的工作中解放出来，推动人类社会的智慧化发展，实现我们的现实社会向"智慧社会"方向转型。除了考虑如何规避网络新技术本身所带来的风险，也可以将网络新技术作为国家在网络社会中进行风险治理的工具。

一方面，网络新技术能够成为国家政府进行风险治理和创新的重要工具，提高政府工作的透明度和民主化水平，促进政府组织的风险决策和风险管理走向科学化、规范化、智慧化。网络新技术为政府提供了运用新技术进行风险调控的工具，从而创新了政府管理模式。如"电子政府"使风险预警和沟通得以信息化，"移动政府"使风险管理和控制得以移动化，"云政府"使风险监督和预测得以数据化，技术应用到更高水平的"智慧政府"使风险治理更加智能化。

另一方面，网络新技术为社会公众提供了参与政府风险治理的新渠道，公众能够更加方便地通过网络新技术对政府工作进行监督和问责，这也为政治的现代化提供了动力。随着新技术的不断发展，越来越多的政府和社会公众认识到，在智慧社会中，谁能及时地掌握和运用智能技术，谁就可以在风险防治乃至整个社会管理中获得更多的发言权和主动权。因此，在网络新技术的驱动下，当今更应倡导"合作治理"的模式，即"公民技术"增添政府与非政府主体之间的协作渠道，通过向虚拟网络空间的延伸搭建基于"现实—虚拟"的二维互动协作的模式，构建一个多元主体协作的社会生态系统。国家和政府的风险治理不能局限于官方代表，更需要企业、非政府组织、社会企

① 《虚拟现实技术应用的社会价值与社会风险研讨会在京召开》，《中国日报》2017年3月27日，2019年5月11日，http://cnews.chinadaily.com.cn/2017-03/27/content_28690698.htm。

业、社会公众等多元主体的共同合作治理，需要多方沟通与参与，共同建构安全的网络空间。

小　结

　　网络社会的风险治理是个宏大而复杂的命题，笔者在此仅从风险治理的制度化建设、传播层面的风险治理、技术层面的风险治理三个切入点进行了讨论。总结来说，网络社会中的风险治理应以传播层面为指导核心，以制度层面为依托，利用技术层面的手段，建构起网络信任的文化范式，将自上而下的政府管理与自下而上的社会参与形成双向联动，从而维护网络社会的结构稳定与空间安全。从治理主体来看，国家政府和管理者只是最原始的发起者，但要实现有效、彻底的风险预警和调控，最终要达成全社会的共同参与。当然，网络社会的风险治理终将是一个漫长的发展过程，需要多方主体坚定信心、共同努力。

参考文献

一　中文文献

蔡皖东：《网络空间信息传播建模分析》，电子工业出版社 2017 年版。

郭庆光：《传播学教程》，中国人民大学出版社 2011 年版。

郭小平：《风险社会的媒体传播研究：社会建构论的视角》，学习出版社 2013 年版。

国际技术教育协会：《美国国际技术教育标准》，黄军英等译，科学出版社 2003 年版。

胡延平：《跨越数字鸿沟——面对第二次现代化的危机与挑战》，社会科学文献出版社 2002 年版。

蒋永福：《信息自由及其限度》，社会科学文献出版社 2007 年版。

蒋永福：《信息自由及其限度研究》，社会科学文献出版社 2012 年版。

李苗：《新网民的赛博空间》，经济日报出版社 2015 年版。

刘少杰、胡晓红：《当代国外社会学理论》，中国人民大学出版社 2009 年版。

彭兰：《网络传播学》，中国人民大学出版社 2009 年版。

万俊人：《寻求普世伦理》，商务印书馆 2001 年版。

徐恪、李沁：《算法统治世界：智能经济的隐形秩序》，清华大学出版社 2017 年版。

徐召吉、马君、何仲、刘晓宇：《虚拟现实：开启现实与梦想之门》，人民邮电出版社 2016 年版。

张毅：《VR 爆发：当虚拟照进现实》，人民邮电出版社 2017 年版。

邹珊刚:《技术与技术哲学》,知识出版社 1987 年版。

［澳］狄波拉·勒普顿:《风险》,雷云飞译,南京大学出版社 2016 年版。

［澳］马尔科姆·沃特斯:《现代社会学理论》,杨善华等译,华夏出版社 2000 年版。

［德］乌尔里希·贝克:《风险社会——迈向一种新的现代性》,张文杰、何博闻译,译林出版社 2018 年版。

［德］乌尔里希·贝克:《风险社会——迈向一种新的现代性》,何博闻译,译林出版社 2004 年版。

［德］乌尔里希·贝克、约翰内斯·威尔姆斯:《自由与资本主义——与著名社会学家乌尔里希·贝克对话》,路国林译,浙江人民出版社 2001 年版。

［德］尤根·哈贝马斯:《公共领域的结构转型》,曹卫东译,学林出版社 1999 年版。

［法］贝尔纳·斯蒂格勒:《技术与时间 1:爱比米修斯的过失》,裴程译,译林出版社 2002 年版。

［法］古斯塔夫·勒庞:《乌合之众:大众心理研究》,戴光年译,新世界出版社 2012 年版。

［法］雅克·拉康、让·鲍德里亚:《视觉文化的奇观——视觉文化总论》,吴琼译,中国人民大学出版社 2005 年版。

［荷］图恩·梵·迪克:《作为话语的新闻》,曾庆香译,华夏出版社 2003 年版。

［加］马歇尔·麦克卢汉:《理解媒介——论人的延伸》,何道宽译,译林出版社 2000 年版。

［美］E. 阿伦森:《社会性动物》,邢占军译,华东师范大学出版社 2007 年版。

［美］W. J. T. 米歇尔:《图像转向》,载《文化研究》第 3 辑,天津社会科学院出版社 2002 年版。

［美］埃里克·布莱恩约弗森、安德鲁·麦卡菲:《第二次机器革命:数字化技术将如何改变我们的经济与社会》,蒋永军译,中信出版

社 2016 年版。

［美］安德鲁·芬伯格：《技术批判理论》，韩连庆、曹观法译，北京大学出版社 2005 年版。

［美］保罗·F. 拉扎斯菲尔德：《人民的选择》，唐茜译，中国人民大学出版社 2014 年版。

［美］赫伯特·马尔库塞：《单向度的人》，刘继译，上海译文出版社 2006 年版。

［美］杰伦·拉尼尔：《虚拟现实：万象的新开端》，赛迪研究院专家组译，中信出版社 2018 年版。

［美］杰瑞·卡普兰：《人工智能时代》，李盼译，浙江人民出版社 2016 年版。

［美］凯斯·桑斯坦：《网络共和国》，黄维明译，上海人民出版社 2003 年版。

［美］林文刚：《媒介环境学：思维沿革与多维视野》，何道宽译，北京大学出版社 2007 年版。

［美］马克·波斯特：《信息方式》，范静晔译，商务印书馆 2000 年版。

［美］迈克尔·J. 奎因：《互联网伦理——信息时代的道德重构》，王益民译，电子工业出版社 2016 年版。

［美］曼纽尔·卡斯特：《认同的力量》，曹荣湘译，社会科学文献出版社 2006 年版。

［美］曼纽尔·卡斯特：《网络社会的崛起》，夏铸九等译，社会科学文献出版社 2001 年版。

［美］尼葛洛庞帝：《数字化生存》，胡泳、范海燕译，海南出版社 1997 年版。

［美］特纳：《社会学理论的结构》，邹译奇等译，华夏出版社 2001 年版。

［英］安东尼·吉登斯：《社会学》，赵旭东等译，北京大学出版社 2003 年版。

［英］安东尼·吉登斯：《失控的世界》，周红云译，江西人民出版社

2001 年版。

［英］安东尼·吉登斯：《现代性的后果》，田禾译，译林出版社 2016
年版。

［英］安东尼·吉登斯、菲利普·萨顿：《社会学》，赵旭东等译，北
京大学出版社 2015 年版。

［英］费尔克拉夫：《话语与社会变迁》，殷晓蓉译，华夏出版社 2003
年版。

［英］尼克·皮金：《风险的社会放大》，谭宏凯译，中国劳动社会保
障出版社 2010 年版。

［英］维克托·迈尔·舍恩伯格、肯尼斯·库克耶：《大数据时代》，
盛杨燕、周涛译，浙江人民出版社 2012 年版。

［英］休谟：《人性论》，关文运译，商务印书馆 1997 年版。

二　外文文献

Beck U. , "Foreword", in S. Allan, B. Adam and C. Cater (eds.), *Environmental Risks and the Media*, London and New York: Routledge, 2000.

Blair, J. A. , "The Rhetoric of Visual Arguents", in Charles A. Hill and Marguerite Helmers (eds.), *Defining Visual Rhetoric Mahwah*, N. J. : Lawrence Erlbaum Associates, Inc. , 2004.

Castells M. , *The Rise of the Network Society*, Oxford: Blackwell, 1996.

Committee on Risk Perception and Communication, National Research Council, *Improving Risk Communication*, Washington, D. C. : National Academy Press, 1989.

Hannah Arendt, M. , *The Human Condition*, Chicago: The University of Chicago Press, 1958.

Heim, M. , *The Metaphysics of Virtual Reality*, Oxford: Oxford University Press, 1993.

Hill, C. A. , "The Psychology of Rhetorical Images", in Charles A. Hill and Marguerite Helmers (eds.), *Defining Visual Rhetoric*, *Mahwah*,

N. J. : Lawrence Erlbaum Associates, Inc. , 2004.

Merton, R. K. , *Social Theroy and Social Stucture*, Glencoe: Free Press, 1957.

Michael Benedikt, M. , *Cyberspace: First Steps*, Cambridege, MA: MIT Press, 1991.

Tong H. , Prakash B. A. , Eliassi-Rad T. , et al. , "Gelling, and Melting, Large Graphs by Edge Manipulation", *Proceedings of the 21st ACM International Conference on Information and Knowledge Management*, Hawaii, USA: ACM, 2012.

T. Parsons, & E. Shil, (eds.), *Toward a General Theory of Action*, Harvard University Press, 1951.

Van Dijk, J. A. G. M. , *The Deepening Divide: Inequality in the Information Society*, Thousand Oaks, C. A. : Sage Publications, 2005.

Van Dijk, J. A. G. M. , "*The Evolution of the Digital Divide: The Digital Divide Turns to Inequality of Skills and Usage*", Bus, J. , Crompton, M. & Hildebrandt, M. (eds.), *Digital Enlightenment Yearbook 2012*, Amsterdam: IOS Press, 2012.

后　记

　　夜已深，我悄然合上书稿。望着窗外隐隐约约蜿蜒东去的锦水，思绪万千。从六年前写作此书念头的萌生，到今天提笔完成后记的写作，我仿佛卸下了背负于身的重甲，步入一场庄严的仪式，惬意与释然扑面而来。如此形容，并非说这一路走来，让我厌倦了学术的艰辛与寂寞，恰恰相反，在不断的探索中增强了对学术的尊重和对研究的敬畏。

　　2012年8月，我在美国南卫理公会大学跨学科研究中心做访问学者，师从人类学家Brettell教授做风险研究。在访学的半年时间里，我查阅了大量有关风险研究的文献资料，也参与了跨学科研究中心的相关课题研究，对风险研究产生了浓厚的兴趣。回国后，我便一直构思着这本关于风险研究的专著。2013年初夏，我在四川大学附近的一家小馆为即将毕业离校的几位博士学弟饯行时，谈了我的初步想法，当时确定围绕"网络社会"和"风险"两个关键词展开。几位学弟对我的选题表现出浓厚的兴趣，但也均对如何破题表示了担忧。在随后的研究中，我确实感受到了破题的艰难。网络社会的范畴很大，风险理论的研究框架也很大，研究网络社会的风险，可以切入研究的点太多。选择太多是件太过考验智慧的事情，太多选择有时近乎等同于没有选择，写作就此搁浅！但我就网络社会风险的研究却没有终止。2017年，我申报的课题"基于功能共振理论的网络舆情演化与治理机制研究"有幸获得国家社科基金资助。研究中，我认为网络舆情风险的形成与放大主要为网络的媒介属性使然。顺着这一思路，我对网络社会的理解是：媒介的、技术的、社会的。这便是本书成稿的逻辑初始与视角切入。

作为一位文学背景出身的新闻传播学者，我对技术态度曾是"游离"的，甚至有时是"麻木"或"忽视"的。庆幸的是，2011年以来，我在参与四川大学学科建设的管理服务工作中对技术有了进一步的理解和感悟，特别是在参与网络空间安全学科的申报、建设及在与网络空间安全学科学者们的研究合作中，加深了对网络社会的认识和理解。网络社会的风险，在传播学者眼里是媒介建构的风险，在网络安全学者的眼里是技术形成也需要技术来解决的风险。本书从媒介与技术的视角探讨网络社会的风险及治理思路与治理举措，算是一次跨学科研究的尝试吧。我非常赞同沈昌祥院士的观点：网络空间的风险治理，既是一种技术的风险治理，也是基于媒介社会交往的风险治理。

感谢恩师邱沛篁教授欣然为本书作序。2003年，我有幸成为邱老师门下的博士生，三年的博士研究生学习，邱老师的学术涵养、耐心、信任，开启了我从事新闻传播学科学术研究的旅程。16年来，我从邱老师那里收获的不只是学术的进步，更有对新闻传播教育的执着、热爱以及为人的坦荡、豁达。感谢恩师！

时光飞逝，一晃在川大学习、工作二十七载。回望二十七年来学习、工作、生活的点点滴滴，感慨良多。感谢师长们多年的教诲指导，感谢同事们的鼓励启发，感谢亲友们的默默奉献与支持。

我同时要感谢陈兴蜀教授、王炎龙教授、胡易容教授、杨旭明教授、冯月季教授在本书写作过程中给予的帮助与启发。

感谢我的研究生周丽、刘佳、徐霆锋、汪夕玲、李泓莹、吴坤潮、赵丽媛、孙艺嘉等同学，教学相长，你们的优秀让老师欣慰。和他们在一起是一件快乐的事。

中国社会科学出版社总编辑魏长宝先生，总编辑助理兼重大项目出版中心、中国社会科学智库成果出版中心主任王茵女士为本书出版提供了帮助，热心推荐。责任编辑马明先生字斟句酌，认真检阅。在此深表感谢。

由于本人才疏学浅,加之时间精力有限,本书一定存在诸多不足之处,敬请学界同仁、广大读者多多给予批评指正。有你们的帮助,拙著定会渐臻完善。

陈华明

2019 年 8 月